U0268129

数字应用基础

主　编　俞发仁　　谢怀民　　钟开华
副主编　林土水　　方建辉　　杨颖颖
　　　　陈秀丽　　焦　博　李　楠
　　　　姚　毅

北京理工大学出版社
BEIJING INSTITUTE OF TECHNOLOGY PRESS

版权专有　侵权必究

图书在版编目（CIP）数据

数字应用基础 / 俞发仁，谢怀民，钟开华主编. —北京：北京理工大学出版社，2019.12

ISBN 978 - 7 - 5682 - 8066 - 2

Ⅰ.①数…　Ⅱ.①俞…②谢…③钟…　Ⅲ.①计算机应用 – 高等学校 – 教材
Ⅳ.①TP39

中国版本图书馆 CIP 数据核字（2020）第 003609 号

出版发行 / 北京理工大学出版社有限责任公司

社　　址 / 北京市海淀区中关村南大街 5 号

邮　　编 / 100081

电　　话 / (010) 68914775（总编室）

　　　　　　(010) 82562903（教材售后服务热线）

　　　　　　(010) 68948351（其他图书服务热线）

网　　址 / http：//www. bitpress. com. cn

经　　销 / 全国各地新华书店

印　　刷 / 涿州市新华印刷有限公司

开　　本 / 787 毫米 × 1092 毫米　1/16

印　　张 / 15　　　　　　　　　　　　　　　　　责任编辑 / 王玲玲

字　　数 / 355 千字　　　　　　　　　　　　　　文案编辑 / 王玲玲

版　　次 / 2019 年 12 月第 1 版　2019 年 12 月第 1 次印刷　责任校对 / 周瑞红

定　　价 / 63.00 元　　　　　　　　　　　　　　责任印制 / 施胜娟

图书出现印装质量问题，请拨打售后服务热线，本社负责调换

前　言

当前，我国正在开启实现中华民族伟大复兴中国梦的新征程，在这个新时代，党中央决定实施国家大数据战略，吹响了加快建设数字中国的号角。

2018 年 12 月 8 日，习近平总书记在中共中央政治局第二次集体学习时的重要讲话中指出，"大数据是信息化发展的新阶段"，并做出了"推动大数据技术产业创新发展、构建以数据为关键要素的数字经济、运用大数据提升国家治理现代化水平、运用大数据促进保障和改善民生、切实保障国家数据安全"五项战略部署，为我国构筑大数据时代国家综合竞争新优势指明了方向。

建设数字中国，就要发展数字经济。数字经济是一种普惠经济，推动更高质量、更加公平发展。以信息技术为核心的数字经济，正打破传统的供需公式和经济学定论，衍生出更加共享、普惠和开放的经济生态，推动更高质量、更加公平发展。与传统的经济关系旨在市场供需中寻求买卖双方的"合意"相比，数字经济则在此基础上追逐更大范围的资源最优化配置，是创新经济、开放经济和代表未来的新经济。

"基础不牢，地动山摇！"建设数字中国、构建数字经济，首先要夯实数字基础，包括以下两个方面：

第一，数据流通是建设数字中国的关键。数字经济时代，数据已经成为孕育新经济、新业态的土壤。我们要加快推进国家一体化大数据中心建设，实现政府数据的共享开放，有效汇聚政府、行业、企业等组织数据和互联网数据，推动数据的流通交易与创新应用，打造涵盖数据收集、共享、交易、应用等产业链条，不断释放数据智慧。

第二，云计算是建设数字中国的支撑。云计算已经像水、电、气一样，成为一个城市的基础设施，让计算力越来越强，成本越来越低，计算无处不在，同时促进了大数据的产生。我们要打造全球领先的云计算核心装备，构筑世界一流的云数据中心，不断提升计算力水平，推进技术融合、业务融合、数据融合，实现跨层级、跨地域、跨系统、跨部门、跨业务的协同管理和服务。

实施国家大数据战略为我国建设自主可控的大数据技术体系和产业生态，构建完整的数据治理体系，以及全面推进大数据应用注入了强大动力。

为了进一步落实国家职业教育改革实施方案，助力数字中国、数字经济战略的实施，早日实现中国梦，高等职业教育承担着数字教育的基础性工作，肩负着新时代数字人才的培养任务。我们坚信，在以习近平同志为核心的党中央坚强领导下，数字中国建设、数字经济腾飞、富强民主文明和谐美丽的社会主义现代化强国建设的目标一定能够实现！

目　录

第1章

计算机基础知识

计算机的发明是 20 世纪人类最伟大的创举之一。它的出现为人类社会进入信息时代奠定了坚实的基础，有力地推动了其他学科的发展，对人类社会的发展产生了极其深远的影响。作为 21 世纪的大学生，在信息化社会里生活、学习和工作，必须要了解和掌握获取信息、加工信息和再生信息的方法和能力。计算机是信息处理的必要工具，计算机基础课程是培养具有现代科学思维精神和能力的必修基础课程之一，计算机技术是 21 世纪每个人都应该掌握的一种科学技术。

1.1　计算机科学与计算科学

1.1.1　计算机科学

1. 计算机科学的概念

计算机科学研究包含各种与计算和信息处理相关主题的系统学科，从抽象的算法分析、形式化语法，到更具体的主题，如编程语言、程序设计、软件和硬件等。作为一门学科，它与数学、计算机程序设计、软件工程和计算机工程有显著的不同，却通常被混淆，尽管这些学科之间存在不同程度的交叉和覆盖。

计算机科学研究的内容包括软件、硬件等计算系统的设计和建造，发现并提出新的问题求解策略、新的问题求解算法，在硬件、软件、互联网方面发现并设计使用计算机的新方式和新方法等。简单而言，计算机科学围绕着"构造各种计算机器"和"应用各种计算机器"进行研究。

2. 计算机科学的研究范畴

计算机科学的研究范畴主要包含以下 12 个方面：

（1）计算理论

计算机科学的最根本问题是"什么能够被有效地自动化"。计算理论的研究就是专注于回答这个根本问题的，研究什么能够被计算，以及要实施这些计算，需要用到多少资源。为了回答"什么能够被有效地自动化"这个问题，递归论检验在多种理论计算模型中哪些计算问题是可解的。而计算复杂性理论则被用于回答"实施计算需要用到多少资源"这个问题，研究解决一个不同目的计算问题的时间复杂度和空间复杂度。

（2）信息与编码理论

信息论与信息量化相关，由美国数学家香农创建，用于寻找信号处理操作的极限，比如压缩数据和可靠的数据存储与通信。编码理论是对编码及它们适用的特定应用性质的研究。编码被用于数据压缩、密码学和前向纠错，近期也被用于网络编码。研究编码的目的在于设计更高效、可靠的数据传输方法。

（3）算法

算法指定义良好的计算过程，它取一个或一组值作为输入，经过一系列定义好的计算过程，得到一个或一组输出。算法是计算科学研究的一个重要领域，也是许多其他计算机科学技术的基础。算法主要包括数据结构、计算几何和图论等。除此之外，还包括许多杂项，如模式匹配和数论等。

（4）程序设计语言理论

程序设计语言理论是计算机科学的一个分支，主要处理程序设计语言的设计、实现、分析、描述和分类，以及它们的个体特性。它属于计算机科学学科，既受数学、软件工程和语言学的影响，也影响着这些学科。它是公认的计算机科学分支，同时也是活跃的研究领域，研究成果被发表在众多学术期刊、计算机科学和工程出版物上。

（5）形式化方法

形式化方法是一种基于数学的特别技术，用于软件和硬件系统的形式规范、开发，以及形式验证。在软件和硬件设计方面，形式化方法的使用动机如同其他工程学科，是通过适当的数学分析来提高设计的可靠性和健壮性的。但是，使用形式化方法成本很高，这意味着它们通常只用于高可靠性系统，这种系统中安全或保密（Security）是最重要的。对形式化方法的最佳形容是各种理论计算机科学基础种类的应用，特别是计算机逻辑演算、形式语言、自动机理论和形式语义学，此外，还有类型系统、代数数据类型、软硬件规范和验证中的一些问题。

（6）人工智能

这个计算机科学分支旨在创造可以解决计算问题，像动物和人类一样思考与交流的人造系统。无论是在理论上还是应用上，都要求研究者在多个学科领域具备细致的、综合的专长，比如应用数学、逻辑、符号学、电机工程学、精神哲学、神经生物学和社会智力，用于推动智能研究领域，或者被应用到其他需要计算理解与建模的学科领域，如金融、物理科学等。

（7）并行、并发和分布式系统

并行是系统的一种性质，这类系统可以同时执行多个可能相互交互的计算。一些数学模型如 Petri 网、进程演算和 PRAM 模型被创建，用于通用并发计算。分布式系统将并行的思想扩展到了多台由网络连接的计算机。同一分布式系统中的计算机拥有自己的私有内存，它们之间经常交换信息，以达到一个共同的目的。

（8）数据库和信息检索

数据库的建立是为了更容易地组织、存储和检索大量数据。数据库由数据库管理系统管理，通过数据库模型和查询语言来存储、创建、维护和搜索数据。

（9）计算机图形学

计算机图形学是对数字视觉内容进行研究，涉及图像数据的合成和操作。它跟计算机科学的许多其他领域密切相关，包括计算机视觉、图像处理和计算几何，同时，也被大量运用于特效和电子游戏领域。

（10）计算机安全和密码学

计算机安全是计算机技术的一个分支，其目标包括保护信息免受未经授权的访问、中断和修改，同时，为系统的预期用户保持系统的可访问性和可用性。密码学是对隐藏（加密）和破译（解密）信息的实践与研究。现代密码学主要与计算机科学相关，很多加密和解密算法都是基于它们的计算复杂性。

（11）计算机体系结构与工程

计算机系统结构或数字计算机组织，是一个计算机系统的概念设计和根本运作结构。它主要侧重于中央处理器（CPU）的内部执行和内存访问。这个领域经常涉及计算机工程和电子工程学科，选择和互连硬件组件，以创造满足功能、性能和成本目标的计算机。

（12）软件工程

软件工程是对设计、实现和修改软件的研究，以确保软件的高质量、适中的价格、可维护性，以及能够快速构建。它是一个系统的软件设计方法，涉及工程实践到软件的应用。

1.1.2 计算科学

尽管计算机科学的名字中包含计算机这几个字，但实际上计算机科学相当数量的领域都不涉及计算机本身的研究。因此，一些新的名字被提出来。某些计算机专家倾向于用计算科学（Computing Science）来精确强调两者之间的不同。

当前计算手段已发展为与理论手段和实验手段并存的科学研究的第三种手段。理论手段是指以数学学科为代表，以推理和演绎为特征的手段，科学家通过构建分析模型和理论推导进行规律预测和发现。实验手段是指以物理学科为代表，以实验、观察和总结为特征的手段，科学家通过直接观察获取的数据来发现规律。计算手段则是以计算机学科为代表，以设计和构造为特征的手段，科学家通过建立仿真的分析模型和有效的算法，利用计算工具进行规律预测和发现。

技术进步已经使现实世界的各种事物都可感知、可度量，进而形成数量庞大的数据或数据群，使基于庞大数据形成仿真系统成为可能，因此，依靠计算手段发现和预测规律成为不同学科的科学家进行研究的重要手段。例如，生物学家利用计算手段研究生命体特征，化学家利用计算手段研究化学反应的机理，经济学家和社会学家利用计算手段研究社会群体网络的特性等。由此，计算手段与各学科结合，形成了所谓的计算科学。

1.2 计算机的形成与发展

20世纪以来，人类最大的科技发明当数电子计算机。计算机改变了人们传统的工作和生活方式。现在来回顾一下计算机的发展历史。

1.2.1 计算机的发展历史

1. 早期的计算工具

人类对计算的需要从远古时代就产生了。最早的计算方式便是使用自己的手，然而，当数字超过 10 个手指时，人们便开始探索新的计数方法，比如借助石子、结绳等进行计数。早在 2 000 多年前的春秋战国时代，中国人发明了算筹，这是世界上最早的计算工具，如图 1-1 所示。公元前 5 世纪，中国人发明了算盘，随后各种各样的算盘在中国、古希腊、古罗马等地使用，而算盘至今仍在亚洲许多地方流行，如图 1-2 所示。

图 1-1 算筹

图 1-2 算盘

由于算盘对计算非常大的数或者非常小且还带有复杂小数的数无能为力，因此，人们又发明了新的计数工具，典型的有拉皮尔算筹、对数计算尺等手动计算工具。但这些工具对于当时的科学研究，特别是天文学和航海中大量的繁杂计算，都已不堪重任，人们迫切需要能够自动计算的机器。得益于当时的钟表业，特别是齿轮传动装置技术的发展，机械式计算机应运而生。

2. 机械式计算机

第一台机械式计算机是法国物理学家帕斯卡 1642 年发明的，如图 1-3 所示。这台加法机利用齿轮传动原理实现加、减运算。机器中有一组轮子，分别刻着从 0 到 9 这 10 个数字。该加法机在两数相加时，先在加法机的轮子上拨出一个数，再按照第二个数在相应的轮子上转动对应的数字，然后得到这两个数的和。它采用棘轮装置实现"逢十进一"，当齿轮朝 9 转动时，棘轮逐渐升高；当齿轮转到 0 时，棘轮就"咔嚓"一声跌落下来，推动十位数的齿轮前进一挡。该加法机的设计原理对其后的计算机械产生了深远的影响。

图 1-3 第一台机械式计算机

然而，帕斯卡加法器还无法让机器"自动"进行运算。1801 年，法国纺织机械师杰卡德发明了"自动提花编织机",把图案事先制成穿孔卡片,编织机按照穿孔卡片的"指示"提起不同的经线编织图案。杰卡德编织机启发了计算机的程序设计思想。

1819 年,英国科学家巴贝奇设计"差分机",并于 1822 年制造出可动模型。这台机器能提高乘法速度和改进对数表等数字表的精确度。如图 1-4 所示,它有 3 个齿轮式的寄存器,可以保存 3 个 5 位数字,计算精度可以达到 6 位小数,能计算平方等多种函数表。受差分机的鼓舞,巴贝奇又设想制造分析机,如图 1-5 所示。分析机以蒸汽机为动力,由齿轮式存储仓库(可存储 1 000 个 50 位数)、专门进行运算的装置和根据穿孔卡片上的"0"和"1"对运算顺序进行控制的装置组成。另外,巴贝奇还设想了输入和输出数据的装置。所以,分析机实际上已具备了现代计算机逻辑结构的五大部件(存储器、运算器、控制器、输入设备和输出设备)的雏形。

图 1-4 巴贝奇差分机

图 1-5 巴贝奇分析机

与此同时,英国女数学家爱达·奥古斯塔为分析机编写了一系列计算不同函数的穿孔卡片,使分析机可以按照设计者的意图自动完成连续的运算,这就是最早的计算机程序设计。然而,由于当时的技术水平限制,巴贝奇和爱达最终没有完成分析机的制造,但巴贝奇仍然是现代计算机设计思想的奠基人。

3. 机电式计算机

19 世纪末,随着电学技术的发展,人们开始设计电气控制的自动计算工具。典型的代表有 1888 年美国人赫尔曼·霍列瑞斯发明的制表机,如图 1-6 所示。它采用穿孔卡片表示数据的是与非。该机器被成功应用于 1890 年的美国人口普查。此外,还有 1944 年的"马克 1 号"计算机,如图 1-7 所示,它在哈佛大学投入运行。

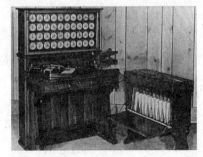

图 1-6 赫尔曼·霍列瑞斯发明的制表机

它是全机电式的计算机,采用了数千枚继电器代替齿轮传动,总长 15 m,高 2.4 m,重达 31.5 t,仍然采用十进制,是世界上第一台通用程序控制计算机。1949 年,艾肯研制出使用电子管和继电器的"马克 3 号"计算机,如图 1-8 所示。其首次使用磁鼓作为数据和指令的存储器,从此磁鼓成为第一代电子管计算机中广泛使用的存储器。

图1-7 "马克1号"计算机

图1-8 "马克3号"计算机

4. 电子计算机

在现代计算机的发展史上，阿兰·麦席森·图灵（图1-9）和冯·诺依曼（图1-10）是两位最具影响力的人物。

图1-9 阿兰·麦席森·图灵

图1-10 冯·诺依曼

阿兰·麦席森·图灵在计算机科学方面的贡献主要有两个：一是建立图灵机（Turing Machine，TM）模型，奠定了可计算理论的基础；二是提出图灵测试，阐述了机器智能的概念。

图灵机的基本思想是用机器来模拟人们用纸笔进行数学运算的过程。图灵把"计算"这一过程分解成如下步骤：

①根据眼睛看到纸上的符号，脑中思考相应的法则；

②指示手中的笔在纸上写上或擦去一些符号；

③再改变眼中所看到的范围；

④如此继续，直到认为计算结束为止。

用来模拟"计算"过程的图灵机模型由以下几个部分组成：一条两端可以无限延长的带子、一个读写头及含有一组控制读写头工作命令的控制器（含计算功能），如图1-11所示。图灵机的带子被划分为一系列均匀的方格，读写头可以沿带子方向左右移动，并可以在每个方格上读写，一步一步地改变纸带上的1或0，经过有限步后，图灵机在停机控制指令的控制下停止移动，最后纸带上的内容就是预先设计的计算结果。

图1-11 图灵机示意图

图灵机的概念是现代可计算性理论的基础。图灵证明，只有是 TM 能解决的计算问题，实际计算机才能解决；如果是 TM 不能解决的计算问题，那么实际计算机也无法解决。TM 的能力概括了数字计算机的计算能力，因此，图灵机对计算机的一般结构、可实现性和局限性都产生了深远的影响。1950 年 10 月，图灵在哲学期刊 "Mind" 上又发表了一篇著名论文 "Computing Machinery and Intelligence"。他指出，如果一台机器对于质问的响应与人类做出的响应完全无法区别，那么这台机器就具有智能。今天人们把这个论断称为图灵测试（Turing Test），它奠定了人工智能的理论基础。

为纪念图灵对计算机的贡献，美国计算机学会（ACM）于 1966 年创立了"图灵奖"，每年颁发给在计算机科学领域的领先研究人员，被称为计算机产业界和学术界的诺贝尔奖。

冯·诺依曼的最大贡献则是提出一个全新的存储程序通用电子计算机方案。方案明确规定，新机器有五个组成部分：运算器、控制器、存储器、输出设备和输入设备。此外，新方案还有两点重大改进：一是采用二进数制，简化了计算机结构；二是建立存储程序，将指令和数据放进存储器，加快了运算速度。冯·诺依曼概念被认为是计算机发展史上的一个里程碑，它标志着电子计算机时代的真正开始。以此概念为基础的各类计算机统称为冯·诺依曼机。几十年来，虽然计算机系统在性能指标、运算速度、工作方式、应用领域等方面与当时的计算机有很大差别，但基本结构没有变，都属于冯·诺依曼计算机。但是，冯·诺依曼自己也承认，他的关于计算机"存储程序"的想法都来自图灵。

1.2.2 电子计算机的发展

世人公认的第一台电子数字计算机是 1946 年 2 月在美国宾夕法尼亚大学莫尔电工学院研制成功的 ENIAC，如图 1-12 所示。这台由美国陆军军械署资助完成的计算机共用了 18 800 个电子管，70 000 个电阻器，10 000 个电容器，1 500 个继电器，占地约 167 m^2，重约 30 t，耗电 150 kW。这个庞大的计算机每秒能进行 5 000 次加法或者 400 次乘法，比机械式的继电器计算机快 1 000 倍。至今人们公认，ENIAC 机的问世，表明了电子计算机时代的到来，具有划时代意义。

然而，ENIAC 最致命的缺陷是没有存储程序，指挥计算的程序指令被存放在外部接线板上，在计算前，必须由人工花费几小时甚至几天的时间把数百条线路正确地接通，才能进行几分钟的运算。所以，ENIAC 并没有对以后的计算机结构和工作原理产生什么影响。1950 年，冯·诺依曼等人研制成功 EDVAC，如图 1-13 所示。它首次实现了冯·诺依曼的"存储程序"思想和采用了二进制，是真正意义上的现代电子数字计算机。

图 1-12　ENIAC　　　　　　　　　图 1-13　EDVAC

从第一台电子计算机 ENIAC 诞生到现在短短的几十年中，计算机的发展日新月异，特别是电子元器件的发展，有力地推动了计算机的发展。根据计算机采用的电子元器件的不同，将计算机的发展划分为四个阶段。

1. 第一代计算机（1946—1957 年）

第一代计算机是电子管计算机。其基本元件是电子管，如图 1-14（a）所示。内存储器采用水银延迟线，外存储器有纸带、卡片、磁带和磁鼓等。由于当时电子技术的限制，运算速度为每秒几千次到几万次，并且内存储器容量也非常小，只有 1 000～4 000 字节。

此时的计算机已经用二进制代替了十进制，所有的数据和指令都用若干个 0 和 1 表示，这很容易对应于电子元件的"导通"和"截止"。计算机程序设计语言还处于最低阶段，要用二进制代码表示的机器语言进行编程，工作十分烦琐。直到 20 世纪 50 年代末才出现了稍微方便一点的汇编语言。

UNIVAC（Universal Automatic Computer）是第一代计算机的典型代表，第一台产品于 1951 年交付美国人口统计局使用。它的交付使用标志着计算机从实验室进入了市场，从军事应用领域转入数据处理领域。其他代表性的新机型有 IBM 650、IBM 709。

第一代计算机体积庞大，造价高昂，因此，基本上还是局限于军事研究领域应用的狭小天地。

2. 第二代计算机（1958—1964 年）

1948 年，贝尔实验室发明晶体管，如图 1-14（b）所示。晶体管是一种开关元件，具有体积小、质量小、开关速度快、工作温度低、稳定性好等特点，所以第二代计算机以晶体管为主要元件。此时，内存储器大量使用磁性材料制成的磁芯，每个小米粒大小的磁芯可存一位二进制代码；外存储器有磁盘、磁带。随着外部设备种类的增加，运算速度从每秒几万次提高到几十万次，内存储器容量扩大到几十万字节。

计算机软件方面也有了较大的发展，出现了监控程序并发展成为后来的操作系统；另外，Basic、Fortran 和 Cobol 等高级程序设计语言相继推出，使编写程序的工作变得更加方便，并实现了程序兼容。这样，计算机工作的效率大大提高。

第二代计算机与第一代计算机相比，晶体管计算机体积小、成本低、质量小、功耗小、速度高、功能强且可靠性高。使用范围也由单一的科学计算扩展到数据处理和事务管理等其他领域。IBM 7000 系列机是第二代计算机的典型代表。

3. 第三代计算机（1965—1970 年）

1958 年第一块集成电路（图 1 – 14（c））诞生以后，集成电路技术的发展日臻成熟。集成电路的问世催生了微电子产业，第三代计算机的主要元件采用小规模集成电路（Small Scale Integrated Circuits，SSI）和中规模集成电路（Medium Scale Integrated Circuits，MSI）。集成电路是用特殊的工艺将大量完整的电子线路做在一个硅片上，与晶体管电路相比，集成电路计算机的体积、重量、功耗都进一步减小，运算速度、逻辑运算功能和可靠性都进一步提高。

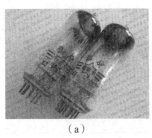  

（a）　　　　　　　　　（b）　　　　　　　　　（c）

图 1 – 14　基本电子元器件

（a）电子管；（b）晶体管；（c）集成电路

软件在这个时期形成了产业，操作系统在种类、规模和功能上发展很快。通过分时操作系统，用户可以共享计算机的资源。结构化、模块化的程序设计思想被提出，并且出现了结构化的程序设计语言 Pascal。第三代计算机广泛应用于数据处理、过程控制和教育等各方面。

IBM 360 系列是最早采用集成电路的通用计算机，也是影响最大的第三代计算机。

4. 第四代计算机（1971 年至今）

随着集成电路技术的不断发展，单个硅片可容纳电子线路的数目也在迅速增加。20 世纪 70 年代初期出现了可容纳数千个至数万个晶体管的大规模集成电路（Large Scale Integrated Circuits，LSI），70 年代末又出现了一个芯片上可容纳几万个到几十万个晶体管的超大规模集成电路（Vary Large Scale Integrated Circuits，VLSI）。VLSI 能把计算机的核心部件甚至整个计算机都做在一个硅片上。

第四代计算机的主要元件是采用大规模集成电路（LSI）和超大规模集成电路（VLSI）。集成度很高的半导体存储器完全代替了使用达 20 年之久的磁芯存储器，外存磁盘的存取速度和存储容量大幅度上升。计算机的速度可达每秒几百万次至上亿次，体积、重量和耗电量进一步减小，计算机的性价比基本上以每 18 个月翻一番的速度上升（即著名的 More 定律）。

软件工程的概念开始提出，使操作系统向虚拟操作系统发展，各种应用软件大放异彩，在各行业中都有应用，大大扩展了计算机的应用领域。IBM 4300 系列、3080 系列、3090 系列和 9000 系列是这一时期的主流产品。

综上所述，计算机的发展历程见表 1 – 1。

表1-1 计算机的发展历程

类型	基本元件	运算速度	内存储器	外存储器	相应软件	应用领域
第一代计算机	电子管	几千至几万次每秒	水银延迟线	卡片、磁带、磁鼓等	机器语言程序	主要用于军事领域
第二代计算机	晶体管	几十万次每秒	磁芯	磁盘、磁带	监控程序、高级语言	科学计算、数据处理、事务处理
第三代计算机	中、小规模集成电路	几十万至几百万次每秒	磁芯	磁盘、磁带	分时操作系统、结构化程序设计	各种领域
第四代计算机	大规模、超大规模集成电路	几百万次至上亿次每秒	半导体存储器	磁盘、光盘等	多种多样	各种领域

5. 新一代计算机

为了争夺世界范围内信息技术的制高点，20世纪80年代初期，各国展开了研制第五代计算机的激烈竞争。第五代计算机的研制推动了专家系统、知识工程、语言合成与语音识别、自然语言理解、自动推理和智能机器人等方面的研究，取得了大批成果。

①生物计算机。微电子技术和生物工程这两项高科技的互相渗透，为研制生物计算机提供了可能。20世纪70年代以来，人们发现，脱氧核糖核酸（DNA）处在不同的状态下，可产生有信息和无信息的变化。联想到逻辑电路中的0与1、晶体管的导通或截止、电压的高或低、脉冲信号的有或无等，激发了科学家们研制生物元件的灵感。1995年，来自各国的200多位有关专家共同探讨了DNA计算机的可行性，认为生物计算机是以生物电子元件构建的计算机，而不是模仿生物大脑和神经系统中信息传递、处理等相关原理来设计的计算机。生物电子元件是利用蛋白质具有的开关特性，用蛋白质分子制作成集成电路，形成蛋白质芯片、红血素芯片等。利用DNA化学反应，通过和酶的相互作用可以将某基因代码通过生物化学的反应转变为另一种基因代码，转变前的基因代码可以作为输入数据，反应后的基因代码可以作为运算结果。利用这一过程可以制成新型的生物计算机。但科学家们认为生物计算机的发展可能还要经历一个较长的过程。

②光子计算机。光子计算机是一种用光信号进行数字运算、信息存储和处理的新型计算机。运用集成光路技术，把光开关、光存储器等集成在一块芯片上，再用光导纤维连接成计算机。1990年1月底，贝尔实验室研制成功第一台光计算机，尽管它的装置很粗糙，由激光器、透镜、棱镜等组成，只能用来计算，但是它毕竟是光计算机领域的一大突破。正像电子计算机的发展依赖于电子器件尤其是集成电路一样，光计算机的发展也主要取决于光逻辑元件和光存储元件，即集成光路的突破。近年来，CD-ROM、VCD和DVD的接踵出现，是

光存储研究的巨大进展。网络技术中的光纤信道和光转接器技术也已相当成熟。光计算机的关键技术，即光存储技术、光互联技术、光集成器件等方面的研究都已取得突破性的进展，为光计算机的研制、开发和应用奠定了基础。现在，全世界除了贝尔实验室外，日本和德国的其他公司也都投入巨资研制光子计算机。

③超导计算机。1911年，昂尼斯发现纯汞在4.2 K低温下电阻变为零的超导现象。超导线圈中的电流可以无损耗地流动。在计算机诞生之后，超导技术的发展使科学家们想到用超导材料来代替半导体制造计算机。早期的工作主要是延续传统的半导体计算机的设计思路，只不过是将半导体材料的逻辑门电路改为用超导体材料的逻辑门电路，从本质上讲并没有突破传统计算机的设计构架。此外，在20世纪80年代中期以前，超导材料的超导临界温度仅在液氦温区，实施超导计算机的计划费用高昂。然而，在1986年左右出现重大转机，高温超导体的发现使人们可以在液氮温区获得新型超导材料，于是超导计算机的研究又获得了各方面的广泛重视。超导计算机具有超导逻辑电路和超导存储器，运算速度是传统计算机无法比拟的。所以，世界各国科学家都在研究超导计算机，但还有许多技术难关有待突破。

④量子计算机。现在的高速现代化的计算机与计算机的祖先"ENIAC"相比并没有什么本质的区别，尽管计算机体积已经变得更加小巧，并且执行速度也非常快，但是计算机的任务却并没有改变，即对二进制位0和1的编码进行处理并解释为计算结果。每个位的物理实现是通过一个肉眼可见的物理系统完成的，例如，从数字和字母到人们所用的鼠标或调制解调器的状态等，都可以用一系列0和1的组合来代表。传统计算机与量子计算机之间的区别是传统计算机遵循着众所周知的经典物理规律，而量子计算机则遵循着独一无二的量子动力学规律，是一种信息处理的新模式。在量子计算机中，用"量子位"来代替传统电子计算机的二进制位。二进制位只能用"0"和"1"两个状态表示信息，而量子位用粒子的量子力学状态来表示信息，两个状态可以在一个"量子位"中并存。量子位既可以使用与二进制位类似的"0"和"1"，也可以使用这两个状态的组合来表示信息。正因为如此，量子计算机被认为可以进行传统电子计算机无法完成的复杂计算，其运算速度将是传统电子计算机无法比拟的。

1.2.3 我国计算机的发展

我国计算机事业起步虽晚，但发展很快。1956年，我国开始规划制造电子计算机。1957年，中国科学院计算技术研究所和北京有线电厂着手研制。1958年，成功研制出我国第一台小型电子管通用计算机103机（八一型），标志着我国第一台电子计算机的诞生。此后，随着计算机技术的迅速发展，我国相继研制出了每秒运算上亿次、百亿次、千亿次、万亿次的"银河""曙光""神威""深腾"等系列的巨型电子计算机。目前，我国已成为世界上第3个拥有制造十万亿次超级计算机能力的国家。下面是我国计算机发展史上一些标志性的事件。

1958年，中国科学院计算技术研究所研制出我国第一台小型电子管通用计算机103机（八一型），运行速度可达到每秒1 500次。

1965年，中国科学院计算技术研究所研制出第一台大型晶体管计算机109乙机，之后

推出 109 丙机，该机在两弹试验中发挥了重要作用。

1973 年，中国第一台百万次集成电路计算机研制成功。

1974 年，清华大学等单位联合设计、研制成功采用集成电路的 DJS－130 小型计算机，运算速度达每秒 100 万次。

1977 年，中国第一台微型计算机 DJS－050 机研制成功。

1983 年，国防科技大学研制的"银河Ⅰ号"巨型计算机，运行速度达到每秒 1 亿次。

1992 年，国防科技大学研制的"银河Ⅱ号"巨型计算机，运行速度达到每秒 10 亿次。

1995 年，国家智能机研发中心研制的"曙光 1000"大型计算机，运行速度达到每秒 25 亿次。

1997 年，国防科技大学研制的"银河Ⅲ号"巨型计算机，峰值性能为每秒 130 亿次浮点运算。

1997—1999 年，曙光公司先后在市场上推出了具有集群结构的"曙光 1000A""曙光 2000－Ⅰ""曙光 2000－Ⅱ"超级服务器，峰值计算速度已突破每秒 1 000 亿次浮点运算，机器规模已超过 160 个处理机。

1999 年，国家并行计算机工程技术研究中心研制的"神威Ⅰ"计算机通过了国家级验收，并在国家气象中心投入运行。该系统有 384 个运算处理单元，峰值运算速度达每秒 3 840 亿次。

2000 年，曙光公司推出每秒 3 000 亿次浮点运算的"曙光 3000"超级服务器。

2001 年，中国科学院计算技术研究所研制成功我国第一款通用 CPU——"龙芯"芯片。

2002 年，曙光公司推出具有完全自主知识产权的"龙腾"服务器。龙腾服务器采用了"龙芯－1"CPU，采用了曙光公司和中国科学院计算技术研究所联合研发的服务器专用主板，采用曙光 Linux 操作系统。该服务器是国内第一台完全实现自主知识产权的产品，在国防、安全等部门发挥了重大作用。

2002 年，中国联想集团研制的"深腾 1800"超级计算机，运行速度达到每秒 1.027 万亿次。

2003 年，曙光公司推出具有百万亿次数据处理能力的超级服务"曙光 4000L"，再一次刷新国产超级服务器的历史纪录，使得国产高性能计算机产业再上新台阶。

2003 年，中国联想集团研制的"深腾 6800"，运行速度达到每秒 4.183 万亿次。

2003 年，清华大学研制出"深超－21C"超级计算机，最高速度达到每秒 1.5 万亿次。

2004 年，国家智能机研发中心研制的"曙光 4000A"超级计算机，运行速度达到每秒 10 万亿次。

2008 年，启用"曙光 5000A"高性能计算机。它采用 4 路 4 核的刀片服务器体系架构，共采用了 7 680 颗低功耗 AMD 真四核皓龙处理器，122.88 TB 内存，700 TB 数据存储能力，采用低延迟的 20 GB 的网络互联，其设计浮点运算速度峰值为每秒 230 万亿次。

2009 年 10 月，国防科技大学成功研制出峰值性能为每秒 1 206 万亿次的"天河一号"超级计算机。我国成为继美国之后世界上第二个能够研制千万亿次超级计算机的国家。

2010 年，推出了千万亿次计算机"曙光 6000"（如图 1－15 所示），采用了完全自主设计和拥有全部知识产权的国产"龙芯"处理器。

2013 年，我国自主研制的"天河二号"超级计算机（如图 1 – 16 所示）问世，峰值计算速度达到每秒 5.49 亿亿次，持续计算速度达到每秒 3.39 亿亿次，综合技术处于国际领先水平，计算速度比同期在全球超级计算机 500 强榜单中排名第二的美国"泰坦"快近一倍。

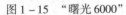

图 1 – 15 "曙光 6000" 　　　　　图 1 – 16 "天河二号"

2016 年，使用中国自主知识产权芯片制造的"神威·太湖之光"，以峰值计算速度 12.5 亿亿次/s，持续计算速度 9.3 亿亿次/s，取代"天河二号"，成为世界上运算速度最快的超级计算机。

1.3　计算机基础知识

1.3.1　计算机的特点和分类

1. 计算机的特点

计算机是在程序的控制之下，自动、高效地完成信息处理的数字化电子设备。它能按照人们编写的程序对输入的原始数据进行加工处理、存储或传送，以便获得所期望的输出信息，从而利用这些信息来提高社会劳动生产率，并改善人们的生活。

各种类型的计算机虽然在性能、规模、结构、用途等方面有所不同，但都具备表 1 – 2 所示的特点。

表 1 – 2　计算机的特点

特　点	说　明
运算速度快	运算速度一般是指计算机每秒所能执行加法运算的峰值次数。运算的高速度是处理复杂问题的前提，因此，运算速度一直是衡量计算机性能的主要指标。目前微型机的运算速度已达百亿次级，而巨型机则在百万亿次、千万亿次级
计算精度高	一般来说，现在的计算机有几十位有效数字，并且理论上还可以更高。因为数在计算机内部是用二进制编码表示的，数的精度主要由这个数的二进制码的位数决定，因此，可以通过增加数的二进制位数来提高精度，位数越多，精度越高

续表

特　点	说　明
存储容量大	计算机的存储设备可以把原始数据、中间结果、计算结果、程序等数据存储起来以备使用。存储数据的多少取决于所配存储设备的容量。目前的计算机不仅提供了大容量的内存储设备来存储计算机运行时的数据，同时，还提供了各种外部存储设备，以长期保存和备份数据，如硬盘、U盘和光盘等
逻辑判断能力	计算机在程序执行过程中，会根据上一步的执行结果，运用逻辑判断方法自动确定下一步的执行命令。正是因为计算机具有这种逻辑判断能力，使得计算机不仅能解决数值计算问题，还能解决非数值计算问题，比如信息检索、图像识别等
自动工作的能力	把程序事先存储在存储器中，当需要调用执行时，计算机可以按照程序规定的步骤自动地逐步执行，而不需要人工干预。这是计算机区别于其他计算工具的本质特点

2. 计算机的分类

随着计算机技术的发展和应用，尤其是微处理器的发展，计算机的类型越来越多样化。从不同角度对计算机有不同的分类方法，通常从以下三个不同角度对计算机进行分类：

（1）按计算机处理数据的方式分类

按计算机处理数据的方式，可以分为数字计算机（Digital Computer）、模拟计算机（Analog Computer）和数模混合计算机（Hybrid Computer）三类。

数字计算机：它处理的是非连续变化的数据，这些数据在时间上是离散的。输入的是数字量，输出的也是数字量，如职工编号、年龄、工资数据等。基本运算部件是数字逻辑电路，因此，其运算精度高、通用性强。

模拟计算机：它处理和显示的是连续的物理量，所有数据用连续变化的模拟信号来表示，其基本运算部件是由运算放大器构成的各类运算电路。模拟信号在时间上是连续的，通常称为模拟量，如电压、电流、温度都是模拟量。一般来说，模拟计算机不如数字计算机精确，通用性不强，但解题速度快，主要用于过程控制和模拟仿真。

数模混合计算机：它兼有数字和模拟两种计算机的优点，既能接收、处理和输出模拟量，又能接收、处理和输出数字量。

（2）按计算机的使用范围分类

按计算机的使用范围，可以分为通用计算机（General Purpose Computer）和专用计算机（Special Purpose Computer）两类。

通用计算机：是指为解决各种问题和具有较强的通用性而设计的计算机。该类计算机适用于一般的科学计算、学术研究、工程设计和数据处理等。这类机器本身有较大的适用范围。

专用计算机：是指为适应某种特殊应用而设计的计算机，具有运行效率高、速度快、精度高等特点。一般用在过程控制中，如智能仪表、飞机的自动控制、导弹的导航系统等。

（3）按计算机的规模和处理能力分类

规模和处理能力主要是指计算机的字长、运算速度、存储容量、外部设备、输入和输出能力等技术指标，大体上可以分为巨型机、大型机、小型机、微型机、工作站、服务器等几类。

巨型计算机（Super computer）：是指运算速度快、存储容量大，每秒可达1亿次以上浮点运算速度，主存容量高达几百兆字节甚至几百万兆字节，字长可达32～64位的机器。这类机器价格相当高昂，主要用于复杂、尖端的科学研究领域，特别是军事科学计算。我国自主生产的"天河一号"（如图1-17所示）千万亿次机、"曙光-5000A"型机（如图1-18所示）均属于巨型计算机。

图1-17　"天河一号"

图1-18　"曙光-5000A"

大型计算机（Mainframe）：是指通用性能好、外部设备负载能力强、处理速度快的一类机器。其运算速度在每秒100万次至几千万次，字长为32～64位，主存容量在几十兆字节至几百兆字节。它有完善的指令系统、丰富的外部设备和功能齐全的软件系统，并允许多个用户同时使用。这类机器主要用于科学计算、数据处理或作为网络服务器。IBM系列大型机如图1-19所示。

小型计算机（Minicomputer或Mins）：它具有规模较小、结构简单、成本较低、操作简单、易于维护、与外部设备连接容易等特点，是在20世纪60年代中期发展起来的一类计算机。当时的小型机字长一般为16位，存储容量在32～64 KB。DEC公司的PDP11/20～PDP11/70是这类机器的代表。当时微型计算机还未出现，因而其得到广泛推广应用，许多工业生产自动化控制和事务处理都采用小型机。近年来的小型机，其性能都已大大提高，主要用于事务处理。IBM系列小型机如图1-20所示。

图1-19　大型计算机

图1-20　小型计算机

微型计算机（Microcomputer）：是以运算器和控制器为核心，加上由大规模集成电路制作的存储器、输入/输出接口和系统总线构成的体积小、结构紧凑、价格低但又具有一定功能的计算机。如果把这种计算机制作在一块印刷线路板上，就称为单板机。如果在一块芯片中包含运算器、控制器、存储器和输入/输出接口，就称为单片机。以微机为核心，再配以相应的外部设备（例如键盘、显示器、鼠标、打印机）、电源、辅助电路和控制微机工作的软件，就构成了一台完整的微型计算机系统。

工作站（Workstation）：是指为了某种特殊用途而将高性能的计算机系统、输入/输出设备与专用软件结合在一起的系统。它的独到之处是有大容量主存、大屏幕显示器，特别适用于计算机辅助工程。例如，图形工作站一般包括主机、数字化仪、扫描仪、鼠标、图形显示器、绘图仪和图形处理软件等。它可以完成对各种图形与图像的输入、存储、处理和输出等操作。

服务器（Server）：是在网络环境下为多用户提供服务的共享设备，一般分为文件服务器、打印服务器、计算服务器和通信服务器等。该设备连接在网络上，网络用户在通信软件的支持下远程登录，共享各种服务。

目前，微型计算机与工作站、小型计算机乃至大型机之间的界限已经越来越模糊。无论按哪一种方法分类，各类计算机之间的主要区别都是运算速度、存储容量及机器体积等。

1.3.2　计算机应用概述

随着计算机技术的发展，尤其是结合了计算机网络通信技术，计算机的应用范围日益扩大，已渗透到科学技术、国民经济、社会生活等各个方面，并且正在不断地改变着人们的工作、学习和生活方式，推动着社会的发展。计算机的应用包括以下几个方面：

1. 科学计算

科学计算是指科学研究和工程技术中遇到的数学问题的求解，也称为数值计算。科学研究对计算能力的需要是无止境的，计算机具有速度快、精度高的特点，通过计算机可以解决人工无法解决的复杂计算问题。过去人工计算需要几个月、几年时间才能完成的，甚至毕生都无法完成的工作量，现在也只要几天、几个小时甚至几分钟就能解决了。随着现代科学技术的进一步发展，科学计算在现代科学研究中的地位不断提高，在尖端科学领域显得尤为重要。例如计算卫星轨道，宇宙飞船的研究设计，生命科学、材料科学、海洋工程、房屋抗震强度的计算等现代科学技术研究，都离不开计算机的精确计算。目前，科学计算仍然是计算机应用的一个重要领域。

2. 数据处理

数据处理又称为非数值计算，就是使用计算机对大量的数据进行输入、分类、加工、整理、合并、统计、制表、检索及存储、计算、传输等操作。数据处理涉及的数据量大，但计算方法较简单。目前计算机的数据处理应用已非常普遍，如人事管理、库存管理、财务管理、图书资料管理、商业数据交流、情报检索、经济管理、办公自动化等都属于这方面的应用。

数据处理已成为当代计算机的首要任务，是现代化管理的基础。在当今信息化的社会中，每时每刻都在产生大量的信息，只有利用计算机，才能够在浩瀚的信息海洋中充分获取宝贵的信息资源。例如，以数据库技术为基础开发的管理信息系统（Management Information System，MIS）、决策支持系统（Decision Support System，DSS）、企业资源规划系统（Enterprise Resources Planning，ERP）等信息系统的应用，大大提高了企业和政府部门的现代化管理水平。据统计，现在全世界计算机用于数据处理的工作量占全部计算机应用的80%以上，大大提高了工作效率，提高了管理水平。

3. 人工智能

人工智能是由计算机来模拟或部分模拟人类的智能，使计算机具有识别语言、文字、图形和进行推理、学习及适应环境的能力。

虽然计算机的能力在许多方面远远超过人类，但是真正要达到人的智能还是非常遥远的事情。人工智能是计算机应用的一个新的领域，目前已有一些系统能够代替人的部分脑力劳动，获得了实际的应用，尤其是在机器人、专家系统、模式识别等方面。

4. 实时控制

实时控制又称为过程控制，是指用计算机实时地采集、检测受控对象的数据，并快速地进行处理，按最佳值迅速对控制对象进行自动化控制或自动调节。

现代工业迅速发展，生产规模不断扩大，技术和工艺日趋复杂，因而对实现生产过程自动化的控制系统要求也日益提高。使用计算机进行过程控制，既可以提高控制的自动化水平，也可以提高控制的及时性和准确性。计算机在自动控制方面的应用非常广泛，包括工业流程的控制、生产过程控制、交通运输管理等。在卫星、导弹发射等国防尖端技术领域，更是离不开计算机的实时控制，无人驾驶飞机、导弹、人造卫星和宇宙飞船等飞行器的控制，都是靠计算机实现的。家用电器、日常生活服务器的生产中，也大量应用了计算机的自动控制功能。

5. 计算机辅助系统

计算机辅助系统是指利用计算机辅助人们进行设计、制造等工作，主要包括以下几方面：计算机辅助设计（Computer Aided Design，CAD）、计算机辅助制造（Computer Aided Manufacturing，CAM）、计算机集成制造系统（Computer Integrated Manufacturing System，CIMS）和计算机辅助教学（Computer Aided Instruction，CAI）。

CAD是利用计算机的计算、逻辑判断、数据处理及绘图功能，并与人的经验和判断能力相结合，共同来完成各种产品或者工程项目的设计工作。CAD可缩短设计周期、降低成本、提高设计质量，同时，提高图纸的复用率和可管理性。

CAM是使用计算机辅助人们完成工业产品的制造任务，可以实现对工艺流程、生产设备等的管理，以及对生产装置的控制和操作。例如，在产品的制造过程中，用计算机控制机器的运行、处理生产过程中所需的数据、控制和处理材料的流动、对产品进行检验等。使用CAM技术可以提高产品的质量，降低成本，缩短生产周期。

CIMS是指以计算机为中心的现代化信息技术应用于企业管理与产品开发制造的新一代

制造系统，包括 CAD、CAM、CAPP（计算机辅助工艺规划）、CAE（计算机辅助工程）、CAQ（计算机辅助质量管理）、PDMS（产品数据管理系统）、管理和决策、网络与数据库及质量保证系统等子系统的技术集成。将计算机技术集成到制造工厂的整个生产过程中，使企业内的信息流、物流、能量流和人员活动形成一个统一、协调的整体，形成一个流水线，从而建立现代化的生产管理模式。

CAI 是指利用计算机模拟教师的教学行为进行授课，学生通过与计算机的交互进行学习并自测学习效果，是提高教学效率和教学质量的新途径。计算机辅助教学利用文字、图形、图像、动画、声音等多种媒体将教学内容开发成 CAI 软件的方式，使教学过程形象化；可以采用人机对话方式，对不同学生采取不同的内容和进度，改变了教学的统一模式，不仅有利于提高学生的学习兴趣，还适用于学生个性化、自主化的学习，可以实现自我检测、自动评分等功能。

6. 其他应用领域

随着电子技术特别是通信和计算机技术的发展，人们已经有能力把文本、音频、视频、动画、图形和图像等各种"媒体"综合起来，构成一种全新的概念——"多媒体"（Multimedia）。多媒体技术是以计算机技术为核心，将现代声像技术和通信技术融为一体，能对文本、图形、图像、音频、视频、动画等多种媒体信息进行存储、传送和处理的综合技术。它的应用领域十分广泛，如在线播放、可视电话、视频会议系统等。多媒体技术的应用正改变着人类的生活和工作方式。

随着计算机技术、多媒体技术、动画技术及网络技术的不断发展，使得计算机能够以图像和声音集成的形式向人们提供一种"虚拟现实"，出现了虚拟工厂、虚拟人体、虚拟主持人等许多虚拟的东西。当代的虚拟现实是使用计算机生成的一种模拟环境，通过多种传播设备使用户"融入"该环境中，实现用户与环境直接进行交互的目的。这种模拟环境是用计算机构成的具有表面色彩的立体图形，它可以是某一特定现实世界的真实写照，也可以是纯粹虚构的世界。利用"虚拟现实"环境，可以在计算机上模拟训练汽车驾驶员、模拟拍摄科学幻想电影影片。实践证明，计算机模拟不仅成本低，而且模拟效果好，很容易实现逼真的被模拟环境。

随着网络技术的发展，计算机的应用领域越来越广泛，它已深入到国民经济和社会生活的各个方面，通过现代高速信息网实现数据与信息的查询、高速通信服务（如电子邮件、文档传输、可视电话会议等）、远程教育、电子图书馆、电子政务、电子商务、远程医疗和会诊、交通信息管理及电子娱乐等。计算机应用的高速发展进一步推动着信息社会更快地向前发展。未来计算机的应用将重点朝着人工智能、信息家电等领域的应用方向发展，将在分布式系统应用和基于构件的软件开发技术等方面出现突破性的新进展。

信息家电是一种将 PC 与家用电器融合，使用方便并且价格低廉的上网工具，它代表了计算机、通信和消费类电子产品（俗称"3C"）相融合的发展方向。今后，越来越多的计算机将不再以孤立的形式出现，而是嵌入其他装置中或与网络相连接。具有代表性的一些信息家电产品包括网络电视、网络可视电话、网络型智能手持设备（如蜂窝电话、个人数据助理、掌上 PC、手持无线上网设备、网络个人接入器等便携式设备）和网络游戏机等。

在信息化的社会中，随着工作、生活节奏的加快，人们对及时、就地获取信息的需求越来越迫切，未来信息家电、家庭网络等将获得更加迅速的发展和更加广泛的普及。

1.3.3　计算机系统的基本构成

一个完整的计算机系统分为硬件系统（Hardware）和软件系统（Software）两大部分。

硬件系统是指收集、加工、处理数据及输出数据所需的设备实体，是看得见、摸得着的部件总和。软件系统是指为了充分发挥硬件系统性能和方便人们使用硬件系统，以及为解决各类应用问题而设计的程序、数据、文档的总和，它们在计算机中体现为一些触摸不到的二进制状态，存储在内存、磁盘、闪存盘等硬件设备上。

硬件系统和软件系统两者是有机结合体，相辅相成，缺一不可。没有软件的计算机（裸机）几乎是毫无用处的，因此有人说硬件是计算机的躯体，软件是它的灵魂。另外，计算机系统的许多功能可以由硬件实现，也可以由软件实现，两者的界限不是固定和一成不变的。为了使计算机系统的性能不断提高，存在着软件硬化，硬件软化，互相渗透的趋势。

1.4　计算机发展趋势

1.4.1　普适计算

普适计算是 IBM 公司在 1999 年发明的，意指在任何时间、任何地点都可以计算，也称为无处不在的计算，即计算机无时不在、无处不在，以至于就像没有计算机一样。

普适计算的实现需要研究和解决的问题包括：①随时随地的计算联网问题。需要研究移动互联网技术和 3G/4G 网络。②各种设备、设施本身的计算控制问题。需要研究嵌入式技术，即将各种设备均嵌入计算芯片，使其本身具有计算能力或使其能够被计算设备感知和控制能力。③普适计算模型问题。当众多的设施设备可以随时随地联网后，需要研究如何进行控制，如统一控制、分布控制、自治控制、远程控制等，需要有新的普适计算模型，以真正发挥普适计算的作用。

随着技术的发展，普适计算正在逐渐成为现实。在人们的日常生活中已经可以看到普适计算的身影，如自动洗衣机可以按照设定的模式自动完成洗衣工作，智能电饭煲可以在人们早晨醒来的时候做好饭，在大街上拿着手机上网，捧着笔记本在机场大厅查收邮件，在家里网上预订酒店、机票等。尽管还没有达到十足的普适计算，但已经体现了普适计算的雏形。

未来，通过将普适计算设备嵌入人们生活的各种环境中，可以将计算从桌面上解脱出来，让用户以各种灵活的方式享受计算能力和系统资源。那时候在人们的周围到处都是计算机，这些计算机将依据不同的计算要求而呈现不同的模样、不同的名称，以至于人们忘记了它们其实就是计算机。

例如，数字家庭通过家庭网关将宽带网络接入家庭；在家庭内部，手持设备、PC 或者

家用电器通过有线或者无线的方式连接到网络，从而提供了一个无缝、交互和普适计算的环境；人们能在任何地点、任何时候访问社区服务网络，比如在社区里预定一场比赛的门票；电子家庭解决方案通过高级的设备与电器诊断、自动定时、集中和远程控制等功能，令生活更加方便、舒适。通过远程监控器监控家庭的情况，使生活更安全。

1.4.2 高性能计算

发展高速度、大容量、功能强大的超级计算机，对于进行科学研究、保卫国家安全、提高经济竞争力具有非常重要的意义。诸如气象预报、航天工程、石油勘测、人类遗传基因检测、机械仿真等现代科学技术，以及开发先进的武器、军事作战的谋划和执行、图像处理及密码破译等，都离不开高性能计算机。研制超级计算机的技术水平体现了一个国家的综合国力，因此，超级计算机的研制是各国在高技术领域竞争的热点。

高性能计算需要实现更快的计算速度、更大的负载能力和更高的可靠性。实现高性能计算的途径包括两方面：一方面是提高单一处理器的计算性能，另一方面是把这些处理器集成，由多个 CPU 构成一个计算机系统，这就需要研究多 CPU 协同分布式计算、并行计算、计算机体系结构等技术。

2010 年 11 月，超级计算机 500 强第一名为中国的"天河一号 A"。其拥有 14 336 颗 Intel Xeon X5670 2.93 GHz 六核心处理器，2 048 颗我国自主研发的飞腾 FT – 1000 八核处理器，7 168 块 NVIDIA Tesla M2050 高性能计算卡，总计 186 368 个核心，224 TB 内存。实测运算速度可以达到每秒 2 570 万亿次，这意味着，它计算一天，相当于一台家用计算机计算 800 年。

2016 年 6 月，全球超级计算机 500 强公布，采用中国自主芯片的"神威·太湖之光"超级计算机系统登顶榜单之首，不仅速度比第二名"天河二号"快近两倍，其效率也提高了 3 倍。它由 40 个运算机柜和 8 个网络机柜组成。每个运算机柜比家用的双门冰箱略大，内有 4 块由 32 块运算插件组成的超节点分布其中。每个插件由 4 个运算节点板组成，一个运算节点板又含 2 块高性能处理器。一台机柜就有 1 024 块处理器，整台"神威·太湖之光"共有 40 960 块处理器，占地 605 m^2。每个单个处理器有 260 个核心，主板为双节点设计，每个 CPU 固化的板载内存为 32 GB DDR3 – 2133。峰值运算速度达到了 12.5 亿亿次/s。

1.4.3 服务计算与云计算

服务属于商业范畴，计算属于技术范畴，服务计算是商业与技术的融合，通俗地讲，就是把计算当成一种服务提供给用户。传统的计算模式通常需要购置必要的计算设备和软件，这种计算往往不会持续太长的时间，或者偶尔为之。不计算的时候，这些设备和软件就处于闲置状态。世界上有很多这样的设备和软件，如果能够把所有这些设备和软件集中起来，供需要的用户使用，那么只需要支付少许的租金即可，一方面用户节省了成本，另一方面，设备和软件的利用率达到了最大化。这就是服务计算的理念。

将计算资源如计算节点、存储节点等以服务的方式，即以可扩展、可组合的方式提供给客户，客户可按需定制、按需使用计算资源，类似于这种计算能力被称作云计算。按照计算资源的划分，可将硬件部分（如计算节点、存储节点等）按服务提供，即基础设施作为服务（Infrastructure as a Service，IaaS）；也可以将操作系统、中间件等按服务提供，即平台作为服务（Platform as a Service，PaaS）；还可以将应用软件等按服务提供，即软件作为服务（Software as a Service，SaaS）。按服务提供，即让用户不追求所有，但追求所用，按使用时间和使用量支付费用。

进一步地，将计算资源推广到现实世界的各种各样的资源，如车辆资源、仓储资源等，那么，能否以服务的方式提供呢？现实世界的资源外包服务已经普遍化了，将现实世界的这种资源外包服务，以互联网的形式进行资源的聚集、租赁和使用监控等，是资源外包服务的新模式，被称为"云服务"。设想，一家婚庆公司，有客户需要数十辆高级婚车服务，而其自身又没有这么多高级轿车，怎么办？如果能够将整个城市甚至若干城市的高级轿车拥有者通过互联网联结起来，婚庆公司通过互联网与高级轿车拥有者实现沟通，就可以解决这个问题。

另一个服务计算的例子。航天器中最关键的是航天发动机，而航天发动机的状态监控与维护对于飞行安全是至关重要的。那么，航空公司在购买航天器时，能否不购买发动机，而只购买发动机的安全飞行小时数呢？若是这样，发动机制造公司也会改变产品售后服务方式，比如其可以全程监控天空飞行的每一架飞行器，监测其是否存在隐患。如果发现隐患，可以提前运送一台正常发动机到飞行器降落地，并及时更换，以保证不耽搁飞行器的正常飞行，而替换下来的发动机因及时维护，可以使其保持常新状态，这样可以实现多赢。

服务计算的核心技术包括 Web 服务、面向服务的体系结构（Service Oriented Architecture，SOA）与企业服务总线（Enterprise Service Bus，ESB）、云计算（Cloud Computing）、工作流（Work Flow）和虚拟化（Virtualization）、分布式计算与并行计算、群体服务网络计算与社会服务网络计算等。

1.4.4 生物计算

生物计算是指利用计算机技术研究生命体的特性和利用生命体的特性研究计算机的结构、算法与芯片等技术的统称。生物计算包含两方面：一方面，晶体管的密度已经接近当前所用技术的极限，要继续提高计算机的性能，就要寻找新的计算机结构和新的元器件，生物计算机成为一种选择；另一方面，随着分子生物学的突飞猛进，它已经成为数据量最大的一门学问，借助计算机进行分子生物信息研究，可以通过数量分析的途径获取突破性的成果。

20 世纪 70 年代，人们发现脱氧核糖核酸（DNA）处在不同的状态下，可以产生有信息和无信息的变化，这个发现引发了人们对生物元件的研究和开发。科学家发现，蛋白质有开关特性，用蛋白质分子作元件可以制成集成电路，称为生物芯片（图 1-21）。生物体元件和生物芯片研究的本质是不断发现可重复的稳定的新型元器件及其线路，以制作新型计算机；此外，还要研究不同于目前计算机基于二进制的算法实现技术，即研究将自然界的智能计算模式融入新型计算模式中，使计算机具有更高的性能。

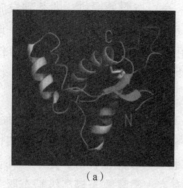
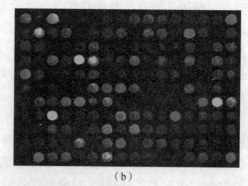

（a）　　　　　　　　　　　　　　　　（b）

图1-21　蛋白质结构和生物芯片

（a）蛋白质结构；（b）生物芯片

生物计算更重要的方面是利用计算机进行基因组研究，运用大规模高效的理论和数值计算，归纳、整理基因组的信息和特征，模拟生命体内的信息流过程，进而揭示代谢、发育、分化、进化的规律，探究人类健康和疾病的根源，并进一步转化为医学领域的进步，从而为人类的健康服务。目前，这方面的研究包括基因组序列分析、基因组注释、生物多样性的度量、蛋白质结构预测、蛋白质表达分析、比较基因组学、基因表达分析、生物系统模拟、药物研发等。

习　　题

一、单项选择题

1. 人们通常把以（　　）为硬件基本部件的计算机称为第四代计算机。

A. 电子管 　　　　　　　　　　　　B. 小规模集成电路

C. 晶体管 　　　　　　　　　　　　D. 大规模和超大规模集成电路

2. 一个完整的计算机系统应包括（　　）。

A. 主机、键盘、显示器 　　　　　　B. 硬件系统和软件系统

C. 计算机和外部设备 　　　　　　　D. 硬盘和软盘

3. 操作系统属于（　　）。

A. 软件包 　　　B. 应用软件 　　　C. 硬件 　　　　　D. 系统软件

4. 操作系统的主要功能是（　　）。

A. 便于进行数据管理

B. 把源程序翻译成目标程序

C. 控制和管理系统资源的使用

D. 实现软硬件的转接

5. 某单位的财务管理软件属于（　　）。

A. 工具软件 　　　B. 系统软件 　　　C. 编辑软件 　　　D. 应用软件

6. 个人计算机属于（　　　）。

A. 巨型机　　　　　　B. 中型机　　　　　　C. 小型机　　　　　　D. 微机

7. 计算机软件系统应包括（　　　）。

A. 编辑软件和连接程序

B. 数据软件和管理软件

C. 程序和数据

D. 系统软件和应用软件

8. 当前，在计算机应用方面已进入以（　　　）为特征的时代。

A. 并行处理技术　　　　　　　　　　B. 分布式系统

C. 微型计算机　　　　　　　　　　　D. 计算机网络

9. 用计算机管理科技情报资料，是计算机在（　　　）方面的应用。

A. 科学计算　　　　B. 数据处理　　　　C. 实时控制　　　　D. 人工智能

10. 下述叙述正确的是（　　　）。

A. 硬件系统不可用软件代替

B. 软件不可用硬件代替

C. 计算机性能完全取决于 CPU

D. 软件和硬件的界限不是绝对的，有时功能是等效的

11. 下述叙述正确的是（　　　）。

A. 裸机配置应用软件是可运行的

B. 裸机的第一次扩充要安装数据库管理系统

C. 硬件配置要尽量满足机器的可扩充性

D. 系统软件好坏取决于计算机性能

12. 计算机能按照人们的意图自动、高速地进行操作，是因为采用了（　　　）。

A. 程序存储在内存中　　　　　　　　B. 高性能的 CPU

C. 高级语言　　　　　　　　　　　　D. 机器语言

13. 第一台电子计算机是 1946 年在美国研制的，该机的英文缩写名是（　　　）。

A. ENIAC　　　　B. EDVAC　　　　C. EDSAC　　　　D. MARK－Ⅱ

14. 以下软件中，（　　　）不是操作系统软件。

A. Windows XP　　　　B. UNIX　　　　C. Linux　　　　D. Microsoft Office

15. 世界上首次提出存储程序计算机体系结构的是（　　　）。

A. 莫奇莱　　　　B. 艾仑·图灵　　　　C. 乔治·布尔　　　　D. 冯·诺依曼

16. 世界上第一台电子数字计算机采用的主要逻辑部件是（　　　）。

A. 电子管　　　　B. 晶体管　　　　C. 继电器　　　　D. 光电管

17. 下列叙述正确的是（　　　）。

A. 世界上第一台电子计算机 ENIAC 首次实现了"存储程序"方案

B. 按照计算机的规模，人们把计算机的发展过程分为四个时代

C. 微型计算机最早出现于第三代计算机中

D. 冯·诺依曼提出的计算机体系结构奠定了现代计算机的结构理论基础

18. 关于硬件系统和软件系统的概念，下列叙述不正确的是（　　）。

A. 计算机硬件系统的基本功能是接收计算机程序，并在程序控制下完成数据输入和数据输出任务

B. 软件系统建立在硬件系统的基础上，它使硬件功能得到充分发挥，并为用户提供一个操作方便、工作轻松的环境

C. 没有装配软件系统的计算机不能做任何工作，没有实际的使用价值

D. 一台计算机只要安装了系统软件，即可进行文字处理或数据处理工作

19. 计算思维是（　　）。

A. 计算机的思维

B. 面向计算机学科的思维

C. 编写程序过程的思维

D. 人的思维

20. 计算思维最根本的内容即其本质是（　　）。

A. 自动化　　　　B. 抽象和自动化　　　　C. 程序化　　　　D. 抽象

二、简答题

1. 电子计算机的发展经历了哪几个阶段？

2. 电子计算机、微型计算机是随着什么的发展而发展的？

3. 冯·诺依曼在计算机发展史上的伟大贡献是什么？

4. 计算机的分类和主要特点是什么？

5. 计算机软件通常指什么？一般软件分成哪几类？

第 2 章
计算机硬件基础

掌握数制的概念及其转换方法；理解简单信息在计算机中的表示；理解冯·诺依曼体系结构及计算机的工作原理；了解微型计算机常用硬件设备的分类、型号、发展历史、性能指标及品牌。

2.1 数制与数制之间的转换

自然界的信息是丰富多彩的，有数值、文本、声音、图形图像、视频等，但是目前的计算机主要是冯·诺依曼体系结构的计算机，只能处理二进制数据，因此，必须将各种各样的信息转换为计算机能够识别的数据，即对信息进行编码，计算机才能对信息进行管理。

2.1.1 数制的概念

数制也称为进位计数制，是用一组固定的符号和统一的规则来表示数值的方法。它是一种计数的方法，在日常生活中，人们使用各种进位计数制，如六十进制（1 小时 = 60 分，1 分 = 60 秒）、十二进制（1 年 = 12 月）等。但人们最熟悉和最常用的是十进制计数。无论哪种数制，都包括数码、基数和位权 3 个基本要素。

数码：是数制中表示基本数值大小的不同数字符号。例如，十进制有 0、1、2、3、4、5、6、7、8、9 这 10 个数码；二进制有 0 和 1 两个数码。

基数：指计数制中所用到的数字符号的个数。在基数为 R 的计数制中，包含 0、1、…、R－1 共 R 个数字符号，进位规律是"逢 R 进一"，称为 R 进位计数制，简称 R 进制。例如，二进制的基数为 2；十进制的基数为 10。

位权：是指在某一种进位计数制表示的数中，用来表明不同数位上数值大小的一个固定常数。不同数位有不同的位权，某一个数位的数值等于这一位的数字符号乘以与该位对应的位权。R 进制数的位权是 R 的整数次幂。例如，十进制数的位权是 10 的整数次幂，其个位的位权是 100，十位的位权是 101 等。比如，十进制的 321，3 的位权是 100，2 的位权是 10，1 的位权是 1。

任何一个进位计数制表示的数都可以写成按位权展开的多项式之和。例如，十进制的 2014 可以展开为 $2 \times 10^3 + 0 \times 10^2 + 1 \times 10^1 + 4 \times 10^0$。

2.1.2 常用的数制

基数 R = 10 的进位计数制称为十进制（Decimal Notation）。它用 10 个数字符号 0 ~ 9 表示数字，进位规律是"逢十进一"，是日常生活中最熟悉和使用的进制。

基数 R = 2 的进位计数制称为二进制（Binary Notation）。二进制数中只有 0 和 1 两个基本数字符号，进位规律是"逢二进一"。二进制数的位权是 2 的整数次幂。二进制的优点：运算简单，物理实现容易，存储和传送方便、可靠。

因为二进制中只有 0 和 1 两个数字符号，可以用电子器件的两种不同状态来表示一位二进制数。例如，可以用晶体管的截止和导通表示 1 和 0，或者用电平的高和低表示 1 和 0 等。所以，在数字系统中普遍采用二进制。

二进制的缺点：数的位数太长且字符单调，使得书写、记忆和阅读不方便。为了克服二进制的缺点，人们在进行指令书写、程序输入和输出等工作时，通常采用八进制数和十六进制数。

基数 R = 8 的进位计数制称为八进制（Octal Notation）。八进制有 0、1、…、7 共 8 个基本数字符号，进位规律是"逢八进一"。八进制数的位权是 8 的整数次幂。

基数 R = 16 的进位计数制称为十六进制（Hexdecimal Notation）。十六进制数中有 0、1、…、9、A、B、C、D、E、F 共 16 个数字符号，其中，A ~ F 分别表示十进制数的 10 ~ 15。进位规律为"逢十六进一"，十六进制数的位权是 16 的整数次幂。

为了区分不同的数制表示的数，一般采用两种书写方式表示：一种是将数用圆括号括起来，再在括号的右下角注明进制数；另一种是在数的后面加上后缀字符，十进制、二进制、八进制、十六进制分别用 D、B、O、H 做后缀，其中十进制的后缀 D 可以省略不写。

例如，十进制的 321 可以书写为 $(321)_{10}$、321D 或 321；二进制的 1011011 可以用 $(1011011)_2$ 或 1011011B 来表示；对于十六进制数中由 A ~ F 开头的数，应在 A ~ F 前加一个 0，例如 0EBH、$(0C8A7)_{16}$。

计算机中通常采用的数制有十进制、二进制、八进制和十六进制。表 2 - 1 所示为 0 ~ 16 这组数的十进制、二进制、八进制和十六进制之间的对应关系。

表 2 - 1　十进制、二进制、八进制和十六进制之间的对应关系

十进制数	二进制数	八进制数	十六进制数
0	0	0	0
1	1	1	1
2	10	2	2
3	11	3	3
4	100	4	4
5	101	5	5
6	110	6	6
7	111	7	7
8	1000	10	8
9	1001	11	9

十进制数	二进制数	八进制数	十六进制数
10	1010	12	A
11	1011	13	B
12	1100	14	C
13	1101	15	D
14	1110	16	E
15	1111	17	F
16	10000	20	10

2.1.3 各种数制的转换

各种数制之间的数据可以互相转换，下面来看看它们是怎么转换的。

1. 其他进制数转换为十进制数

这种转换是简单而迅速的，具体方法是：将其他进制的数按权位展开，然后各项相加，就得到等价的十进制数。

例如，将二进制的 10110.101B 转换为十进制数的过程如下：

$10110.101B = 1 \times 2^4 + 0 \times 2^3 + 1 \times 2^2 + 1 \times 2^1 + 0 \times 2^0 + 1 \times 2^{-1} + 0 \times 2^{-2} + 1 \times 2^{-3} = 16 + 4 + 2 + 0.5 + 0.125 = 22.625$

又如，将十六进制的 0EBH 转换为十进制数的过程如下：

$0EBH = 14 \times 16^1 + 11 \times 16^0 = 224 + 11 = 235$

2. 将十进制转换成其他进制

将十进制的数转换为其他进制数需要两个过程：一个是整数部分的转换，另一个是小数部分的转换。

对于整数部分，采用基数除法。把要转换的数除以新的进制数的基数，把余数作为新进制数的最低位；把上一次得到的商再除以新的进制基数，把余数作为新进制数的次低位；继续上一步，直到最后的商为零，这时的余数序列就是新进制数的最高位。

对于小数部分，采用基数乘法。把要转换数的小数部分乘以新进制的基数，把得到的整数部分作为新进制小数部分的最高位；把上一步得到的小数部分再乘以新进制的基数，把整数部分作为新进制小数部分的次高位；继续上一步，直到小数部分变成零为止，或者达到预定的要求。

例如，将十进制的 105.375 转换为二进制数的过程如下：

整数部分：   小数部分：

2 | 105   1   ↑   0.375 × 2=0.75   0
2 | 52   0   0.75 × 2=1.5   1
2 | 26   0   0.5 × 2=1.0   1   ↓
2 | 13   1
2 | 6   0
2 | 3   1
2 | 1   1
    1

因此，105.375D = 1101001.011B。

又如，将十进制的 212.58 转换为十六进制数（保留两位小数）的过程如下：

整数部分：   小数部分：

16 | 212   4   ↑   0.58 × 16=9.28   9
16 | 13   13   0.28 × 16=4.48   4
      0   0.48 × 16=7.68   7   ↓

因此，212.58D = 0D4.94H。

3. 二进制与八进制、十六进制的相互转换

二进制转换为八进制、十六进制可以非常轻松且简单，反之亦然。这是因为存在 $8 = 2^3$ 和 $16 = 2^4$ 的关系，即二进制的 3 位恰好是八进制中的 1 位，而二进制中的 4 位恰好是十六进制中的 1 位。因此，把要转换的二进制从小数点向两边每 3 位或 4 位一组，位不足时添 "0"，然后把每组二进制数转换成八进制或十六进制即可；八进制、十六进制转换为二进制时，把上面的过程逆过来即可。

例如，把二进制的 10111011011.11011B 转换为八进制数和十六进制数的过程如下：

10111011011.11011B = 010　111　011　011.110　110B = 2733.66O

10111011011.11011B = 0101　1101　1011.1101　1000B = 5DB.D8H

又如，把十六进制的 0C1BH 和八进制的 235O 分别转换为二进制数的过程如下：

0C1BH = 1100　0001　1011 = 110000011011B

235O = 010　011　101 = 010011101B

2.2　信息表示与编码

在计算机中，各种信息都是以二进制编码的形式存在的，也就是说，不管是文字、图形、声音、动画，还是电影等各种信息，在计算机中都是以 0 和 1 组成的二进制代码表示的；计算机之所以能区别这些信息，是因为它们采用的编码规则不同。比如，同样是文字，英文字母与汉字的编码规则就不同，英文字母用的是单字节的 ASCII 码（美国标准信息交换码），汉字采用的是双字节的汉字内码；但随着需求的变化，这两种编码有被统一的 Unicode 码（由 Unicode 协会开发的能表示几乎世界上所有书写语言的字符编码标准）取代的趋势；

当然，图形、声音等的编码就更复杂多样了。

　　这表明，信息在计算机中的二进制编码是一个不断发展的、高深的、跨学科的知识领域。非数值数据，又称为字符数据，通常是指字符、字符串、图形符号和汉字等各种数据，它们不用来表示数值的大小，一般情况下不对它们进行算术运算。

　　1. 字符编码

　　（1）ASCII 码（美国国家信息交换标准代码）

　　一种使用 7 个或 8 个二进制位进行编码的方案，最多可以给出 256 个字符。ASCII（American Standard Code for Information Interchange）码于 1968 年提出，用于在不同计算机硬件和软件系统中实现数据传输标准化，在大多数的小型机和全部的个人计算机中都使用此码。ASCII 码划分为两个集合：128 个字符的标准 ASCII 码和附加的 128 个字符的扩充 ASCII 码。目前使用最广泛的西文字符集及其编码是 ASCII 字符集和 ASCII 码，它同时也被国际标准化组织（International Organization for Standardization，ISO）批准为国际标准。基本的 ASCII 字符集共有 128 个字符，其中有 96 个可打印字符，包括常用的字母、数字、标点符号等，另外 32 个为控制字符。标准 ASCII 码使用 7 个二进位对字符进行编码。表 2-2 展示了基本 ASCII 字符集及其编码。

表 2-2　基本 ASCII 字符集及其编码

十进制	字符	十进制	字符	十进制	字符	十进制	字符
0	nul	32	sp	64	@	96	`
1	soh	33	!	65	A	97	a
2	stx	34	"	66	B	98	b
3	etx	35	#	67	C	99	c
4	eot	36	$	68	D	100	d
5	enq	37	%	69	E	101	e
6	ack	38	&	70	F	102	f
7	bel	39	`	71	G	103	g
8	bs	40	(	72	H	104	h
9	ht	41	)	73	I	105	i
10	nl	42	*	74	J	106	j
11	vt	43	+	75	K	107	k
12	ff	44	,	76	L	108	l
13	er	45	–	77	M	109	m

续表

十进制	字符	十进制	字符	十进制	字符	十进制	字符
14	so	46	.	78	N	110	n
15	si	47	/	79	O	111	o
16	dle	48	0	80	P	112	p
17	dc1	49	1	81	Q	113	q
18	dc2	50	2	82	R	114	r
19	dc3	51	3	83	S	115	s
20	dc4	52	4	84	T	116	t
21	nak	53	5	85	U	117	u
22	syn	54	6	86	V	118	v
23	etb	55	7	87	W	119	w
24	can	56	8	88	X	120	x
25	em	57	9	89	Y	121	y
26	sub	58	:	90	Z	122	z
27	esc	59	;	91	[	123	{
28	fs	60	<	92	\	124		
29	gs	61	=	93	]	125	}
30	re	62	>	94	^	126	~
31	us	63	?	95	_	127	del

　　字母和数字的 ASCII 码的记忆是非常简单的。只要记住了一个字母或数字的 ASCII 码，如图 2 – 1 ~ 图 2 – 3 所示，知道相应的大小写字母之间差 32，就可以推算出其余字母、数字的 ASCII 码。虽然标准 ASCII 码是 7 位编码，但由于计算机基本处理单位为字节（1 byte = 8 bit），所以一般仍以一个字节来存放一个 ASCII 字符。

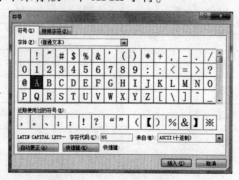

图 2 – 1　字符"A"的 ASCII 码值

图 2 - 2 字符 "a" 的 ASCII 码值

图 2 - 3 字符 "0" 的 ASCII 码值

（2）Unicode 码

世界上存在着多种编码方式，同一个二进制数字可以被解释成不同的符号。因此，要想打开一个文本文件，不但要知道它的编码方式，还要安装对应编码表，否则，就可能无法读取或出现乱码。如果有一种编码，将世界上所有的符号都纳入其中，无论是英文、日文还是中文等，每个符号对应唯一的编码，乱码问题就不存在了。这就是 Unicode 码。

Unicode 码是扩展自 ASCII 字元集。在严格的 ASCII 中，每个字元用 7 位元表示，或者电脑上普遍使用的每字元有 8 位元宽；而 Unicode 使用全 16 位元字元集，这使得 Unicode 码能够表示世界上所有的书写语言中可能用于电脑通信的字元、象形文字和其他符号。Unicode 码最初打算作为 ASCII 的补充，可能的话，最终将代替它。考虑到 ASCII 码是电脑中最具支配地位的标准，所以这的确是一个很高的目标。Unicode 码影响到了电脑工业的每个部分，但也许会对作业系统和程序设计语言的影响最大。

Unicode 码也是一种国际标准编码，采用两个字节编码，与 ANSI 码不兼容。目前，在网络、Windows 系统和很多大型软件中得到应用。Unicode 是一个很大的集合，现在可以容纳 100 多万个符号。每个符号的编码都不一样，比如，0041 表示英语的大写字母 A，如图 2 - 4 所示。"汉" 这个字的 Unicode 码是 6C49，如图 2 - 5 所示。

图 2 - 4 字符 "A" 的 Unicode 码

图 2 - 5 字符 "汉" 的 Unicode 码

（3） UTF - 8 编码

UTF - 8 是 Unicode 的一种变长字符编码，又称为万国码，由 Ken Thompson 于 1992 年创建。现在已经标准化为 RFC 3629。UTF - 8 用 1 ~ 6 个字节编码 Unicode 字符。用在网页上时，可以在同一页面显示中文简体繁体及其他语言（如日文、韩文）。

UTF - 8 编码可以通过屏蔽位和移位操作快速读写。字符串比较时，strcmp（）和 wcscmp（）的返回结果相同，因此使排序变得更加容易。字节 FF 和 FE 在 UTF - 8 编码中永远不会出现，因此它们可以用来表明 UTF - 16 或 UTF - 32 文本（见 BOM）。UTF - 8 是字节顺序无关的，它的字节顺序在所有系统中都是一样的，因此它实际上并不需要 BOM。

Unicode 固然统一了编码方式，但是它的效率不高，比如 UCS - 4（Unicode 的标准之一）规定用 4 个字节存储一个符号，那么每个英文字母前都必然有 3 个字节是 0，这对存储和传输来说都很耗资源。为了提高 Unicode 的编码效率，于是就出现了 UTF - 8 编码。UTF - 8 可以根据不同的符号自动选择编码的长短。比如英文字母可以只用 1 个字节，而汉字则需要 3 个字节。UTF - 8 的编码是这样得出来的，以 "汉" 这个字为例："汉" 的 Unicode 编码是 6C49，然后把 6C49 通过 UTF - 8 编码器进行编码，最后输出的 UTF - 8 编码是 E6B189。

（4） ISO/IEC 8859 - 1 编码

ISO/IEC 8859 不是一个标准，而是一系列的标准，这套字符集与编码系统的共同特色是，以同样的码位对应不同字符集。其基本内容与 ASCII 相容，所以所有的低位皆不使用；

高位中的前 32 个码位（0x80 ~ 0x9F 或 128 ~ 159）保留给扩充定义的 32 个控制码，称为 C1 控制码（0 ~ 31 称为 C0 控制码）；高位中的第 33 个码位（0xA0 或 160）对应 ASCII 中 SP（空格）的码位，总是代表 Non – breakable space，即不准许折行的空格；每个字符集定义至多 95 个字符，其码位都在 0xA1 ~ 0xFF 或 161 ~ 255；每个字符集收录欧洲某地区的共同常用字符。

ISO/IEC 8859 – 1，又称 Latin – 1 或"西欧语言"，是国际标准化组织内 ISO/IEC 8859 的第一个 8 位字符集。它以 ASCII 为基础，在空置的 0xA0 ~ 0xFF 范围内，加入 96 个字母及符号，供使用变音符号的拉丁字母语言使用。此字符集支持部分欧洲使用的语言，包括阿尔巴尼亚语、巴斯克语、布列塔尼亚语、加泰罗尼亚语、丹麦语、荷兰语、法罗语、弗里西语、加利西亚语、德语、格陵兰语、冰岛语、爱尔兰盖尔语、意大利语、拉丁语、卢森堡语、挪威语、葡萄牙语、里托罗曼斯语、苏格兰盖尔语、西班牙语及瑞典语。

英语虽然没有重音字母，但仍会标明为 ISO/IEC 8859 – 1 编码。除此之外，欧洲以外的部分语言，如南非荷兰语、斯瓦希里语、印尼语及马来语等，也可以使用 ISO/IEC 8859 – 1 编码。

2. 汉字编码

汉字也是字符，相对于英文字符来说，汉字有着数量大、字形复杂等特点。为了解决汉字在计算机内部进行存储、处理、输入、输出等问题，必须对汉字进行编码。汉字编码有很多种，主要有 4 类，即汉字输入码、汉字交换码、汉字内部码和汉字字形码，如图 2 – 6 所示。

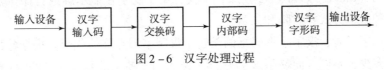

图 2 – 6 汉字处理过程

（1）汉字输入码

汉字输入码（Chinese Inputting Code）是指将汉字通过键盘输入计算机所采用的代码，也称为外码。目前汉字输入码方案非常多，一般可归结为下列几种类型：

1）汉字拼音编码

以汉语拼音为基础的汉字输入编码。在汉语拼音键盘或经过处理的西文键盘上，根据汉字读音直接键入拼音。

2）汉字字形编码

所有的汉字都由横、竖、撇、点、折、弯有限的几种笔画构成，并且又可以分为"左右""上下""包围""单体"有限的几种结构，每种笔画都赋予一个编码并规定选取字形结构的顺序。不同的汉字因为组成的笔画和字形结构不同，就能获得一组不同的编码来表达一个特定的汉字，广泛使用的"五笔字形"就属于这一种。

3）汉字直接数字编码

利用一串数字表示一个汉字，电报码就属于这种。

4）整字编码

设置汉字整字大键盘，每个汉字占一个键，类似中文打印机，操作人员选取汉字，机器

根据所选汉字在盘面上将其对应编码送入计算机。

（2）汉字交换码

汉字交换码（Chinese Exchange Code）是指具有汉字处理功能的不同的计算机系统之间在交换汉字信息时所使用的代码标准。自国家标准 GB 2312—80 公布以来，我国一直沿用该标准所规定的国标码作为统一的汉字信息交换码。GB 2312—80 编码用两个 7 位二进制数表示一个汉字，所以理论上最多可以表示 $128 \times 128 = 16\ 384$ 个汉字。实际编码包括了 6 763 个汉字 ，按其使用频度分为一级汉字 3 755 个和二级汉字 3 008 个。一级汉字按拼音排序，二级汉字按部首排序。此外，该标准还包括标点符号、多种西文字母、图形、数码等符号 682 个。

（3）汉字内部码

汉字内部码（Chinese Machine Code）又称汉字机内码或汉字内码，是计算机内部汉字的存储、加工处理和传输使用的统一代码。计算机接收到外码后，要转换成内码进行处理和传送。1 个汉字的内码用两个字节表示，为了和西文符号相区别，在两个字节的最高位分别置"1"。

内码通常用汉字在字库中的物理位置表示，即内码是汉字在字库中的序号或存储位置。一般采用将 GB 2312—80 的双 7 位编码扩展为两个字节，即双 8 位二进制数表示一个汉字，将最高位设为 1，以区分 ASCII 码。

（4）汉字字形码

汉字字形码（Chinese Font Code）又称字模，用于汉字在显示屏或打印机输出。汉字字形码通常有两种表示方式：点阵和矢量。

用点阵表示字形时，汉字字形码指的是这个汉字字形点阵的代码。根据输出汉字的要求不同，点阵的多少也不同。简易型汉字为 16×16 点阵，提高型汉字为 24×24 点阵、32×32 点阵、48×48 点阵等。点阵规模越大，字形越清晰美观，所占存储空间也越大。

矢量表示方式存储的是描述汉字字形的轮廓特征，当要输出汉字时，通过计算机的计算，由汉字字形描述生成所需大小和形状的汉字点阵。矢量化字形描述与最终文字显示的大小、分辨率无关，因此，可以产生高质量的汉字输出。Windows 中使用的 TrueType 技术就是汉字的矢量表示方式。

2.3　计算机硬件系统

2.3.1　冯·诺依曼体系结构

20 世纪 30 年代中期，美国科学家冯·诺依曼大胆地提出：抛弃十进制，采用二进制作为数字计算机的数制基础。同时，他还提出预先编制计算程序，然后由计算机按照人们事先制定的计算顺序来执行数值计算工作。

冯·诺依曼结构也称普林斯顿结构，是一种将程序指令存储器和数据存储器合并在一起的存储器结构。程序指令存储地址和数据存储地址指向同一个存储器的不同物理位置，因此，程序指令和数据的宽度相同，如英特尔公司的 8086 中央处理器的程序指令和数据都是 16 位宽。人们把利用这种概念和原理设计的电子计算机系统统称为"冯·诺依曼型结构"计算机。冯·诺依曼结构的处理器使用同一个存储器，经由同一个总线传输。

冯·诺依曼设计思想可以简要地概括为以下三点：

①计算机应包括运算器、存储器、控制器、输入设备和输出设备五大基本部件，如图 2-7 所示。

②计算机内部应采用二进制来表示指令和数据。每条指令一般具有一个操作码和一个地址码。其中操作码表示运算性质，地址码指出操作数在存储器中的地址。

③将编写好的程序送入内存储器中，按顺序存取，计算机无须操作人员干预，自动逐条取出指令和执行指令。

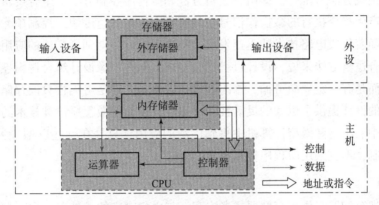

图 2-7 冯·诺依曼结构计算机

1. 运算器

运算器（Arithmetic Unit）是计算机中执行各种算术和逻辑运算操作的部件。运算器由运算逻辑单元（ALU）、累加器、状态寄存器、通用寄存器等组成。运算逻辑单元的基本功能为加、减、乘、除四则运算，与、或、非、异或等逻辑操作，以及移位、求补等操作。计算机运行时，运算器的操作和操作种类由控制器决定。运算器处理的数据来自存储器；处理后的结果数据通常送回存储器或暂时寄存在运算器中，与控制器共同组成了 CPU 的核心部分。运算器结构如图 2-8 所示。

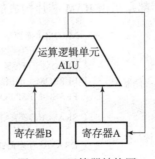

图 2-8 运算器结构图

2. 控制器

控制器是整个计算机系统的控制中心，它指挥计算机各部分协调地工作，保证计算机按照预先规定的目标和步骤有条不紊地进行操作及处理。控制器从存储器中逐条取出指令，分析每条指令规定的是什么操作及所需数据的存放位置等，然后根据分析的结果向计算机其他部分发出控制信号，根据指令要求完成相应操作，产生一系列控制命令，使计算机各部分自动、连续并协调动作，成为一个有机的整体，实现程序的输入、数据的输入及运算并输出结果。因此，计算机自动工作的过程，实际上是自动执行程序的过程，而程序中的每条指令都是由控制器来分析执行的，它是计算机实现"程序控制"的主要部件。

控制器的实现方法有两种，即组合逻辑方法和微程序控制方法。组合逻辑方法的特点是以集成电路来产生指令执行的微操作信号。具有程序执行的速度快、控制单元的体积小等优点。近年来，随着集成电路技术的迅速发展，组合逻辑方法得到了广泛的应用。微程序控制方法相对于组合逻辑方法来说，设计过程比较复杂，但并不像设计组合逻辑控制电路那么烦琐、不规则，而是有一定规律可循，修改起来也方便。尤其是可编程只读存储器的应用，为微程序控制器的设计提供了更大的灵活性和适用性，进而使微程序设计技术的应用越来越广泛，目前已在中、小型和微型计算机中得到广泛的应用，只是在一些巨型、大型计算机中，由于速度的限制，不宜采用微程序控制技术。

3. 存储器

人们经常把存储器叫作主存储器或者内存，与之相对应的是外存。内存在一台计算机中的地位十分重要，它的容量大小是不同的。一般配置越高的计算机，它所对应的内存储器容量越大；而配置低的计算机，它所对应的内存储器容量则比较小。计算机的内存储器容量直接影响着它的运行速度、性能。

内存是计算机记忆或暂存数据的部件。计算机中的全部信息，包括原始的输入数据、经过初步加工的中间数据及最后处理完成的有用信息，都存放在内存中。另外，当用户想执行保存在外存上的某个程序时，需要先将程序调入内存中才能被 CPU 执行。

内存一般由半导体材料构成，其最突出的特点是可以直接与 CPU 交换数据，存取速度较快，但是容量小、价格高。内存可以分为只读存储器 ROM 和随机读写存储器 RAM，如图 2-9 所示。一般情况下，内存都是指由 RAM 芯片构成的存储器。

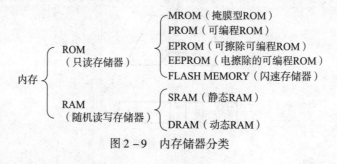

图 2-9 内存储器分类

4. 输入设备

输入设备（Input Device）是用户和计算机系统之间进行信息交换的介质之一。键盘、鼠标、摄像头、扫描仪、光笔、手写输入板、游戏杆、语音输入装置等都属于输入设备。输入设备是人或外部与计算机进行交互的一种装置，用于把原始数据和处理这些数据的程序输入计算机中。计算机能够接收各种各样的数据，既可以是数值型的数据，也可以是各种非数值型的数据，如图形、图像、声音等，都可以通过不同类型的输入设备输入计算机中，进行存储、处理和输出。

5. 输出设备

输出设备（Output Device）是计算机硬件系统的终端设备，用于接收计算机数据的输出显示、打印、声音及控制外围设备操作等，也是把各种计算结果数据或信息以数字、字符、图像、声音等形式表现出来。常见的输出设备有显示器、打印机、绘图仪、影像输出系统、语音输出系统、磁记录设备等。

2.3.2 计算机的工作过程

冯·诺依曼提出了存储程序原理，奠定了计算机的基本结构和工作原理的技术基础。存储程序原理的主要思想是：将程序和数据存放到计算机内部的存储器中，计算机在程序的控制下一步一步进行处理，直到得出结果。

计算机的工作过程实际上就是快速地执行指令的过程。执行指令是由计算机硬件来实现的。执行指令时，必须先装入计算机内存；CPU 负责从内存中逐条取出指令，并对指令分析译码，判断该条指令要完成的操作；向各部件发出完成操作的控制信号，从而完成了一条指令的执行；当执行完一条指令后，再处理下一条指令。CPU 就是这样周而复始地工作，直到程序的完成。

在计算机执行指令过程中，有两种信息在流动：数据流和控制流。数据流是指原始数据、中间结果、结果数据和源程序等，这些信息从存储器读入运算器进行运算，所得的计算结果再存入存储器或传送到输出设备。控制流是由控制器对指令进行分析、解释后，向各部件发出的控制命令，指挥各部件协调地工作。

2.4 计算机组成

2.4.1 计算机的主要性能指标

计算机功能的强弱或性能的好坏，不是由某项指标决定的，而是由它的系统结构、指令系统、硬件组成、软件配置等多方面的因素综合决定的。对于大多数普通用户来说，可以从以下几个指标来大体评价计算机的性能。

1. 运算速度

运算速度（Computing Speed）是衡量计算机性能的一项重要指标。通常所说的计算机

运算速度（平均运算速度）用 MIPS（Million Instructions Per Second）来表示，即每秒处理的百万级的机器语言指令数。这是衡量 CPU 速度的一个指标。如果一台 Intel 80386 电脑每秒可以处理 300 万 ~500 万机器语言指令，那么可以说 80386 是 3 ~5 MIPS 的 CPU。

2. 频率

CPU 的频率包括主频和外频。CPU 的主频，即 CPU 内核工作的时钟频率（CPU Clock Speed）。很多人认为 CPU 的主频就是其运行速度，其实不然。CPU 的主频表示在 CPU 内数字脉冲信号震荡的速度，与 CPU 实际的运算能力并没有直接关系。CPU 的主频不代表 CPU 的速度，但提高主频对于提高 CPU 的运算速度却是至关重要的。由于主频并不直接代表运算速度，所以，在一定情况下，很可能会出现主频较高的 CPU，其实际运算速度较低的现象。

外频也叫 CPU 前端总线频率或基频，计量单位为"MHz"。CPU 的主频与外频有一定的比例（倍频）关系，由于内存及设置在主板上的 L2 Cache 的工作频率与 CPU 外频同步，所以，使用外频高的 CPU 组装电脑，其整体性能比使用相同主频但外频低一级的 CPU 要高。

倍频系数是 CPU 主频和外频之间的比例关系，一般为主频 = 外频 × 倍频。英特尔公司所有 CPU（少数测试产品例外）的倍频通常已被锁定（锁频），用户无法用调整倍频的方法来调整 CPU 的主频，但仍然可以通过调整外频来设置不同的主频。AMD 和其他公司的 CPU 一般未锁频。

3. 核数

核数是一块 CPU 能处理数据的芯片组的数量。单核就是只有一个处理数据的芯片，双核则有两个。比如 I5 2250 是四核心四线程的 CPU，而现在的 I7 8700 则是六核心十二线程的 CPU。核心数越多，数据处理能力越强大。如双内核，表示有两个物理上的运算核心，使得运算能力增强。一般一个核心对应一个线程，但通过超线程（Hyper – Threading，HT）技术可以使用 CPU 闲置的资源整合出虚拟线程，就计算性能来说，不如物理核心的实际线程好，但是却可以在一定程度上提升处理器并行处理的能力。超线程技术的作用就如同一个能用双手同时炒菜的厨师，但也只能依次把一碟碟菜放到桌上，而双核心处理器好比两个厨师炒两个菜，并同时把两个菜送到桌上。

因此，同等条件下，如一个双核、一个四核，在线程数、缓存、主频等参数都是一样的情况下，四核的性能肯定比双核的好很多，而功耗和发热量方面，则双核心处理器占优势。

4. 字长

在同一时间处理二进制数的位数叫字长。通常称处理字长为 8 位数据的 CPU 叫 8 位 CPU，32 位 CPU 就是在同一时间内处理字长为 32 位的二进制数据。二进制的每一个 0 或 1 是组成二进制的最小单位，称为位（Bit）。

一般来说，计算机在同一时间内处理的一组二进制数称为一个计算机的"字"，而这组二进制数的位数就是"字长"。字长与计算机的功能和用途有很大的关系，是计算机的一个重要技术指标。字长直接反映了一台计算机的计算精度。同时，字长越大的计算机处理，数据的速度也越快。早期的 CPU 字长一般是 8 位和 16 位，386 及更高的处理器大多是 32 位。目前市面上的计算机的处理器字长一般均为 64 位。

5. 内存容量

内存储器，也简称主存内存，是计算机中重要的部件之一，它是与 CPU 进行沟通的桥梁。其作用是暂时存放 CPU 中的运算数据，以及与硬盘等外部存储器交换的数据。计算机中所有程序的运行都是在内存中进行的，因此，内存的性能对计算机的影响非常大。只要计算机在运行中，CPU 就会把需要运算的数据调到内存中进行运算。当运算完成后，CPU 再将结果传送出来，内存的运行也决定了计算机的稳定运行。内存是由内存芯片、电路板、金手指等部分组成的。内存储器容量的大小反映了计算机即时存储信息的能力。随着操作系统的升级、应用软件的不断丰富及其功能的不断扩展，人们对计算机内存容量的需求也不断提高。

6. 外存储器的容量

外存储器容量通常是指硬盘容量（包括内置硬盘和移动硬盘）。外存储器容量越大，可存储的信息就越多，可安装的应用软件就越丰富。目前，硬盘容量已经可以轻松超过 1 TB。信息存储容量的基本单位是 B（字节），但该单位太小，使用不方便，因此还有 KB（千字节）、MB（兆字节）、GB（吉字节）、TB（太字节），它们之间的换算关系是 1 024。计算机中使用的容量单位最小的是 bit，也就是位。8 位为 1 字节。

因为计算机使用的是二进制，因此 1 KB = 2^{10} B = 1 024 B，1 MB = 1 024 KB = 1 048 576 B，1 GB = 1 024 MB，1 TB = 1 024 GB。而硬盘生产厂家为了方便，一般使用十进制进行计算，即 1 KB = 1 000 B，1 MB = 1 000 KB = 1 000 000 B，1 GB = 1 000 MB，1 TB = 1 000 GB，所以，一个 400 GB 的硬盘在电脑上识别，一般只有 380 GB 左右；一个 800 GB 的硬盘只有760 GB 左右；一个 2 TG 的硬盘只有 1.7 TB 左右。

7. 显存带宽

显存带宽是指显示芯片与显存之间的数据传输速率，它以 B/s 为单位。显存带宽是决定显卡性能和速度最重要的因素之一。要得到精细（高分辨率）、色彩逼真（32 位真彩）、流畅（高刷新速度）的 3D 画面，就必须要求显卡具有大显存带宽。显存带宽 = 工作频率 × 显存位宽/8。目前大多中低端的显卡都能提供 6.4 GB/s、8.0 GB/s 的显存带宽，而对于高端的显卡产品，则提供超过 75 GB/s 的显存带宽。在条件允许的情况下，尽可能购买显存带宽大的显卡。

随着信息技术的发展，计算机已经走进千家万户并融入人们的生活中。学习微机组成知识能帮助人们解决使用计算机时的一些实际问题，增加对计算机组成的了解。由于计算机技术的发展日新月异，微型计算机设备正处在迅速发展和更新的阶段，但主要组成部分基本保持不变，微机总体包括中央处理器（CPU）、主板、内存、显卡、硬盘、显示器、光驱等。要配置一台计算机，装机方案的确定主要取决于它的用途和预算经费，然后选择合适的硬件设备。

2.4.2 中央处理器（CPU）

CPU 包括运算器部件及与之相连的寄存器部件和控制器部件。CPU 通过系统总线从存储器或高速缓冲存储器中取出指令，放入 CPU 内部的指令寄存器，并对指令译码。它把指令分解成一系列的微操作，然后发出各种控制命令，执行微操作系列，从而完成一条指令的执行。

CPU 的性能是计算机系统性能的重要标志之一，CPU 的主要性能指标有：

1. 主频/外频

主频在单位时间内所产生的脉冲个数，也就是 CPU 所需要的晶振的频率。主频越高，执行一条指令的时间就越短，因而运算速度就越快。外频是系统总线的工作频率，常见的有 100 MHz、133 MHz、166 MHz、200 MHz 等几种。

之前并没有倍频概念，CPU 的主频和系统总线的速度是一样的，但 CPU 的速度越来越快，倍频技术也就应运而生。它可使系统总线工作在相对较低的频率上，而 CPU 速度可以通过倍频来无限提升。CPU 主频的计算方式为主频 = 外频 × 倍频。即倍频是指 CPU 和系统总线之间相差的倍数，当外频不变时，提高倍频，CPU 主频也就越高。

例如，如果系统外频是 200 MHz，设置 CPU 倍频参数为 15，那么该 CPU 的主频即为 200 MHz × 15 = 3 000 MHz。

2. 数据总线宽度

数据总线的宽度也称字长，字长是指 CPU 可以同时传输的数据的位数，负责整个系统的数据流量大小，一般为 8 ~ 64 位，它反映了 CPU 能处理的数据宽度、精度和速度。平时所说的 32 位计算机就是指数据总线的宽度是 32 位。目前市场上流行的是 32 位 CPU 和 64 位 CPU。

3. 地址总线宽度

地址总线宽度决定了 CPU 可以直接访问的内存物理地址空间，32 位地址总线可直接寻址 4 GB。

4. 工作电压

工作电压指 CPU 正常工作所需的电压，一般是 5 V 或 3.3 V。随着芯片制造技术的进步，可以通过降低工作电压来减小 CPU 运行时消耗的功率，以解决 CPU 过热的问题。现在的 CPU 核心工作电压一般在 1.3 V 以下。

5. 高速缓存 Cache

现在的 CPU 内部一般都包含有 Cache，也称为一级 Cache。Cache 是可以进行快速存取数据的存储器，它使得数据可以更快地和 CPU 进行交换。

6. 运算速度

运算速度指 CPU 每秒钟能处理的指令数，单位是 MIPS（百万条指令/s）。

2.4.3 主板

通常，微型计算机硬件的设备除了键盘、鼠标和显示器外，其余部分都放于主机箱内。机箱的核心部件有 CPU、主板、内存条、Cache、显示适配卡、硬盘、软驱、声音适配卡、网络适配卡等，这些部件有的直接制作在主板上，有的通过扩展卡的形式插入相应的扩展槽中。计算机系统必需的硬件设备称为计算机的最小配置。计算机最低配置除了 CPU、内存、主板等以外，在外设方面还必须具备标准的输入设备和输出设备。默认的标准输入设备是键盘，标准输出设备是显示器。

打开主机箱后，可以看到位于机箱底部的一块大型印刷电路板，称为主板（Mainboard，又称为系统板或母板），是电脑中各种设备的连接载体。它提供了 CPU、各种接口卡、内存条和硬盘、软驱、光驱的插槽，其他的外部设备也可以通过主板上的 I/O 接口连接到计算机上，如图 2-10 所示。

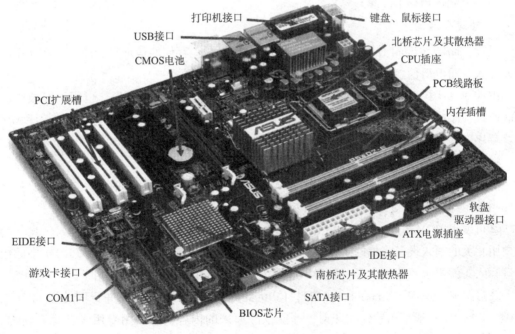

图 2-10 主板外观结构图

主板上通常有 CMOS、基本输入/输出系统（BIOS）、芯片组、高速缓冲存储器、微处理器插槽、内存储器（ROM、RAM）插槽、硬盘驱动器接口、输入/输出控制电路、总线扩展插槽（ISA、PCI 等扩展槽）、串行接口（COM1、COM2）、并行接口（打印机接口 LPT1）、软盘驱动器接口、面板控制开关和与指示灯相连的接插件、键盘接口、USB 接口等。

主板上有一些插槽（或 I/O 通道），不同的 PC 所含的扩展槽个数不同。扩展槽可以插入某个标准插件，如显示适配器、声卡、网卡和视频解压卡等。主板上的总线并行地与扩展槽相连，数据、地址和控制信号由主板通过扩展槽送到插件板，再传送到与 PC 机相连的外部设备上。

主板上的 BIOS 芯片是一块特殊的 ROM 芯片，其中保存的最重要程序之一是基本输入/输出程序，通常称为 BIOS 程序。另外，还有 CMOS 参数设置程序、POST（加电自检程序）等。BIOS 在开机之后最先执行，它首先检测系统硬件有无故障，给出最低级的引导程序，然后调用操作系统。

当打开微型计算机的电源时，系统将调用 BIOS 中的 POST（加电自检程序）进行其所有内部设备的自检过程，完成对 CPU、基本的 640 KB RAM、扩展内存、ROM、显示控制器、并口和串口系统、软盘和硬盘子系统及键盘的测试。当自检测试完成并确保硬件无故障后，系统将从软盘或硬盘中寻找操作系统，并加载操作系统。正常情况下，这个启动过程是微机自动完成的，只需用户按下微机电源开关即可。

2.4.4　内存储器

内存储器简称为内存，它是计算机的记忆中心，用来存放当前计算机运行的程序和数据。内存主要包括以下类型：

1. 只读存储器

只读存储器（Read Only Memory，ROM）的特点是：存储的信息只能读出，不能随机改写或存入，断电后信息不会丢失，可靠性高。

ROM 主要用于存放固定不变的、控制计算机的系统程序和参数表，也用于存放常驻内存的监控程序或者操作系统的常驻内存部分，有时还用来存放字库或某些语言的编译程序及解释程序。

根据其中数据的写入方法，可以把 ROM 分为 5 类：

①掩膜 ROM（Mask ROM）。这种 ROM 中的信息是在芯片制造时由生产厂家写入的，ROM 中的内容不能被更改。这种 ROM 一般用于大批量生产的产品。

②可编程 ROM（Programmable ROM，PROM）。PROM 出厂时里面没有写入信息，允许用户用相关的写入设备将编好的程序固化在 PROM 中。和掩膜 ROM 一样，PROM 中的内容一旦写入，就再也不能更改了。如果一次写入失败，此 PROM 便不能再用了。

③可擦除 PROM（Erasable PROM，EPROM）。它是由用户编程进行固化并可擦除的 ROM。EPROM 一般要用紫外线照射，才能擦除原来的内容，然后用专用设备写入新内容，并且可多次写入。

④电可擦 EPROM（Electrically EPROM，EERPOM）。它是另一种可擦除的 PROM，它的性能与 EPROM 的相同，只是在擦除和改写上更加方便。EERPOM 是用电来擦除原来的内容，用户可以用微机擦除和写入新的内容。图 2－11 所示为 EPROM 和 EEPROM 的示意图。

⑤快擦写 ROM（Flash ROM），也称闪速 ROM 或 Flash。它既有 EEPROM 的写入方便的优点，又有 EPROM 的高集成性，是一种很有发展前景并且应用非常广泛的非易失性存储器。常见的 U 盘、MP3 等产品中都采用了这种存储体。

图 2 - 11　EPROM 和 EEPROM

2. 随机存取存储器

随机存取存储器（Random Access Memory，RAM）是可读、可写的存储器，故又称为读写存储器。其特点是可以读写，通电过程中存储器内的内容可以保持，断电后，存储的内容立即消失。因为 RAM 所保存的信息在断电后就会丢失，所以又被称为易失性内存。

RAM 可以分为动态 RAM（Dynamic RAM，DRAM）和静态 RAM（Static RAM，SRAM）两大类。

①SRAM 是用双稳态触发器存放一位二进制信息，只要有电源正常供电，信息就可以长时间稳定地保存。SRAM 的优点是存取速度快，不需要对所存信息进行刷新；缺点是基本存储电路中包含的管子数目较多、集成度较低、功耗较大。SRAM 通常用于微型计算机的高速缓存。

②DRAM 是用电容上所充的电荷表示一位二进制信息。因为电容上的电荷会随时间不断释放，因此对 DRAM 必须不断进行读出和写入，以便释放的电荷得到补充，这就是对所存信息进行刷新。DRAM 的优点是所用元件少、功耗低、集成度高、价格低廉，其缺点是存取速度较慢并要有刷新电路。现在的微型计算机中大都采用 DRAM 作为内存。

微机中常见的内存有以下两种：

SDRAM（Synchronous Dynamic RAM），也称"同步动态内存"。它的工作原理是将 RAM 与 CPU 以相同的时钟频率进行控制，使 RAM 和 CPU 的外频同步，彻底取消等待时间。

DDR（Double Data Rate），即双数据率 DRAM，其速度理论上是 SDRAM 速度的两倍，而实际只能提高 20% ~ 25%。目前市场已推出了 DDR2、DDR3 等多个系列的产品，在微机应用中已完全取代了 SDRAM 内存。图 2 - 12 给出了 SDRAM 内存条与 DDR 内存条的外观比较。

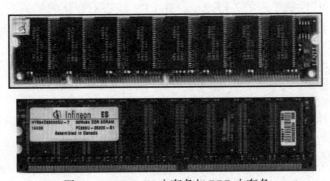

图 2 - 12　SDRAM 内存条与 DDR 内存条

在微型计算机发展日新月异的今天，各种新科技、新工艺不断地被用到微电子领域中，为了能让微机发挥出最大的效能，内存作为微机硬件的必要组成部分之一，它的容量与性能

已成为微机整体性能的一个决定性因素之一。因此，为了提高微机的整体性能，有必要为其配备足够的大容量、高速度的内存。

3. 高速缓存

内存速度虽然在不断提升，但远远跟不上 CPU 速度的提升。由于 CPU 的速度比内存的速度要快得多，所以，在存取数据时，会使 CPU 大部分时间处于等待状态，影响计算机的速度。如果不解决这个问题，CPU 再快也是没有用的，因为这时系统的瓶颈出现在内存速度上。由于 SRAM 的存取速度比 DRAM 的快，基本与 CPU 速度相当，因而它常被用作电脑的高速缓冲存储器（也称为 Cache）。

Cache 是为了解决 CPU 与主存之间速度不匹配而采用的一种重要技术。其中片内 Cache 集成在 CPU 芯片中，片外 Cache 安插在主板上。在 32 位微处理器和微型计算机中，为了加快运算速度，在 CPU 与主存储器之间增设了一级或两级高速小容量存储器，即高速缓冲存储器。

缓存的工作原理是当 CPU 要读取一个数据时，首先从缓存中查找，如果找到了，就立即读取并送给 CPU；如果没找到，就用相对慢的速度从内存中读取并送给 CPU，同时把这个数据所在的数据块调入缓存中，可以使以后对整块数据的读取都从缓存中进行，不必再读取内存。正是这样的读取机制，使 CPU 读取缓存的命中率非常高。一般来说，CPU 对高速缓冲存储器命中率达到 90% 以上，甚至高达 99%。

有了高速缓存，大大节省了 CPU 直接读取内存的时间，也就缩短了 CPU 的等待时间。一般来说，256 KB 的高速缓存能使整机速度平均提高 10% 左右。

4. 多级缓存

最早的 CPU 缓存是个整体的，并且容量很低，英特尔公司从 Pentium 时代开始把缓存进行分类。当时集成在 CPU 内核中的缓存已不足以满足 CPU 的需求，而制造工艺上的限制又不能大幅度提高缓存的容量，因此出现了集成在与 CPU 同一块电路板上或主板上的缓存，此时就把 CPU 内核集成的缓存称为一级缓存，而外部的称为二级缓存。随着 CPU 制造工艺的提高，现在二级缓存也被集成到 CPU 芯片中。

二级缓存是 CPU 性能表现的关键之一，在 CPU 核心不变化的情况下，增加二级缓存容量能使性能大幅度提高。而同一核心的 CPU 高低端之分往往也是由于二级缓存有差异，由此可见二级缓存对于 CPU 的重要性。目前新型 CPU 已经有了三级缓存。

2.4.5　硬盘驱动器

硬盘存储器是微机最重要的外部存储器，常用于安装微机运行所需的系统软件和应用软件，以及存储大量数据。硬盘由一个盘片组和硬盘驱动器组成，被固定在一个密封的金属盒内，如图 2－13 所示。与软盘不同，硬盘存储器通常与磁盘驱动器封装在一起，不能移动，因此称为硬盘。由于一个硬盘往往有几个读写磁头，因此，在使用的过程中应注意防止剧烈震动。

1. 硬盘存储格式

硬盘是由多个涂有磁性物质的金属圆盘盘片组成的存储器，每个盘片的基本结构与软盘的类似。盘片的每一面都有一个读写磁头，在对硬盘进行格式化时，将对盘片磁道和扇区进行划分，而多个盘片的同一磁道构成柱面，柱面数与每个盘面上的磁道数相同。磁盘是从外向内依次编号的，最外一个同心圆叫 0 磁道，所以柱面也从外向内依次编号，最外一个柱面是 0 柱面，如图 2－14 所示。对于大容量的硬盘，还将多个扇区组织起来成为一个块——"簇"，簇成为磁盘读写的基本单位。有的簇有一个扇区，有的有多个扇区，可以在格式化的参数中给定。

图 2－13　硬盘的结构

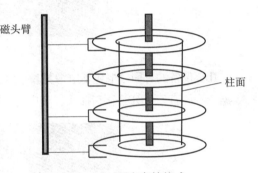

图 2－14　硬盘存储格式

2. 硬盘性能指标

①硬盘的容量。目前的硬盘容量一般在 1 TB 以上。

②硬盘的转速。影响硬盘性能的另一个重要因素是硬盘的转速。硬盘的转速越快，硬盘寻找文件的速度也就越快，硬盘的传输速度也得到提高。硬盘的转速有 4 500 r/min、5 400 r/min、7 200 r/min，甚至 10 000 r/min。理论上，转速越快越好，因为较高的转速可缩短硬盘的平均寻道时间和实际读写时间，但是转速越快，发热量越大，不利于散热，现在的主流硬盘转速一般为 7 200 r/min。

③缓存。硬盘自带的缓存，有 32 MB、64 MB、128 MB 等几种。缓存越多，越能提高硬盘的访问速度。

3. 硬盘接口

硬盘接口是硬盘与主机间的连接部件，不同的硬盘接口决定着硬盘与计算机之间的连接速度，在整个系统中，硬盘接口影响着程序运行快慢和系统性能好坏。从整体的角度，硬盘接口分为 IDE、SATA、SCSI 和光纤通道四种。IDE 接口硬盘多用于家用产品中，也部分应用于服务器；SCSI 接口的硬盘则主要应用于服务器市场；光纤通道只应用在高端服务器上，价格高昂；SATA 接口已成为微机硬盘的主流。

（1）IDE 接口

IDE（Integrated Device Electronics），即集成设备电子部件。IDE 接口是一种硬盘接口规范，也叫 ATA（Advanced Technology Attachment，高级技术附件）接口。由于 IDE 接口是并行接口，故也称为并行 ATA 接口（即 PATA 接口），可连接硬盘、光驱等 IDE 设备。

IDE 采用了 40 线的单组电缆连接，在系统主板上留有专门的 IDE 连接器插口，如图 2 - 15 所示。

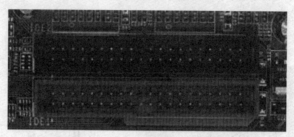

图 2 - 15　主板上的 IDE 接口

IDE 设备的背面一般包括电源插座、主从跳线区和数据线接口插座，如图 2 - 16 所示。IDE 数据线一般有三个 IDE 接口插头，其中一个接主板的 IDE 接口，另两个可以接两个 IDE 设备。

图 2 - 16　IDE 设备背面插座

IDE 由于具有多种优点，并且成本低廉，在个人微机系统中曾得到了广泛的应用，现在已经被 SATA 接口取代。

（2）SATA 接口

SATA 是 Serial ATA 的缩写，即串行 ATA 接口。这是一种新型硬盘接口类型，由于采用串行方式传输数据而得名。该接口具有结构简单、可靠性高、数据传输率高、支持热插拔的优点。目前 SATA 接口的硬盘已成为主流，其他采用 SATA 接口的设备例如 SATA 光驱也已经出现。SATA 接口的插座和数据线如图 2 - 17 所示。

（a）　　　　　　　　　　（b）　　　　　　　　　　（c）

图 2 - 17　SATA 接口的插座和数据线
（a）主板上的 SATA 接口插座；（b）SATA 数据线；（c）硬盘的 SATA 接口插座

（3）SCSI 接口

SCSI（Small Computer System Interface，小型计算机系统接口）是系统级接口，可与各种采用 SCSI 接口标准的外部设备相连，如硬盘驱动器、扫描仪、光驱、打印机和磁带驱动器等。采用 SCSI 标准的这些外设本身必须配有相应的外设控制器。SCSI 接口主要是在小型机上使用，在 PC 机中也有少量使用。最新一代的 SCSI 接口为串行 SCSI 接口（Serial Attached SCSI，简称 SAS 接口），该接口采用串行技术，以获得更高的传输速度，并通过缩短连接线来改善内部空间。

（4）光纤通道

光纤通道具有热插拔、高速带宽、远程连接、连接设备数量大等优点，但价格高昂，因此光纤通道只用于高端服务器中。

2.4.6　其他部件

1. 显卡

显卡全称为显示接口卡（Video Card，Graphics Card），又称为显示适配器（Video Adapter），是个人电脑最基本的组成部分之一。显卡的用途是将计算机系统所需的显示信息进行转换驱动，并向显示器提供行扫描信号，控制显示器的正确显示，是连接显示器和个人电脑主板的重要元件，是"人机对话"的重要设备之一。显卡作为电脑主机里的一个重要组成部分，承担着输出显示图形的任务，对于从事专业图形设计的人来说，显卡非常重要。

2. 声卡

声卡（Sound Card）也叫音频卡。声卡是多媒体技术中最基本的组成部分，是实现声波/数字信号相互转换的一种硬件。声卡的基本功能是把来自话筒、磁带、光盘的原始声音信号加以转换，输出到耳机、扬声器、扩音机、录音机等声响设备，或通过音乐设备数字接口（MIDI）使乐器发出美妙的声音。

3. 显示器

显示器（图 2-18）通常也被称为监视器，属于电脑的 I/O 设备。它可以分为 CRT、LCD 等多种。它是一种将一定的电子文件通过特定的传输设备显示到屏幕上再反射到人眼的显示工具。它是重要的输入/输出设备，是用户与电脑之间的桥梁，是微机配件中更新换代最慢、最具有保值潜力的部件。

图 2-18　显示器

从早期的黑白世界到现在的彩色世界，显示器有着漫长而艰辛的历程，随着显示器技术的不断发展，显示器的分类也越来越细。

①CRT 显示器是一种使用阴极射线管（Cathode Ray Tube）的显示器。阴极射线管主要由五部分组成：电子枪（Electron Gun）、偏转线圈（Deflection Coils）、荫罩（Shadow Mask）、荧光粉层（Phosphor）及玻璃外壳。它是目前应用最广泛的显示器之一。CRT 纯平

显示器具有可视角度大、无坏点、色彩还原度高、色度均匀、可调节的多分辨率模式、响应时间极短等 LCD 显示器难以超过的优点。

②液晶显示器（Liquid Crystal Display，LCD）是一种采用液晶控制透光度技术来显示色彩的显示器。和 CRT 显示器相比，LCD 的优点是很明显的。由于通过控制是否透光来控制亮和暗，当色彩不变时，液晶也保持不变，这样就无须考虑刷新率的问题。对于画面稳定、无闪烁感的液晶显示器，刷新率不高，但图像也很稳定。LCD 显示器还通过液晶控制透光度的技术原理让底板整体发光，所以它做到了真正的完全平面。

从结构来看，LCD 显示屏都是由不同部分组成的分层结构。LCD 由两块玻璃板构成，厚约 1 mm，其间由包含有液晶材料的 5 μm 均匀间隔隔开。因为液晶材料本身并不发光，所以在显示屏两边都设有作为光源的灯管，而在液晶显示屏背面有一块背光板（或称匀光板）和反光膜，背光板是由荧光物质组成的，可以发射光线，其作用主要是提供均匀的背景光源。

4. 机箱和电源

机箱作为电脑主要配件的载体，其主要任务就是固定与保护配件，如图 2－19 所示。电源如图 2－20 所示，它的作用就是把市电（220 V 交流电压）进行隔离和变换为计算机需要的稳定低压直流电。它们都是标准化、通用化的电脑外设。

图 2－19　机箱

图 2－20　电源

从外形上讲，机箱有立式和卧式之分，以前基本上都采用的是卧式机箱，而现在一般采用立式机箱。这主要是由于立式机箱没有高度限制，在理论上可以提供更多的驱动器槽，并且更利于内部散热。如果从结构上分，机箱可以分为 AT、ATX、Micro ATX、NLX 等类型，目前市场上主要以 ATX 机箱为主。在 ATX 的结构中，主板安装在机箱的左上方，并且是横向放置的；电源安装在机箱的右上方，前方的位置是预留给存储设备的，而机箱后方则预留了各种外接端口的位置。这样规划的目的就是在安装主板时，可以避免 I/O 口过于复杂，而主板的电源接口及软硬盘数据线接口可以更靠近预留位置。整体上也能够让使用者在安装适配器、内存或者处理器时不会移动其他设备，这样机箱内的空间更加宽敞简洁，对散热很有帮助。

5. 键盘鼠标

键盘是最常见的计算机输入设备，它广泛应用于微型计算机和各种终端设备上，如

图2-21所示，计算机操作者通过键盘向计算机输入各种指令、数据，指挥计算机工作。操作者可以很方便地利用键盘和显示器与计算机对话，对程序进行修改、编辑，对计算机的运行进行观察和控制。

图2-21 键盘和鼠标

键盘的按键数曾出现过83键、87键、93键、96键、101键、102键、104键、107键等。104键的键盘是在101键键盘的基础上，增加了3个快捷键（有两个是重复的）。但在实际应用中，习惯使用Windows键的用户并不多。107键的键盘是为了贴合日语输入而单独增加了3个键。在某些需要大量输入数字的系统中，还有一种小型数字录入键盘，基本上就是将标准键盘的小键盘独立出来，以达到缩小体积、降低成本的目的。

鼠标分为有线和无线两种。也是计算机显示系统纵横坐标定位的指示器，因形似老鼠而得名"鼠标"。用鼠标来代替键盘烦琐的指令，使计算机的操作更加简便。从原始鼠标、机械鼠标、光电鼠标（光学鼠标、激光鼠标）再到如今的触控鼠标，鼠标技术经历了漫漫征途，终于修成正果。

鼠标是人们最频繁操作的设备之一，但它却一直未能获得应有的重视。在早些年，大多数用户对鼠标的投资不超过20元，但是现在人们对鼠标提出了更多的要求，包括舒适的操作手感、灵活移动和准确定位、可靠性高、不需要经常清洁，鼠标的美学设计和制作工艺也逐渐引起重视。在电脑中，鼠标的操纵性往往起到关键性的作用，而鼠标制造商迎合这股风潮，开始了大刀阔斧的技术改良，从机械到光学、从有线到无线，造型新颖、工艺细腻的高端产品不断涌现。今天，一款高端鼠标甚至需要高达500元人民币才能买到，这在几年前是难以想象的。毫无疑问，一款优秀的鼠标产品会让操作电脑变得更富有乐趣，这也是鼠标领域技术不断革新、高端产品层出不穷的一大诱因。

6. 闪存储器——闪存盘

闪存盘（Flash Memory）又称U盘，是一种采用USB接口的无须物理驱动器的微型高容量移动存储产品。闪存盘不需要额外的驱动器，将驱动器及存储介质合二为一，只要接上电脑的USB接口，就可以独立地存储读写数据。闪存盘体积很小，仅大拇指般大小，质量极小，约为20克，特别适合随身携带。闪存盘中无任何机械式装置，抗震性能极强。另外，闪存盘还具有防潮防磁、耐高低温等特性，可靠性很好。

闪存盘主要有两方面的用途：第一，可以用来在没有联网的电脑之间交流文件；第二，可以在笔记本电脑上替换掉软驱。另外，闪存盘至少可以擦除1 000 000次。闪存盘里的数据至少可以保存10年。理论上一台电脑可同时接127个闪存盘，但由于驱动器盘符采用26个英文字母及现有的驱动器需占用几个英文字母，故最多可以接23个闪存盘（除A、B、

C），并且需要 USB HUB 的协助。

闪存盘的组成很简单：外壳、机芯、闪存和包装，其中机芯包括一块 PCB 板＋主控＋晶振＋阻容电容＋USB 头＋LED 头＋FLASH（闪存），如图 2 - 22 所示。

图 2 - 22　U 盘

7. 装机注意事项

组装电脑的过程是比较简单的，但同样的配件由不同的人组装，得到的电脑质量却是不同的。初学者组装的电脑，往往容易出现问题，甚至发生烧毁配件的事件。以下是需要注意的技巧和小问题。

（1）提前阅读说明书

虽然电脑组装知识存在一定的"通用性"，但随着技术的发展，相同类型的配件的安装方法也不尽相同，因此，在组装电脑时，建议先阅读说明书，特别是对于主板、显卡等配件，要注意手头的配件和以往安装过的配件的区别，阅读说明书往往能减少安装过程中问题出现的概率，特别是在安装某些以前没有安装过的配件，不知道如何操作时，一定要先阅读说明书。

（2）注意防静电

对于电子产品而言，静电对它的影响是非常大的，特别是电脑配件这种高精度、高集成度的电子产品，一点点静电都可能引发致命的故障。而人体是带有静电的，特别是冬天，因为气候干燥，人体的静电量相对较多，并且电压非常高，因此，当用手去接触电脑板卡时，如果静电较多，则很有可能将板卡击毁。这种情况在冬天及空气干燥的环境下极易产生，特别是在铺有毛地毯的房间内，产生静电击毁板卡的情况时有发生。因此，在将板卡从包装盒的防静电袋中拿出之前，就应该将身上的静电释放掉。最简单的方法就是用水洗手。另外，也可以考虑用"静电环"，将"静电环"套在手腕上，用导线接地即可。

（3）夏天装机防汗水

夏天天气闷热，空气潮湿，虽然产生静电的机会不多，但却有另外一个麻烦——汗水，夏天天气炎热，难免会有汗水，此时如果有汗水滴到板卡上，而装机者又没有注意的话，一旦通电，板卡很容易因为短路而被烧毁，即使当时没有烧毁，也会对板卡造成腐蚀，从而影响主机的性能和使用寿命。因此，夏天装机时要注意通风环境，身上的汗水要及时处理，以免对板卡造成不必要的损坏。

（4）安装板卡时要细心

电脑组件的接插设计非常精巧，一般也都有颜色的区分，如果不是产品质量的原因，是不需要用很大力气来安装的。因此，在插拔、固定板卡时，要先看清楚周边配件的状态，如果出现不能插入或无法固定的情况，不要使用蛮力，而要仔细找出原因，否则容易导致配件被损坏。

（5）装机工具保持整洁有序

很多装机者在装机时会随意将螺丝刀、螺丝、尖嘴钳等工具摆放在板卡、驱动器的上面，如果这些设备砸到设备上，后果将不堪设想。因此，装机时的工具要摆放有序，最好放在专用的工具箱中。另外，用不到的配件不要从包装盒中拿出。

（6）通电之前全面检查

通电测试之前一定要全面检查一遍，防止有异物掉入主机箱内，检查线路连接是否正确，主板及其他板卡安装是否平整，避免产生严重后果。

习 题

一、单项选择题

1. 计算机中的数据是指（ ）。

A. 数学中的实数

B. 数学中的整数

C. 字符

D. 一组可以记录、可以识别的记号或符号

2. 在计算机内部，一切信息的存取、处理和传送的形式是（ ）。

A. ASCII 码　　　　　B. BCD 码　　　　　C. 二进制　　　　　D. 十六进制

3. 数制是（ ）。

A. 数据　　　　　　　　　　　　B. 表示数目的方法

C. 数值　　　　　　　　　　　　D. 信息

4. 计算机中的逻辑运算一般用（ ）表示逻辑真。

A. yes　　　　　　　B. 1　　　　　　　C. 0　　　　　　　D. no

5. 执行逻辑"或"运算 01010100 ∨ 10010011，其运算结果是（ ）。

A. 00010000　　　　B. 11010111　　　　C. 11100111　　　　D. 11000111

6. 执行逻辑"与"运算 10101110 ∧ 10110001，其运算结果是（ ）。

A. 01011111　　　　B. 10100000　　　　C. 00011111　　　　D. 01000000

7. 执行算术运算 $(01010100)_2 + (10010011)_2$，其运算结果是（ ）。

A. 11100111　　　　B. 11000111　　　　C. 00010000　　　　D. 11101011

8. 计算机能处理的最小数据单位是（ ）。

A. ASCII 码字符　　　B. 字节　　　　　　C. 字　　　　　　　D. 位

9. 1 KB =（　　）。

A. 1 000 B　　　　　B. 10^{10} B　　　　　C. 1 024 B　　　　D. 10^{20} B

10. 字节是计算机中的（　　）信息单位。

A. 基本　　　　　　B. 最小　　　　　　C. 最大　　　　　　D. 不是

11. 十进制的整数转换为二进制整数的方法是（　　）。

A. 乘 2 取整法　　　　　　　　　　　B. 除 2 取整法

C. 乘 2 取余法　　　　　　　　　　　D. 除 2 取余法

12. 下列各种进制数中，值最大的数是（　　）。

A. $(101001)_2$　　　B. $(52)_8$　　　　C. $(2B)_{16}$　　　D. $(44)_{10}$

13. 一个带符号的 8 位二进制整数，若采用原码表示，其数值范围为（　　）。

A. $-128 \sim +128$　　　　　　　　B. $-127 \sim +127$

C. $-128 \sim +127$　　　　　　　　D. $-127 \sim +128$

14. 十进制负数 -61 的 8 位二进制原码是（　　）。

A. 00101111　　　B. 00111101　　　C. 10101111　　　D. 10111101

15. 定点整数的小数点（　　）。

A. 固定在数值部分最右边，隐含小数点位置

B. 固定在数值部分最右边，占 1 位

C. 固定在数值部分最左边，隐含小数点位置

D. 固定在数值部分最左边，占 1 位

16. 在标准 ASCII 字符集中，对（　　）个字符进行了编码。

A. 64　　　　　　B. 128　　　　　　C. 254　　　　　　D. 512

17. 下列字符中，ASCII 值最小的是（　　）。

A. R　　　　　　B. X　　　　　　　C. a　　　　　　　D. B

18. 在计算机存储器中，一个字节可以保存（　　）。

A. 1 个汉字　　　　　　　　　　　B. 1 个 ASCII 码表中的字符

C. 1 个英文句子　　　　　　　　　D. 0 ~ 512 之间的 1 个整数

19. 已知"江"字的区号是 29，位号是 13，则它的十六进制机内码是（　　）。

A. CDAD　　　　B. 3D2D　　　　C. BDAD　　　　D. 4535

20. 24×24 汉字点阵字库中，表示一个汉字字模需要（　　）字节。

A. 24　　　　　　B. 48　　　　　　C. 72　　　　　　D. 32

二、简答题

1. 计算机硬件系统由哪几部分组成？

2. 冯·诺依曼计算机体系结构的主要特点是什么？

3. CPU 主要有哪几部分组成？简述 CPU 的工作过程和主要性能指标。

4. 运算器由哪几部分组成？各自的功能是什么？

5. 在微机中，控制器的主要功能是什么？由哪几部分组成？

6. 什么是计算机编码？

7. 内部存储器和外部存储器在微机系统中有什么作用？

8. 简述内存的工作原理及只读存储器 ROM 与随机存储器 RAM 区别。

9. 什么是机器思维？它有什么特点？

第 3 章
操作系统与办公软件

随着计算机技术的飞速发展，计算机系统的软件和硬件也越来越丰富。为了提高软硬件资源的利用率，增强系统的处理能力，所有的计算机系统都毫不例外地配置了一种或者多种操作系统。如果让用户去使用一台没有操作系统的计算机，那将是不可想象的事情。

3.1　软件

3.1.1　软件定义

1983 年，IEEE 对"软件"的明确定义为：计算机程序、方法和规则相关的文档，以及在计算机上运行时所必需的数据。

"软件"是计算机的灵魂，计算机的强大功能和智能都是由"软件"来演绎的。"软件"一般由在计算机硬件上运行的程序、数据，以及用于描述软件自身开发、使用及维护的说明文档构成。程序是用计算机语言描述的人类解决问题的思想和方法，反映了人类的思维。

计算机的软件系统大致可以分为系统软件和应用软件两大类。系统软件负责管理计算机本身的运作；应用软件则负责完成用户所需要的各种功能。

文化在发展的过程中衍生了各种思维方式，不同的文化决定了不同的思维和行为模式。因此，软件及其生产过程与文化有着割舍不断的渊源，软件生产过程本质上也是由一种文化所主导，软件一定反映了某种文化。图 3 – 1 反映了文化、思维与软件的关系。

图 3 – 1　文化、思维与软件的关系

3.1.2　软件基本组成

软件是计算机系统中的程序、数据及其相关文档的总称。

程序（Program）是为实现特定目标或解决特定问题而用计算机语言编写的命令序列的

集合，为实现预期目的而进行操作的一系列语句和指令。

软件概念发展的初期，软件专指计算机程序，随着计算机科学的发展，数据和文档也被包含在软件的范畴，并且越来越强调文档的重要性。数据是软件不可或缺的组成部分，没有任何数据的软件是不可想象的。数据可以分为输入数据和输出数据两大类型，数据可以直接嵌入程序之中，也可以保持在存储介质中。文档是软件的重要组成部分，用来描述程序的内容、组成、设计、功能规格、开发情况、测试结果及使用方法等。软件的构成如图 3 - 2 所示。

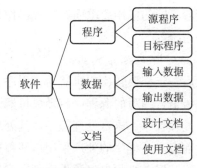

图 3 - 2 软件的基本组成

3.1.3 软件分类

从计算机系统角度，软件可以分为系统软件和应用软件。系统软件依赖于机器，而应用软件则更接近用户业务。

系统软件是指为管理、控制和维护计算机及外设，以及提供计算机与用户界面等的软件，如操作系统、文字处理程序、计算机语言处理程序、数据库管理程序、联网及通信软件、各类服务程序和工具软件等，通常由计算机生产厂（部分由"第三方"）提供。

系统软件以外的其他软件称为应用软件。应用软件是指用户为了自己的业务而使用系统开发出来的软件。目前应用软件的种类很多，按其主要用途，分为科学计算类、数据处理类、过程控制类、辅助设计类和人工智能软件类。应用软件的组合可以称为软件包或软件库。

软件的基本分类及其层次关系如图 3 - 3 所示。应用软件建立在系统软件基础之上。人们可以通过应用软件使用计算机，也可以通过系统软件使用计算机。因此，系统软件是人们学习使用计算机的首要软件。

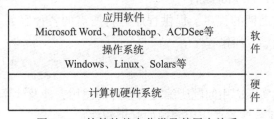

图 3 - 3 软件的基本分类及其层次关系

1. 系统软件

系统软件是随计算机出厂并具有通用功能的软件，由计算机厂家或第三方厂家提供，一般包括操作系统、语言处理系统、数据库管理系统及服务程序等。

（1）操作系统（Operating System，OS）

操作系统是系统软件的核心，是管理计算机软、硬件资源，调度用户作业程序和处理各种中断，从而保证计算机各部分协调、有效工作的软件。操作系统是最贴近硬件的系统软件，也是用户与计算机的接口，用户通过操作系统来操作计算机并能使计算机充分实现其功能。操作系统的功能和规模随着不同的应用要求而异，故操作系统又可以分为批处理操作系统、分时操作系统及实时操作系统等。

（2）语言处理系统（Language Processing System）

任何语言编制的程序，最后一定都要转换成机器语言程序，才能被计算机执行。语言处理程序的任务，就是将各种高级语言编写的源程序翻译成机器语言表示的目标程序。不同语言编写的源程序有不同的语言处理程序。语言处理程序按其处理的方式不同，可以分为解释型程序与编译型程序两大类。前者对源程序的处理采用边解释边执行的方法，并不形成目标程序，称为对源程序的解释执行；后者必须先将源程序翻译成目标程序才能执行，称作编译执行。

（3）数据库管理系统（Database Management System，DBMS）

数据库管理系统是对计算机中所存放的大量数据进行组织、管理、查询并提供一定处理功能的大型系统软件。随着社会信息化进程的加快、信息量的剧增，数据库已成为计算机信息系统和应用系统的基础。数据库管理系统能够对大量数据合理组织，减少冗余；支持多个用户对数据库中的数据进行共享；保证数据库中数据的安全和对用户进行数据存取的合法性验证。数据库管理系统可以划分为两类：一类是基于微型计算机的小型数据库管理系统，具有数据库管理的基本功能，易于开发和使用，可以解决对数据量不大且功能要求较简单的数据库应用，常见的有 FoxBASE 和 FoxPro 数据库管理系统；另一类是大型的数据库管理系统，其功能齐全，安全性好，支持对大数据量的管理，提供相应的开发工具。目前国际上流行的大型数据库管理系统主要有 Oracle、SYBASE、DB2、Informix 等。国产化的数据库管理系统已初露头角，并走向市场，如 COBASE、DM2 等。

数据库技术是计算机中发展快、用途广泛的技术之一，任何计算机应用开发中都离不开对数据库技术的应用。

（4）服务程序（Service Program）

服务程序是一类辅助性的程序，提供程序运行所需的各种服务。例如，用于程序的装入、链接、故障诊断程序、纠错程序等。

2. 应用软件

应用软件是为解决实际应用问题所编写的软件的总称，涉及计算机应用的所有领域，种类繁多。表 3 – 1 列举了一些主要应用领域的常用软件。

表 3 – 1　常用的应用软件

软件种类	功能	软件举例
编程开发	计算机要想完成某些功能，必须通过编程来实现。程序开发软件为编程人员提供了一个集成的开发平台，方便程序设计人员使用	Java、C#、C、C ++
杀毒软件	是用于消除电脑病毒、特洛伊木马和恶意软件的一类软件	瑞星、金山毒霸、360 杀毒
下载工具	方便用户从互联网上快速下载数据文件	迅雷、网际快车、快车
压缩解压	用于磁盘管理的工具软件，以减少资料占用的存储空间，以便更有效地在 Internet 上传输	WinRAR、WinZIP、360 压缩
中文输入	将汉字输入计算机或手机等电子设备而采用的编码方法，是中文信息处理的重要技术	搜狗拼音、谷歌拼音、紫光拼音
电子阅读	不同格式的电子书需要使用不同的电子阅读软件	Adobe Reader、CAJViewer
图像处理	图像处理是指用计算机对图像进行分析，以达到所需结果的技术。常见的处理有图像数字化、图像编码、图像增强、图像复原、图像分割和图像分析等	Photoshop、美图秀秀、Picasa
系统辅助	提供了全面有效且简便安全的系统检测、系统优化、系统清理、系统维护等功能及其他附加的工具软件	超级兔子、优化大师、360 软件管家
三维制作	三维动画软件是模拟真实物体，建立虚拟世界的有用的工具	3ds Max、Maya、Flash
联络聊天	基于互联网络的客户端进行实时语音、文字传输的工具	腾讯 QQ、飞信 Fetion、Skype
手机数码	基于手机不同操作系统的管理软件	豌豆荚、Itools

3.2　操作系统概述

3.2.1　操作系统基本知识

1. 操作系统的定义

操作系统是管理计算机硬件资源，控制其他程序运行并为用户提供交互操作界面的系统软件的集合。

操作系统是一个非常复杂的系统，相当于计算机系统中硬、软件资源的总指挥部。计算机系统只有在操作系统的指挥和控制下，各种计算机硬件资源才能被分配给用户使用，各种软件才能获得运行的环境和条件。操作系统是软件技术的核心，是软件的基础运行平台。操

作系统的性能高低决定了整体计算机的潜在硬件性能能否发挥出来。计算机系统的安全性和可靠性在一定程度上依赖于操作系统本身的安全性和可靠程度。

目前存在着多种类型的操作系统，不同类型的操作系统，其目标各有所侧重，后面将详细介绍。

2. 操作系统的作用

（1）计算机系统资源的管理者

现在计算机能同时做几件事情，当一个用户程序正在运行时，计算机还能够同时读取磁盘，并向屏幕或打印机输出文本信息。也就是说，在计算机系统中同时有多个程序在执行。这些程序在执行的过程中可能会要求使用系统的各种资源，多个程序的资源需求经常会发生冲突。假设在一台计算机上运行的 3 个程序试图同时在同一台打印机上输出计算结果，如果对程序的这些资源需求不进行管理，那么前几行可能是程序 1 的输出，下面几行是程序 2 的输出，然后又是程序 3 的输出等，最终结果将是一团糟。操作系统是资源的管理者和仲裁者，由它负责在各个程序之间调度和分配资源，保证系统中的各种资源得到有效利用。

（2）为用户提供友好的界面

操作系统处于用户与计算机硬件系统之间，用户通过操作系统来使用计算机系统。或者说，用户在操作系统帮助下，能够方便、快捷、安全、可靠地操纵计算机硬件和运行自己的程序，用户不必了解硬件的结构和特性就可以利用软件方便地执行各种操作，从而大大提高了工作效率。例如，要运行一个用 C 语言编写的源程序，用户只需在终端上输入几条命令或者单击几次鼠标即可。随着计算机的普及，计算机的使用者大多不是计算机的专业人员，界面的友好性比资源的利用率更具实际意义。目前商业化操作系统提供的图形用户界面（GUI）就是在此背景下生成的产物。

3. 操作系统基本功能

①处理机管理：处理机的分配和调度；

②存储管理：内存分配，存储保护，内存扩充；

③设备管理：设备、通道、控制器的分配和回收；

④文件管理：信息共享和保护，外存空间的管理；

⑤用户接口：包括程序一级的接口（系统调用）和作业一级的接口（作业管理，负责作业调度）。

4. 操作系统特征

（1）并发性（Concurrence）

并发性是指多个进程同时存在于内存中，且能在一段时间内同时运行。并发性是进程的重要特征，同时也是操作系统的重要特征。引入进程也正是为了使进程实体能和其他进程实体并发执行，提高计算机系统资源的利用率。

（2）共享性（Sharing）

在操作系统环境下，所谓共享，是指系统中的资源可供内存中多个并发执行的进程

（线程）共同使用。

（3）虚拟性（Virtual）

操作系统中的虚拟性，是指通过某种技术把一个物理实体变为若干个逻辑上的对应物。在 OS 中利用了多种虚拟技术，分别用来实现虚拟处理机、虚拟内存、虚拟外部设备和虚拟信道等。

（4）异步性（Synchronism）

进程按各自独立的，不可预知的速度向前推进。在操作系统中必须采取某种措施来保证各进程之间能协调运行。

5. 操作系统分类

操作系统按用户个数可以分为单用户和多用户；按任务数可以分为单任务和多任务；按 CPU 个数可以分为单 CPU 和多 CPU；按使用环境及对作业的处理方式可以分为批处理操作系统、分时操作系统、实时操作系统、个人计算机操作系统、网络操作系统、分布式操作系统。

（1）批处理操作系统

批处理（Batch Processing）操作系统的工作方式是：用户将作业交给系统操作员，系统操作员将许多用户的作业组成一批作业，之后输入计算机中，在系统中形成一个自转接的连续的作业流，然后启动操作系统，系统自动、依次执行每个作业。最后由操作员将作业结果交给用户。批处理操作系统的特点是：多道成批处理。批处理系统分为单道批处理系统和多道批处理系统。

（2）分时操作系统

分时（Time Sharing）操作系统的工作原理是采用时间片轮转的方式使一台计算机为多个终端用户服务，保证每个用户有足够快的响应时间。其特点为交互性、多用户同时性和独立性。分时系统的适用于开发、调试、测试软件性能和小作业。分时系统是一个联机的、多用户的、交互的操作系统。UNIX 是典型的分时系统。

（3）实时操作系统

实时操作系统（Real‑Time Operating System，RTOS）是指使计算机能及时响应外部事件的请求，在规定的严格时间内完成对该事件的处理，并控制所有实时设备和实时任务协调一致地工作的操作系统。

实时系统的实现包括由事件激发程序的执行、CPU 要根据事件的轻重缓急进行时间分配、需要有时钟管理模块、在线的人机对话、过载保护等保证系统绝对可靠（高度可靠性和安全性需采用冗余措施，硬件上双机热备份）。其具有实时性、可靠性、安全性和专用性的特点。实时系统的适用范围为实时控制（导弹发射、飞机飞行、钢水温度、发电等）、实时信息处理（情报检索、银行账目往来、飞机订票等）。

（4）网络操作系统

网络操作系统是基于计算机网络的，是在各种计算机操作系统上按网络体系结构协议标准开发的软件，包括网络管理、安全、资源共享和各种网络应用。其目标是相互通信及资源

共享。在其支持下，网络中的各台计算机能互相通信和共享资源。其主要特点是与网络硬件结合来完成通信任务。

（5）分布式操作系统

分布式系统（Distributed System）是为分布计算系统配置的操作系统。大量的计算机通过网络被连接在一起，可以获得极高的运算能力及广泛的数据共享。

6. 操作系统的组成部分

现在的操作系统十分复杂，需要管理计算机的各种资源。它像是一个有多个上层部门经理的管理机构，每个部门经理负责自己的部门管理，并且相互协调。现代操作系统至少具有四种功能：处理机管理、存储器管理、设备管理、文件管理。此外，为了方便用户使用操作系统，还需向用户提供便于使用的用户接口。图 3 - 4 显示了操作系统的组成部分。

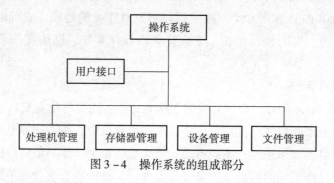

图 3 - 4　操作系统的组成部分

7. 几种常见的操作系统

在计算机发展史上，出现过许多不同的操作系统，几种常见的操作系统的发展过程和功能特点如下。

（1）DOS 操作系统

DOS 是磁盘操作系统（Disk Operation System）的简称。它最初是 1981 年美国微软（Microsoft）公司为 IBM - PC（IBM Personal Computer）开发的一种操作系统。经微软公司和 IBM 公司的改进和开发，分别命名为 MS - DOS 和 PC - DOS。两个版本功能基本相同，本书统称为 DOS。又经多年的不断完善，DOS 连续推出十几个版本。典型的有 DOS 3. x 和 DOS 6. x 等版本。DOS 的主要特点是：它是字符用户界面系统，即用户需要通过从键盘上输入字符命令来控制计算机的工作；它是单用户、单任务运行方式，即同一时刻只能运行一个程序；在管理内存的能力上也受到 640 KB 常规内存的限制，这些方面已使 DOS 在目前高性能的微机运行和管理上显得力不从心。但在大量的应用领域中，DOS 仍有相当的市场。尤其值得初学者重视的是，DOS 中关于文件的目录路径、文件的处理、系统的配置等许多概念，仍然在 Windows 中沿袭使用，甚至在 Windows 出现故障时，还会用到基本的 FDISK、FORMAT 等命令来修复故障，这就使得 DOS 的学习成为深入掌握计算机的一段不可少的序曲。

（2）UNIX 操作系统

UNIX 是一个强大的多用户、多任务操作系统，是 1969 年由美国贝尔实验室的两名程序员 Ken Thompson 和 Dennis M. Ritchie 首先开发出来的。最初该系统采用汇编语言编写，后来两人专门为 UNIX 设计了 C 语言，并用它重新改写了 UNIX 中的源代码。经过长期的发展和完善，UNIX 已经成为目前世界上最成功、最流行的操作系统之一。虽然当前 Windows 系列的操作系统已经占据了桌面计算机系统的主导地位，但在高档工作站和服务器领域，UNIX 却是操作系统的首选。尤其是在 Internet 服务器方面，UNIX 的高性能、高可靠性仍然是 Windows 系列的操作系统所无可比拟的。

（3）Linux 操作系统

Linux 是一个源代码开放的自由软件，Linux 操作系统的核心最早是由芬兰的 Linus Torvalds 于 1991 年在芬兰赫尔辛基大学上学时开发的。其源程序在 Internet 上公布以后，激发了全球电脑爱好者的开发热情，经过众多世界顶尖的软件工程师的不断修改和完善，Linux 在全球普及开来。Linux 包含了 UNIX 的全部功能和特性，具有良好的安全性和稳定性，以及完备的网络功能，在服务器领域及个人桌面得到越来越多的应用，在嵌入式开发方面更是具有其他操作系统无可比拟的优势。

（4）Windows 操作系统

MS－DOS 提供的是一种以字符为基础的用户接口，如果不了解硬件和操作系统，便难以称心如意地使用 PC 机。人们期望把 PC 机变成一个更直观、易学、好用的工具。

Microsoft 公司为了满足千百万 MS－DOS 用户的愿望，提供了一种图形用户界面（Graphic User Interface，GUI）方式的新型操作，也就是 Windows。它是 Microsoft 公司在 1985 年 11 月发布的第一代窗口式多任务系统，从此 PC 机进入了 GUI 时代。在图形用户界面中，每一种应用软件（即由 Windows 支持的软件）都用一个图标（Icon）表示，用户只需把鼠标移到某图标上，连续两次按下鼠标的拾取键即可进入该软件。这种界面方式为用户提供了很大的方便，把计算机的使用提高到了一个新的阶段。

Windows 1.x 版是一个具有多窗口及多任务功能的版本，但由于当时的硬件平台为 PC/XT，速度很慢，所以 Windows 1.x 版本并未流行起来。1987 年年底，Microsoft 公司又推出了 MS－Windows 2.x 版，它具有窗口重叠功能，窗口大小也可以调整，并可以把扩展内存和扩充内存作为磁盘高速缓存，从而提高了整台计算机的性能。此外，它还提供了众多的应用程序：文本编辑 Write、记事本 Notepad、计算器 Calculator、日历 Calendar 等。随后，在 1988 年、1989 年又先后推出了 MS－Windows/286 V2.1 和 MS－Windows/386 V2.1 这两个版本。

1990 年，Microsoft 公司推出了 Windows 3.0，它的功能进一步加强，具有强大的内存管理，且提供了数量相当多的 Windows 应用软件，因此成为 386、486 微机新的操作系统标准。随后 Windows 发表 3.1 版，并且推出了相应的中文版。3.1 版比 3.0 版增加了一些新的功能，受到了用户欢迎，是当时最流行的 Windows 版本。

1995 年，Microsoft 公司推出了 Windows 95（也称为 Chicago 或 Windows 4.0）。在此之前的 Windows 都是由 DOS 引导的，也就是说，它们还不是一个完全独立的系统，而 Windows 是一个完全独立的系统，并在很多方面做了进一步的改进，还集成了网络功能和即插即用（Plug and Play）功能，是一个全新的 32 位操作系统。

1998 年，Microsoft 公司推出了 Windows 95 的改进版 Windows 98。Windows 98 的最大

特点就是把 Microsoft 的 Internet 浏览器技术整合到了 Windows 95 里面，使得访问 Internet 资源就像访问本地硬盘一样方便，从而更好地满足了人们越来越多的访问 Internet 资源的需要。

在 Microsoft 的产品策略中，未来 Windows 家族产品都要共用相同的核心代码，即 Windows NT 的核心代码。但过去为了照顾已有的 16 位软件及 16 位的设备驱动程序，从而开发出了 Windows 95 这个过渡性产品，其升级版 Windows 98 起着继往开来的作用。Windows 2000 是 2000 年左右发布的计算机操作系统，尽管它的名字叫 Windows 2000，但它并不是 Windows 98 的新版本。Windows 2000，原名 Windows NT 5.0，它结合了 Windows 98 和 Windows NT 4.0 的很多优良的功能/性能于一身，超越了 Windows NT 原来的含义。Windows NT（New Technology）是 Microsoft 公司的另一个产品，是真正的 32 位网络操作系统，与普通的 Windows 9x 系统不同，它主要面向商业用户，有服务器版和工作站版之分，并把网络管理功能放入操作系统内核。Windows 2000 平台包括 Windows 2000 Professional 和 Windows 2000 Server 前后台的集成。Windows 2000 Professional 将最新的 Windows NT 5.0 工作站版本和普通的 Windows 98 统一为一个完整的操作系统。Windows Me 是 Microsoft 公司 Windows 9x 系列产品的最后一个版本，是面向个人及家庭用户的新一代操作系统，Windows 2000 是 Windows NT 的新版，而此后使用时间最长的 Windows XP 沿袭了 Windows 2000 的系统内核，与 Windows 2000 相比，Windows XP 有 90% 的系统代码与其相同，10% 的不同代码反映了 Windows XP 系统具有图像处理和应用软件方面的改进。在 Microsoft 公司的这些不同版本的操作系统中，Windows NT/2000/XP 属于网络操作系统，它们在其内核中提供了网络通信和管理功能。

微软 2006 年后推出的一系列内核版本号为 Windows NT 6.x 的桌面及服务器操作系统，包括 Windows Vista、Windows Server 2008、Windows 7、Windows Server 2008 R2、Windows 8、Windows 8.1 和 Windows Server 2012。2006 年 11 月发布的 Windows Vista，内核版本号为 NT6.0，为 Windows NT 6.x 内核的第一个操作系统，也是微软首款原生支持 64 位的个人操作系统。Vista 是推出时最安全可信的 Windows 操作系统，其安全功能可防止最新的威胁，如蠕虫、病毒和间谍软件等。但 Vista 在发布之初，由于其过高的系统需求、不完善的优化和众多新功能导致的不适应，引来了大量的批评，市场反应冷淡，被认为是微软历史上最失败的系统之一。Windows 7 是微软于 2009 年发布的，开始支持触控技术的 Windows 桌面操作系统，其内核版本号为 NT 6.1。在 Windows 7 中，集成了 DirectX 11 和 Internet Explorer 8。Windows 7 还具有超级任务栏，提升了界面的美观性和多任务切换的使用体验。通过开机时间的缩短、硬盘传输速度的提高等一系列性能改进，Windows 7 的系统要求并不低于 Windows Vista，不过当时的硬件已经很强大了。到 2012 年 9 月，Windows 7 的占有率已经超越 Windows XP，成为世界上占有率最高的操作系统。2012 年 10 月，微软公司正式发布 Windows 8，内核版本号为 NT 6.2。系统独特的 metro 开始界面和触控式交互系统，旨在让人们的日常电脑操作更加简单和快捷，为人们提供高效易行的工作环境。Windows 8 支持来自 Intel、AMD 的芯片架构，被应用于个人电脑和平板电脑上。该系统具有更好的续航能力，且启动速度更快、占用内存更少，并兼容 Windows 7 所支持的软件和硬件。微软将 2014 年

10 月停止发售 Windows 8。

（5）Mac 操作系统

Mac OS 是一套运行于苹果 Macintosh 系列电脑上的操作系统，也是首个在商用领域成功的图形用户界面。现在一提到 Apple，最先想到的就是 Mac OS X。苹果 Mac OS 操作系统虽然吸引了众多制图爱好者，但是并没有吸引更多的第三方软件开发商对其支持，在苹果的电脑上仍然无法玩大型游戏，无法运行一些商业软件。但对于喜欢用户操作体验和优美外观的电脑用户，Mac 是当之无愧的第一选择。

（6）智能手机操作系统

1）Android

Android 是一种基于 Linux 的自由及开放源代码的操作系统，主要使用于移动设备，如智能手机和平板电脑，由 Google 公司和开放手机联盟领导开发。Android 操作系统最初由 Andy Rubin 开发，主要支持手机。2005 年 8 月由 Google 收购注资。2007 年 11 月，Google 与 84 家硬件制造商、软件开发商及电信营运商组建开放手机联盟共同研发改良 Android 系统。随后 Google 以 Apache 开源许可证的授权方式，发布了 Android 的源代码。第一部 Android 智能手机发布于 2008 年 10 月。Android 逐渐扩展到平板电脑及其他领域上，如电视、数码相机、游戏机等。2011 年第一季度，Android 在全球的市场份额首次超过塞班系统，跃居全球第一。2013 年第四季度，Android 平台手机的全球市场份额已经达到 78.1%。2013 年 9 月 24 日，Google 开发的操作系统 Android 迎来了 5 岁生日，全世界采用这款系统的设备数量已经达到 10 亿台。

2）iOS

iOS 是由苹果公司开发的移动操作系统。苹果公司最早于 2007 年 1 月 9 日的 Macworld 大会上公布这个系统，最初是设计给 iPhone 使用的，后来陆续套用到 iPod touch、iPad 及 Apple TV 等产品上。iOS 与苹果的 Mac OS X 操作系统一样，也是以 Darwin（由苹果电脑于 2000 年所释出的一个开放原始码操作系统）为基础的，因此同样属于类 UNIX 的商业操作系统。原本这个系统名为 iPhone OS，因为 iPad、iPhone、iPod touch 都使用 iPhone OS，所以 2010WWDC 大会上宣布改名为 iOS。iOS 具有简单易用的界面、令人惊叹的功能，以及超强的稳定性，已经成为 iPhone、iPad 和 iPod touch 的强大基础。尽管其他竞争对手一直努力地追赶，iOS 内置的众多技术和功能让 Apple 设备始终保持着遥遥领先的地位。

3）Windows Phone

Windows Phone（WP）是微软发布的一款手机操作系统，它将微软旗下的 Xbox Live 游戏、Xbox Music 音乐与独特的视频体验集成至手机中。微软公司于 2010 年 10 月 11 日晚上 9 点 30 分正式发布了智能手机操作系统 Windows Phone，并将其使用接口称为"Modern"接口（指微软开发的 Windows 8 操作系统中所带的一种全新风格的界面设计，它的前身即是 Metro UI）。Windows Phone 具有桌面定制、图标拖拽、滑动控制等一系列前卫的操作体验。其主屏幕通过提供类似仪表盘的体验来显示新的电子邮件、短信、未接来电、日历约会等，让人们对重要信息保持时刻更新。它还包括一个增强的触摸屏界面，更方便手指操作；以及一个最新版本的 IE Mobile 浏览器，该浏览器在一项由微软赞助的第三方调查研究中，和参加调研的其他浏览器及手机相比，可以执行指定任务的比例超过 48%。很容易看出微软在用户操作体验上所做出努力，而史蒂夫·鲍尔默（微软公司前首席执行官兼总裁）也表示："全新的 Windows 手机把网络、个人电脑和手机的优势集于一身，让人们可以随时随地享受到想要的体验。"2011 年 2 月，"诺基亚"与微软达成全球战略同盟并深度合作共同研发。2011 年 9 月 27 日，微软发布 Windows Phone 7.5。2012 年 6 月 21 日，微软正式发布 Windows Phone 8，采用和 Windows 8 相同的 Windows NT 内核，同时也针对市场的 Windows Phone 7.5 发布 Windows Phone 7.8。现有 Windows Phone 7 手机因为内核不同，都将无法升级至 Windows Phone 8。2014 年，微软发布 Windows Phone 8.1 系统，发布时说道 Windows Phone 8.1 可以向下兼容，让使用 Windows Phone 8 手机的用户也可以升级到 Windows Phone 8.1。2014 年 4 月，Build 2014 开发者大会发布 Windows Phone 8.1。

以下将详细讲解操作系统的五大管理模块。

3.2.2 处理机管理模块

CPU 是计算机系统中最宝贵的硬件资源，为了提高 CPU 的利用率，操作系统采用了多道程序技术。处理机管理的主要任务是对处理机进行分配，也就是说，如何将处理机的使用权分配给某个程序，并对其进行有效控制。在许多操作系统中，包括 CPU 在内的系统资源是以进程（Process）为单位分配的。因此，处理机管理在某种程度上也可以说是进程管理。

进程是处理机管理中的基本概念。简单地说，进程就是程序的一次执行。或者说，它是一个程序及其数据在处理机上顺序执行时所发生的活动。一个程序被加载到内存，系统就创建了一个进程，程序执行结束，该进程也随之消亡。进程与程序是两个不同的概念，进程是动态的，是暂时存在于内存中的；而程序是计算机指令的集合，程序是静态的，是永久存储于硬盘、光盘等存储设备中的。如果把程序比作乐谱，进程就是根据乐谱演奏出的音乐；如果将程序比作剧本，进程就是一次次的演出。

1. 进程的查看

启动操作系统时，通常会创建若干个进程。其中前台进程是同用户交互并替他们完成工作的那些进程。后台进程则不与特定的用户相联系，而是具有某些专用的功能。

在 Windows 7 操作系统中，同时按下 Ctrl + Alt + Delete 组合键，在弹出的窗口中单击"启动任务管理器"命令，即可打开"Windows 任务管理器"对话框，如图 3-5 所示，从中可以看到共有 52 个正在执行的进程。需要注意的是，画图程序被同时运行了 3 次，因而内存中有 3 个对应的进程 mspaint.exe。这也进一步说明一个程序的多次执行分别对应不同的进程。

2. 进程控制

在传统的多道程序环境下，要使作业运行，必须先为它创建一个或几个进程，并为之分配必要的资源。当进程运行结束时，立即撤销该进程，以便能及时回收该进程所占用的各类资源。运行中的进程具有 3 种基本状态：就绪、执行和等待。图 3-6 显示了进程的 3 种基本状态及状态之间的转换关系。

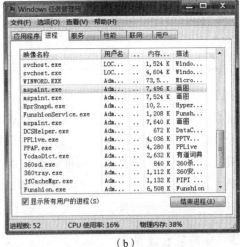

图3-5 进程的查看

（a）正在运行的程序；（b）正在运行的进程

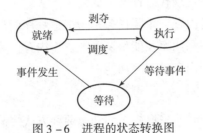

图3-6 进程的状态转换图

3. 进程同步

为使多个进程能有条不紊地运行，系统中必须设置进程同步机制。进程同步的主要任务是为多个进程（含线程）的运行进行协调。有两种协调方式：一是进程互斥方式，指诸进程（线程）在对临界资源进行访问时，应采用互斥方式；二是进程同步方式，指在相互合作去完成共同任务的诸进程（线程）间，由同步机构对它们的执行次序加以协调。

最简单的用于实现进程互斥的机制，是为每一个临界资源配置一把锁，当锁打开时，进程（线程）可以对该临界资源进行访问；当锁关上时，则禁止进程（线程）访问该临界资源。

4. 进程通信

在多道程序环境下，为了加速应用程序的运行，应在系统中建立多个进程，并且再为一个进程建立若干个线程，由这些进程（线程）相互合作去完成一个共同的任务。而在这些进程（线程）之间，又往往需要交换信息。例如，有3个相互合作的进程，它们是输入进程、计算进程和打印进程。输入进程负责将所输入的数据传送给计算进程，计算进程利用输入数据进行计算，并把计算结果传送给打印进程，最后由打印进程把计算结果打印出来。进程通信的任务是实现相互合作的进程之间的信息交换。当相互合作的进程（线程）处于同

一计算机系统时，通常在它们之前是采用直接通信方式，即由源进程利用发送命令直接将消息（message）挂到目标进程的消息队列上，以后由目标进程根据接收的命令从其消息队列中取出消息。

5. 调度

在后备队列上等待的每个作业，通常都要经过调度才能执行。在传统的操作系统中，包括作业调度和进程调度两步。作业调度的基本任务，是从后备队列中按照一定的算法选择出若干个作业，为它们分配其必需的资源（首先是分配内存）。将它们调入内存后，便分别为它们建立进程，使它们都成为可能获得处理机的就绪进程，并按照一定的算法将它们插入就绪队列。而进程调度的任务，则是从进程的就绪队列中选出一个新进程，把处理机分配给它，并为它设置运行现场，使进程投入执行。

3.2.3 存储器管理模块

主存储器（简称内存或主存）在计算机系统中起着非常重要的作用，用于保存进程运行时的程序和数据，是 CPU 可以直接存取的存储器。近年来，存储器的容量不断扩大、速度不断提高，但是仍然不能满足现代软件发展的需求。

存储器管理的主要对象是内存，主要任务是为多道程序的运行提供良好的环境，方便用户使用存储器，提高存储器的利用率及能从逻辑上扩充内存。为此，存储器管理应具有内存分配、内存保护、地址映射和内存扩充等功能。

1. 内存分配

操作系统在实现内存分配时，采取静态和动态两种方式。静态分配方式中，每个作业的内存空间是在作业装入时确定的；在作业装入后的整个运行期间，不允许该作业再申请新的内存空间，也不允许作业在内存中"移动"；在动态分配方式中，每个作业所要求的基本内存空间也是在装入时确定的，但允许作业在运行过程中继续申请新的附加内存空间，以适应程序和数据的动态增长，也允许作业在内存中"移动"。

为了实现内存分配，在内存分配的机制中应具有如下结构和功能：

①内存分配数据结构，该结构用于记录内存空间的使用情况，作为内存分配的依据。

②内存分配功能，系统按照一定的内存分配算法为用户程序分配内存空间。

③内存回收功能，系统对于用户不再需要的内存，通过用户的释放请求去完成系统的回收功能。

2. 内存保护

内存保护的主要任务是确保每道用户程序只在自己的内存空间内运行，彼此互不干扰。为了防止用户进程侵犯系统进程所在的内存区域，必须设置内存保护机制，以确保各个进程都只在自己的内存空间内运行。

一种比较简单的内存保护机制，是设置两个界限寄存器，分别用于存放正在执行程序的上界和下界。系统须对每条指令所要访问的地址进行检查，如果发生越界，便发出越界中断请求，以停止该程序的执行。如果这种检查完全用软件实现，则每执行一条指令，就要增加若干条指令去进行越界检查，但这将显著降低程序的运行速度。因此，越界检查都由硬件实现。当然，对发生越界后的处理，还将与软件配合来完成。

3. 地址映射

一个应用程序（源程序）经编译后，通常会形成若干个目标程序。这些目标程序再经过链接便形成可装入程序。这些程序的地址都是从"0"开始的，程序中的其他地址都是相对于起始地址计算的。这些地址所形成的地址范围被称为"地址空间"，其中的地址称为"逻辑地址"或"相对地址"。此外，由内存中的一系列单元所限定的地址范围称为"内存空间"，其中的地址称为"物理地址"。

在多道程序环境下，每道程序不可能都从"0"地址开始装入（内存），这就致使地址空间内的逻辑地址和内存空间中的物理地址不相一致。要使程序能正确运行，存储器管理必须提供地址映射功能，以将地址空间中的逻辑地址转换为内存空间中与之对应的物理地址。该功能应在硬件的支持下完成。

4. 内存扩充

存储器管理中的内存扩充任务，并非是扩大物理内存的容量，而是借助于虚拟存储技术，从逻辑上去扩充内存容量，使用户所感觉到的内存容量比实际内存容量大得多；或者是让更多的用户程序能并发运行。这样既满足了用户的需要，改善了系统的性能，又基本上不增加硬件投资。

虚拟内存在 Windows 操作系统中又称为"页面文件"，在 Windows 7 环境下可以查看和设置虚拟内存的情况。右击桌面上的"计算机"图标，在弹出的快捷菜单中选择"属性"命令，然后选择"高级系统设置"链接，在打开的"系统属性"对话框中选择"高级"选项卡，再在"性能"区域选择"设置"按钮，在打开的"性能选项"对话框中选择"高级"选项卡，即可看到图 3 - 7（a）所示的某台计算机的虚拟内存，总分页文件大小为 2 047 MB。在"虚拟内存"区域选择"更改"命令，打开如图 3 - 7（b）所示的"虚拟内存"对话框，可以看到当前计算机的虚拟内存为 C 盘的空间，用户可以更改虚拟内存的物理盘符和虚拟内存的大小。

3.2.4　设备管理模块

设备管理用于管理计算机系统中所有的外围设备，而设备管理的主要任务是，完成用户进程提出的 I/O 请求；为用户进程分配其所需的 I/O 设备；提高 CPU 和 I/O 设备的利用率；提高 I/O 速度；方便用户使用 I/O 设备。为实现上述任务，设备管理应具有缓冲管理、设备分配和设备处理，以及虚拟设备等功能。

1. 缓冲管理

CPU 运行的高速性和 I/O 低速性间的矛盾自计算机诞生时起便已存在。随着 CPU 速度迅速、大幅度的提高，此矛盾更为突出，严重降低了 CPU 的利用率。如果在 I/O 设备和 CPU 之间引入缓冲，则可以有效地缓和 CPU 和 I/O 设备速度不匹配的矛盾，提高 CPU 的利用率，进而提高系统吞吐量。因此，在现代计算机系统中，都毫无例外地在内存中设置了缓

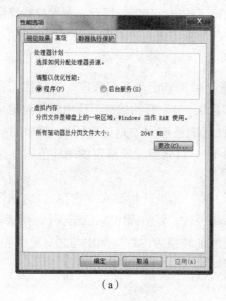
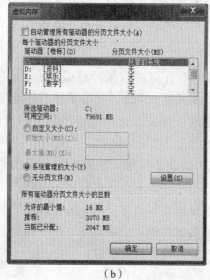

（a）　　　　　　　　　　　（b）

图 3 - 7　Windows 7 环境下的虚拟内存

（a）虚拟内存；（b）虚拟内存设置

冲区，并且还可以通过增加缓冲区容量的方法来改善系统的性能。

最常见的缓冲区机制有单缓冲机制、能实现双向同时传送数据的双缓冲机制，以及能供多个设备同时使用的公用缓冲池机制。

2. 设备分配

设备分配的基本任务，是根据用户进程的 I/O 请求、系统的现有资源情况，以及按照某种设备分配策略，为其分配其所需的设备。如果在 I/O 设备和 CPU 之间还存在着设备控制器和 I/O 通道，还须为分配出去的设备分配相应的控制器和通道。

为了实现设备分配，系统中应设置设备控制表、控制器控制表等数据结构，用于记录设备及控制器的标识符和状态。根据这些表格可以了解指定设备当前是否可用，是否忙碌，以供进行设备分配时参考。在进行设备分配时，应针对不同的设备类型而采用不同的设备分配方式。对于独占设备（临界资源）的分配，还应考虑到该设备被分配出去后，系统是否安全。设备使用完后，还应立即由系统回收。

3. 设备处理

设备处理程序又称为设备驱动程序。其用于实现 CPU 和设备控制器之间的通信，即由 CPU 向设备控制器发出 I/O 命令，要求它完成指定的 I/O 操作；反之，由 CPU 接收从控制器发来的中断请求，并给予迅速的响应和相应的处理。

处理过程一般是设备处理程序首先检查 I/O 请求的合法性，了解设备状态是否是空闲的，了解有关的传递参数及设置设备的工作方式。然后向设备控制器发出 I/O 命令，启动 I/O设备去完成指定的 I/O 操作。设备驱动程序还应能及时响应由控制器发来的中断请求，并根据该中断请求的类型调用相应的中断处理程序进行处理。对于设置了通道的计算机系统，设备处理程序还应能根据用户的 I/O 请求自动地构成通道程序。

3.2.5 文件管理模块

系统软件为了有效地管理整个计算机系统中的各种资源，并有效地组织应用软件的工作，方便人类使用计算机，采用了一些抽象的概念，并在这些抽象概念的基础上建立一套管理资源的软件系统。在文件系统的管理下，用户可以按照文件名访问文件，而不必关心具体的实现细节，例如，这些信息被存放在什么地方，是如何存放的，磁盘的工作原理是什么等，用于对计算机系统的各种资源实现统一管理和简化使用。其最基本的概念是文件和目录（也称为文件夹），所建立的软件系统称为文件管理系统，简称为文件系统（File System）。

1. 文件（File）

所谓文件，是指记录在存储介质上的一组相关信息的集合。在计算机系统中，文件既可以是程序，也可以是数据，甚至是声音、图像等，每个文件都有一个名称——文件名（File Name）。操作系统是按照文件名进行管理和读写文件的。

（1）文件命名

每个文件都有一个文件名，用户可以直接通过文件名来使用文件。文件的具体命名规则并没有统一的标准，不同的系统可能会有不同的要求。不过当前所有系统都支持使用长度为 1~8 个字符的字符串作为合法的文件名。因此，andre、bracer 和 Cathay 都可以用作文件名。数字和一些特殊字符也可以用于文件名，所以像 8、urgent！和 fig.7-1 通常也是有效的文件名。许多文件系统还支持长达 255 个字符的文件名。

有些文件系统会区分英文字母的大小写，如 UNIX，而有的系统则不会，如 MS-DOS。因此，在 UNIX 系统中，可以使用如下 3 个不同的文件名：maria、Maria 和 MARIA。但在 MS-DOS 中，这 3 个名字是等效的，描述的是同一个文件。

许多操作系统支持两部分组成的文件名，即主文件名和扩展名，两部分之间用点号"."分隔。比如 prog.c，点号后面的部分称为文件扩展名，它通常给出了与文件的类型有关的一些信息。在本例中，.c 表示这是一个 C 语言源文件。Windows 非常重视扩展名，并给它们赋予了含义。一些常用的文件扩展名及其含义见表 3-2。用户（或进程）可以向操作系统注册扩展名，并且为每种扩展名指定相应的应用程序。这样，如果用户双击一个文件名，那么系统就会自动运行相应的程序。例如，如果双击文件 file.doc，那么系统就会自动运行 Word 程序，并且打开这个文档。

表 3-2 一些典型的文件扩展名

扩展名	含义
.exe	可执行文件
.bak	备份文件

续表

扩展名	含义
. zip	压缩文件
. txt	一般文本文件
. pdf	pdf 格式文件
. mp3	符合 MP3 音频编码格式的音乐文件
. html	WWW 超文本标记语言文档
. jpg	符合 JPEG 编码标准的图片文件
. hlp	帮助文件

（2）文件属性

文件除了文件名，还有文件大小、文件位置、建立时间和日期等信息，这些信息称为文件属性。设置为"只读"属性的文件只能读，不能修改其内容，起保护作用；具有"隐藏"属性的文件在一般情况下是不显示的，可以通过修改"文件夹选项"对话框的设置，将隐藏文件变为可以看到的文件，但隐藏的文件和文件夹是浅色的，以表明它们与普通文件不同。

（3）文件操作

为了方便用户使用文件，文件系统提供了多种操作文件的方式，如新建文件、删除文件、打开和关闭文件、重命名文件等。在 Windows 7 环境下，文件的快捷菜单中存放了有关文件的大多数操作和文件属性信息，用户只需要单击右键打开相应的快捷菜单即可进行操作，如图 3 - 8 所示。

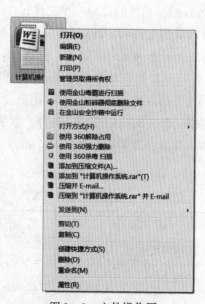

图 3 - 8　文件操作图

2. 文件存储管理

由文件系统对诸多文件及文件的存储空间实施统一的管理。其任务是为每个文件分配必要的外存空间，提高外存的利用率，并有助于提高文件系统的运行速度。文件系统存放在磁盘上，多数磁盘划分成一个或多个分区，每个分区中有一个独立的文件系统。Windows 中常见的文件系统是 FAT32 和 NTFS。在 Windows 7 环境下，通过选择"控制面板"→"管理工具"→"计算机管理"→"磁盘管理"命令可以查看磁盘各分区的文件系统，如图 3 – 9 所示。

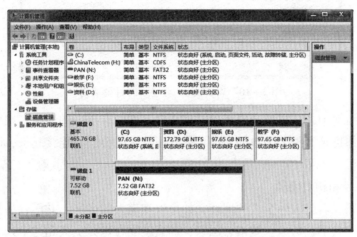

图 3 – 9　磁盘各分区的文件系统

3. 目录

文件的大多数操作主要是对文件的一些基本属性进行了解。无论文件的内容、大小是否相同，所有文件的基本属性项都是一致的。文件属性是描述文件自身的元信息。将所有文件都具有的一些共同属性栏目提取出来，就构成了一种结构——文件目录（简称目录，也称为文件夹）。

文件目录一般采用树形结构，整个目录结构像一棵倒置的树。在目录结构的顶部是一个称为根的目录，每个目录可以包含子目录和文件。在 Windows 系统下，可以直接通过资源管理器来查看目录结构，Windows 操作系统下的文件目录又称为文件夹（folder），文件夹和不同类型的文件采用不同的图标，因而很容易区分。Windows 7 环境下的文件目录的组织如图3 – 10 所示。

在树形目录结构中，文件可以存放在任何一级子目录下，这就类似于苹果可以生长在苹果树的任何一个树枝上一样。因此，从根开始，通过各级目录到达该文件就存在一条通路。反之，每个文件也都可以找到一条这样的通路。将这条通路上的所有目录名连接起来就形成了各个文件的确切地址——文件的路径或目录路径。

（1）路径和路径名

文件系统中的每个目录和文件都必须有一个名字，不同的目录中可以存放相同名称的文件。因此，为了唯一地标识一个文件，需要指明从根目录到该文件的文件路径，文件路径由它的绝对路径名（absolute path name）和相对路径名（relative path name）来指明。

图 3 – 10　Windows 7 环境下的目录结构

在树形目录结构中，从根目录到任何数据文件，都只有唯一的通路。在该路径上，从树的根开始，把全部目录文件名和数据文件名依次用特定的分隔符连接起来，即构成该数据文件的绝对路径名。

（2）绝对路径和相对路径

文件的绝对路径名就像一个人的地址，如果仅知道人的名字，并不容易找到这个人。另外，如果知道人的名字、街道、城市、国家，那么就能在世界上找到这个人。这个完全或绝对的路径名可能会很长。由于这个原因，一些操作系统提供了在特定情况下的短路径名，这就是相对路径名，它常和工作目录（working directory，也称当前目录，current directory）的概念一起使用。

用户可以指定一个目录作为当前的工作目录，此时文件使用的路径名只需从当前目录开始，逐级经过中间的目录文件，最后到达要访问的数据文件。这样，把从当前目录开始直到数据文件为止所构成的路径名，称为相对路径名。如果当前目录是 N:\OS，则绝对路径名为 N:\OS\Windows7. doc 的文件可以简单地用 Windows7. doc 来访问。相对路径名的形式更加简洁、方便，但是它的功能和绝对路径名是相同的。

4. 目录管理

目录管理的任务是为每个文件建立其目录项，并对众多的目录项进行有效的组织，以实现方便地按名存取。也就是用户只要提供文件名，就可对该文件进行存取。目录管理还能实现文件共享，提供快速的目录查询手段，以提高对文件的检索速度。

文件目录一般采用树形结构，整个目录结构像一棵倒置的树，在目录结构的顶部是一个称为根的目录，每个目录可以包含子目录和文件。在 Windows 系统下，可以直接通过资源管理器来查看目录结构，Windows 操作系统下的文件目录又称为文件夹（folder），文件夹和不同类型的文件采用不同的图标，因而很容易区分。

5. 文件的读/写管理和保护

（1）文件的读/写管理

该功能是根据用户的请求，从外存中读取数据，或将数据写入外存。在进行文件读

（写）时，系统先根据用户给出的文件名来检索文件目录，从中获得文件在外存中的位置。然后利用文件读（写）指针，对文件进行读（写）。一旦读（写）完成，便修改读（写）指针，为下一次读（写）做好准备。由于读和写操作不会同时进行，故可以合用一个读/写指针。

（2）文件保护

防止未经核准的用户存取文件；防止冒名顶替存取文件；防止以不正确的方式使用文件。

3.2.6 用户接口管理模块

1. 命令接口

（1）联机用户接口

这是为联机用户提供的，它由一组键盘操作命令及命令解释程序所组成。当用户在终端或控制台上每键入一条命令后，系统便立即转入命令解释程序，对该命令进行解释并执行该命令。在完成指定功能后，控制又返回到终端或控制台上，等待用户键入下一条命令。这样用户可以通过先后键入不同命令的方式来实现对作业的控制，直至作业完成。

（2）脱机用户接口

该接口是为批处理作业的用户提供的，故也称为批处理用户接口。该接口由一组作业控制语言 JCL 组成。批处理作业的用户不能直接与自己的作业交互作用，只能委托系统代替用户对作业进行控制和干预。这里的作业控制语言 JCL 便是提供给批处理作业用户的，为实现所需功能而委托系统代为控制的一种语言。用户用 JCL 把需要对作业进行的控制和干预事先写在作业说明书上，然后将作业连同作业说明书一起提供给系统。当系统调度到该作业运行时，又调用命令解释程序，对作业说明书上的命令逐条地解释执行。如果作业在执行过程中出现异常现象，系统也将根据作业说明书上的指示进行干预。这样，作业一直在作业说明书的控制下运行，直至遇到作业结束语句时，系统才停止该作业的运行。

2. 程序接口

该接口是为用户程序在执行中访问系统资源而设置的，是用户程序取得操作系统服务的唯一途径。它由一组系统调用组成，每一个系统调用都是一个能完成特定功能的子程序，每当应用程序要求 OS 提供某种服务（功能）时，便调用具有相应功能的系统调用。早期的系统调用都是用汇编语言提供的，只有在用汇编语言书写的程序中，才能直接使用系统调用；但在高级语言及 C 语言中，往往提供了与各系统调用一一对应的库函数，这样应用程序便可以通过调用对应的库函数来使用系统调用。但在近几年所推出的操作系统中，如 UNIX、OS/2 版本中，其系统调用本身已经采用 C 语言编写，并以函数形式提供，故在用 C 语言编制的程序中，可以直接使用系统调用。

3. 图形接口

用户虽然可以通过联机用户接口来取得 OS 的服务，但这时要求用户能熟记各种命令的名字和格式，并严格按照规定的格式输入命令，这既不方便，又花时间，于是，图形用户接

口应运而生。图形用户接口采用了图形化的操作界面，用非常容易识别的各种图标（icon）将系统的各项功能、各种应用程序和文件直观、逼真地表示出来。用户可以用鼠标或通过菜单和对话框来完成对应用程序和文件的操作。此时用户已完全不必像使用命令接口那样去记住命令名及格式，从而把用户从烦琐且单调的操作中解脱出来。

3.3 办公软件

3.3.1 简介

办公软件是最常用的应用软件，是我们处理日常信息的一种重要手段。办公软件属于应用软件，是软件开发商组织专业的软件人员设计编写出来的，是专门用于现代办公日常事务处理的软件。随着版本的更新，办公软件的功能越来越强大，除了文字处理、电子表格制作、演示文稿的创建，还涉及关系数据库的处理，以及桌面信息管理、网页制作等。许多办公软件的开发商把多种用途的常用办公软件集成起来，组织成办公软件包的形式。

随着计算机的普及和现代网络技术的发展，许多单位、部门已经实现了无纸化办公，国际化大公司已经采用远程办公模式，虚拟办公技术也已经接近成熟。因此熟练使用办公软件是当代大学生必备的素质。

当前主流的办公软件有美国 Microsoft（微软）公司的 Microsoft Office、IBM 公司的 Lotus Symphony 及我国的 KingSoft（金山软件）公司的 WPS。

（1）WPS

WPS（Word Processing System）意为文字编辑系统，是国内第一个完整的多模块组件式办公组合套件。它集编辑与打印为一体，具有丰富的全屏幕编辑功能，并且还提供了各种控制输出格式及打印功能，使打印出的文稿既美观又规范，基本上能满足各界文字工作者编辑、打印各种文档的需求。其最初出现于 1989 年。在微软 Windows 系统出现以前，DOS 系统盛行的年代，WPS 曾是中国最流行的文字处理软件，后续又推出了基于 Windows 平台的WPS97、WPS2000。2001 年 5 月，WPS 正式采取国际办公软件通用定名方式，更名为 WPS Office。在产品功能上，WPS Office 从单纯的文字处理软件升级为以文字处理、电子表格、演示制作、电子邮件和网页制作等一系列产品为核心的多模块组件式产品。在用户需求方面，WPS Office 细分为多个版本，包括 WPS Office 专业版、WPS Office 教师版和 WPS Office 学生版，力图在多个用户市场里全面出击。后续又不断升级完善，推出了 WPS Office 2002、WPS Office 2005、WPS Office 2007，现在最新的版本为 WPS Office 2016。

（2）Lotus Symphony

Lotus 是 IBM 公司的五大软件产品线（Information Management、Lotus、Rational、Tivoli、WebSphere）之一，是企业业务协作平台和集成工具。IBM Lotus Symphony 是 IBM Lotus 家族中一组优秀的办公套件，它提供免费下载和使用，支持的操作系统非常丰富，包括Windows、Linux、Mac OS X 等。

IBM Lotus Symphony 包括 3 个主要组件：IBM Lotus Symphony Documents（相当于微软

Office 的 Word）、IBM Lotus Symphony Spreadsheets（相当于微软 Office 的 Excel 电子表格）、IBM Lotus Symphony（相当于微软 Office 的 PowerPoint）。对于普通使用者来说，使用 3 个以上的组件时，完全在同一个软件窗口的不同卷标之间切换，大大降低了打开多个窗口的烦琐程度，也提升了启动速度。而对于开发人员来说，IBM Lotus Symphony 是建立在Eclipse之上的整合型的办公软件产品，可以通过 Eclipse 插件的形式来扩展该产品。

（3）Microsoft Office

Microsoft Office 是美国微软公司开发的办公软件，它为 Microsoft 和 Apple Macintosh 操作系统而开发。与办公室应用程序一样，它包括联合的服务器和基于互联网的服务。Office 最初出现于 20 世纪 90 年代早期，最初是指一些以前曾单独发售的软件的合集，最初的 Office 版本包含 Word、Excel 和 PowerPoint，另外一个专业版包含 Microsoft Access。随着时间的流逝，Office 应用程序逐渐整合，共享一些特性，例如拼写和语法检查、OLE 数据整合和微软 Microsoft VBA（Visual Basic for Applications）脚本语言，Office 也被认为是一个开发文档的事实标准。随着 Microsoft Windows 的不断升级，Microsoft Office 也经历了从 Office 95、Office 97、Office 2000、Office XP、Office 2003、Office 2007、Office 2010、Office 2013 版本的升级。

Microsoft Office 2010 包含了 7 个最常用、功能最强大的应用软件。

①Word 2010 是 Office 应用程序中的字处理程序，主要用来进行文本的输入、编辑、排版、打印等工作。

②Excel 2010 是 Office 应用程序中的电子表格处理程序，主要是用来进行有繁重计算任务的预算、财务、数据汇总、图表制作、透视图的制作等工作。

③PowerPoint 2010 是 Office 应用程序中的演示文稿程序，可用于单独或者联机创建演示文稿，主要用来制作演示文稿、幻灯片及投影等。

④Outlook 2010 是 Office 应用程序中的一个信息管理应用程序，提供了一个统一的位置来管理电子邮件、日历、联系人及其他个人和项目组信息。

⑤Access 2010 是 Office 应用程序中的数据库管理程序，主要拥有用户接口、逻辑和流程处理，可以存储数据。

⑥InfoPath 2010 是 Office 应用程序中的一款新产品，它是一种信息收集程序，使得在整个公司内收集和重用信息更加容易。

⑦Publisher 2010 是 Office 应用程序中完整的企业发布和营销材料解决方案。与客户保持联络并进行沟通对任何企业都非常重要，Publisher 2007 可以快速有效地创建专业的营销材料，可以在企业内部比以往更轻松地设计、创建和发布专业的营销和沟通材料。

在以上产品中，尤以微软公司开发的 Microsoft Office 办公软件最为流行，拥有全世界大多数办公软件用户，本节将以 Microsoft Office 2010 专业版为蓝本介绍 Word 2010、Excel 2010、PowerPoint 2010 办公软件的基本理论知识和效果。

3.3.2 Office 的具体介绍

1. 文字处理软件 Word 2010

文字处理软件是办公软件中使用最多的一种软件，经常用于制作和编辑办公文档，在文

字处理方面功能十分强大，使用户在办公过程中能够更加轻松、方便。Word 2010 作为文字处理软件，主要具有如下几个方面的功能。

（1）文档管理功能

能够进行文档的建立、搜索满足条件的文档、以多种格式保存、文档自动加密、自动保存和文档的恢复等操作。Word 2010 还在原有版本基础之上提供了数字签名、编辑文档属性、检查文档等准备功能。利用 Word 2010 的模板库和 Microsoft Office Online 官方网站上提供的丰富的模板，用户还可以方便地创建出具有专业水准的文档。例如可以利用新闻稿模板快速制作一张图文并茂的新闻报，如图 3－11 所示。

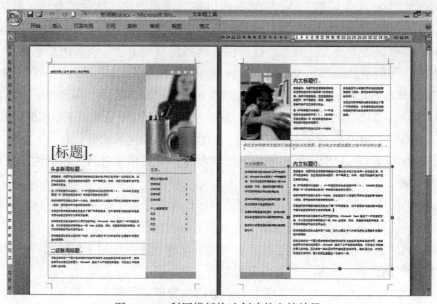

图 3－11　利用模板快速创建的文档效果

（2）编辑和排版功能

提供多种途径的输入方法，能够进行自动更正错误、拼写检查、简体繁体转换、大小写转换、查找与替换等；为段落、文本、页面等提供了丰富的排版格式，用户还可以通过样式快速定义格式、复制格式，Word 2007 提供了更为丰富的样式库，方便用户高效快捷地对文档进行格式设置。例如，利用图文混排功能实现毕业论文封面的制作，如图 3－12 所示。

图 3－12　图文混排效果

（3）表格和图形处理

可以在文档中方便地进行表格建立、编辑、格式化、计算、排序及生成图表等操作，

Word 2010 提供了比 Word 2007 更为丰富、美观的表格样式；还可以在文档中插入图片、文本框和艺术字等对象，能够对图形进行编辑、格式化等操作，实现图文混排。例如，利用"样式"功能在文中创建表格，如图 3 - 13 所示。

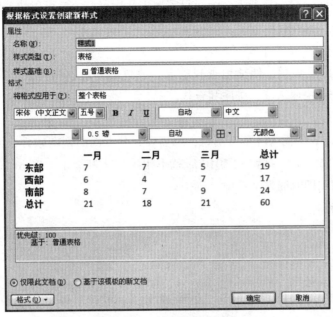

图 3 - 13　创建样式对话框

（4）高级功能

另外，还集成了文本的校对、审阅、目录生成等功能，用户可以根据自己的业务需求制作文档。例如，用户利用 Word 2010 可以制作出如图 3 - 14 所示的论文样张。

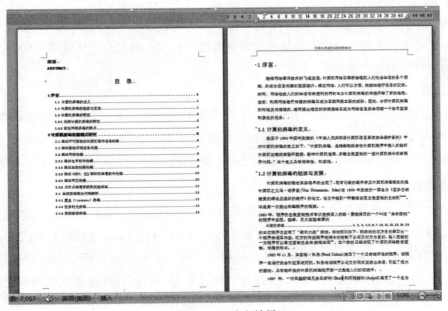

图 3 - 14　论文效果

Microsoft Word 从 Word 2007 升级到 Word 2010，其最显著的变化就是使用"文件"按钮代替了 Word 2007 中的 Office 按钮，使用户更容易从 Word 2003 和 Word 2000 等旧版本中转移。另外，Word 2010 同样取消了传统的菜单操作方式，取而代之的是各种功能区。每个功能区根据功能的不同，又分为若干个组，只需单击几次鼠标，就可以快速访问常用命令。主要的新增功能有以下几点：

（1）改进的搜索和导航体验

利用 Word 2010 可以更加便捷地查找信息，改进的导航窗格提供了文档的直观表达形式，对所需内容进行快速浏览、排序和查找。

（2）屏幕截图

以往需要在 Word 中插入屏幕截图时，都需要安装专门的截图软件，或者使用键盘上的 PrintScreen 键来完成，安装了 Word 2010 后就不用再这么麻烦了。Word 2010 内置了屏幕截图功能，并可将截图即时插入文档中。

（3）背景移除

在 Word 2010 中加入图片以后，用户还可以进行简单的抠图操作，而无须再启动 Photoshop 了。

（4）在线翻译

利用 Word 2010 可轻松翻译单词、词组或文档。可针对屏幕提示分别进行不同语言设置。

（5）文字视觉效果

在 Word 2010 中，用户可以为文字添加图片特效，例如阴影、凹凸、发光及反射等，同时，还可以对文字应用格式，从而让文字完全融入图片中。

（6）图片艺术效果

Word 2010 还为用户新增了图片编辑工具，无须其他的照片编辑软件，即可插入、剪裁和添加图片特效，也可以根据需要更改颜色饱和度、色调、亮度及对比度等，轻松、快速地将简单的文档转换为艺术作品。

（7）SmartArt 图表

SmartArt 图表是 Office 2007 引入的一个很酷的功能，可以轻松制作出精美的业务流程图，而 Office 2010 又增加了大量的新模板，还新添了多个新类别，提供更丰富多彩的各种图表绘制功能。也可以将图片转换为引人注目的视觉图形，以便更好地展示自己的创意。

2. 表格处理软件 Excel 2010

从 1983 年起，微软公司开始新的挑战，产品名称是 Excel，中文意思就是超越。先后推出了 Excel 4.0、Excel 5.0、Excel 6.0、Excel 7.0、Excel 97、Excel 2000、Excel 2002、Excel 2003，直至目前的 Excel 2016。Excel 因其具有的十分友好的人机界面、出色的计算和图表功能，而成为广大用户管理公司和个人财务、统计数据、绘制各种专业化表格的得力助手，是最流行的微机数据处理软件。本书以 Excel 2010 版为蓝本，介绍电子表格的创建、编辑、格式化及图表、数据的管理与分析等功能。

（1）表格制作与函数计算功能

可以方便地制作各种形式的电子表格，Excel 2007 提供了丰富的主题和样式，帮助用户创建外观精美、统一、专业的表格；提供了丰富的函数，可以对表格中的数据进行各种运算。

（2）图表功能

可以制作丰富直观的图表效果，Excel 2010 提供了大量的预定义图表样式和布局，用户可以快速应用一种外观精美的格式，然后在图表中进行所需的细节设置，如图 3 – 15 所示。

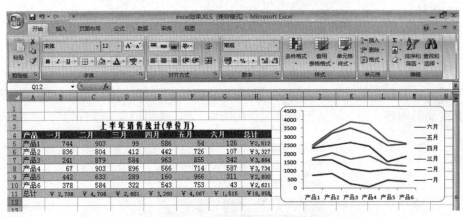

图 3 – 15　利用 Excel 2010 制作的表格和图表效果

（3）数据处理与统计功能

Excel 2007 集成了复杂的数据处理和统计功能，可以对数据进行排序和筛选，进行多级的分类汇总，进行数据的分析和预测功能，创建数据透视图或者透视表，如图 3 – 16 所示。

	A	B	C	D	G	H	I	J	K
20	19	201820721221	贾锋	18计算机1	0	6	40	0	12
21	20	201820721232	刘一	18计算机1	0	0	100	90	93
22	21	201820721241	肖男	18计算机1	0	0	100	32	52.4
23	22	201820721252	刘美赞	18计算机1	0	0	100	80	86
24	23	201820721271	张鹏具	18计算机1	0	0	100	80	86
25	24	201820721281	殷琴心	18计算机1	0	0	100	86	90.2
26	25	201820721291	黄帅东	18计算机1	0	0	100	77	83.9
27				18计算机1 最大值			100	93	95.1
28				18计算机1 平均值			92.4	73.2	78.96
57				18计算机2 最大值			100	89	92.3
58				18计算机2 平均值			83.5714	73.3214	76.3964
59				总计最大值			100	93	95.1
60				总计平均值			87.7358	73.2642	77.6057

图 3 – 16　利用 Excel 2010 进行分类统计

相对于以往版本，Excel 2010 新增的功能有：

（1）迷你图

所谓迷你图，就是单元格背景中的一个微型图表，利用它可以提供数据的直观表示。迷你图与 Excel 工作表中的图表不同，它可以在单元格中显示数值系列的趋势，或突出显示最大值、最小值。因此，对于那些可视化极强的数据显示业务来说，迷你图的应用十分有效。如图 3 – 17 所示。

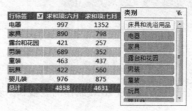

图 3－17　迷你图

（2）切片器

切片器是一种较为便捷的筛选组件，它拥有一组按钮，便于用户动态分割和筛选数据，以显示其需要的内容，而无须进行烦琐的查找选项工作。如图 3－18 所示。

图 3－18　切片器

（3）新的图标集

图标集是指根据数据值对不同类别的数据显示图标。例如，可以使用绿色向上箭头表示较高值，使用黄色横向箭头表示中间值，使用红色向下箭头表示较低值。Excel 2010 中的图标集在 Office Excel 2007 的基础上进行了一定的提升，使其拥有更多的图标集样式，其中包括三角形、星形和方框等。

（4）搜索筛选器

新的"搜索筛选器"可以在 Excel 表、数据透视表和数据透视图中进行数据筛选，根据条件进行数据搜索，它能够帮助用户在大型工作表中快速找到所需的数据内容。

（5）屏幕快照

屏幕快照就是快速屏幕截图。用户可以利用它来快速截取屏幕图像信息，并将其添加到工作簿中，然后利用"图片工具"选项卡上的工具对其进行编辑。

（6）图片艺术效果

图片艺术效果主要是对图片的显示状态进行设置，从而达到一定的视觉美感。在新增艺术效果中，主要包括铅笔素描、线条图形、水彩海绵、马赛克气泡、玻璃、蜡笔平滑、塑封、影印、画图笔画等。

3. 演示文稿软件 PowerPoint 2010

Microsoft Office PowerPoint 2010（简称 PowerPoint 2010）是集文字、图形、动画、声音

于一体的专门制作演示文稿的多媒体软件。使用它可以制作演讲稿、宣传稿、投影幻灯片等，生动、形象地表达使用者的意图。其主要功能有以下几个方面。

（1）可以制作内容丰富的演示文稿

可以创建包含文字、表格、形状、图片、声音和视频等内容的幻灯片，方便演讲者以形式多样的媒体信息展示内容，如图3-19所示。

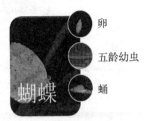

图3-19 利用 PowerPoint 2010 制作的演示文稿效果

（2）自定义动画使演示文稿妙趣横生

PowerPoint 2010 中高质量的自定义动画可以使演示文稿更加生动、活泼。用户可以创建很多动画效果，如同时移动多个物体，或者沿着轨迹移动对象，并且可以方便地安排动画效果的播放顺序及间隔时间等。如图3-20所示。

图3-20 动画效果示例

（3）轻松的幻灯片演示功能

幻灯片放映工具栏使用户在播放演示文稿时，可以方便地进行幻灯片放映导航，还可以使用墨迹注释工具、笔和荧光笔选项及"幻灯片放映"菜单命令轻松演示幻灯片。

（4）提供丰富的模板

可以使用丰富的模板来制作电子相册、日历等，如图3-21所示。

PowerPoint 2010 新增和改进的工具可以让用户创作出更加完美的作品，主要有以下新增功能：

（1）创建文稿

PowerPoint 2010 提供了新增和改进的工具，可以使演示文稿更具感染力。在 PowerPoint 中嵌入和编辑视频，可以添加淡化视频、实现视频格式转换、增加书签场景并剪裁视频，为演示文稿增添专业的多媒体体验。此外，由于嵌入的视频会变为 PowerPoint 演示文稿的一部分，因此，无须在与他人共享的过程中管理其他文件。

使用新增和改进的图片编辑工具可以微调演示文稿中的各个图片，使其看起来效果更佳。添加动态三维幻灯片切换和更逼真的动画效果，吸引观众的注意力。使用可以节省时间

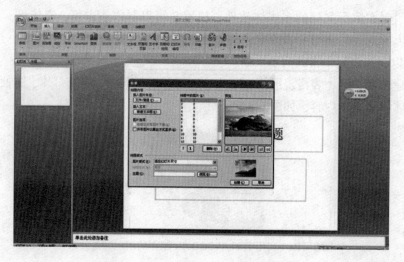

图 3 – 21　　PowerPoint 2010 电子相册

和简化工作的工具管理演示文稿，以自己期望的方式工作，创建和管理演示文稿变得更简单。

（2）协同工作

使用新增的共同创作功能，可以与不同位置的人员同时编辑同一个演示文稿，甚至可以在工作时直接使用 PowerPoint 进行通信。如果所在的公司运行 Microsoft SharePoint Foundation 2010，则可以在防火墙内使用此功能。由于在全套 Office 2010 中集成了 Office Communicator，因此可以查看联机状态信息，确定其他作者的可用性，然后在 PowerPoint 中直接启动即时消息或进行语音呼叫。如果在小型公司工作或使用 PowerPoint 来完成家庭或学校作业，则可以通过 Windows Live 使用共同创作功能。所需要的只是一个免费的 Windows Live 账户，用来与他人同时编辑演示文稿。需要即时消息账户（例如免费的 Windows Live Messenger）来查看作者的联机状态并启动即时消息会话。

（3）共享内容

Microsoft PowerPoint Web App 是 Microsoft PowerPoint 的联机伴侣，可以将 PowerPoint 体验扩展到浏览器。可以查看演示文稿的高保真版本、编辑灯光效果或查看演示文稿的幻灯片放映。几乎可以从任何装有 Web 浏览器的计算机上使用熟悉的 PowerPoint 界面和一些相同的格式与编辑工具。Microsoft PowerPoint Mobile 2010 可以在 Smartphone 上轻松编辑演示文稿的灯光效果。无论是在定位职业方向或是与团队协同完成重要的演示文稿，PowerPoint 2010 都可以帮助用户更轻松、更灵活地工作，并实现目标。

（4）即时显示和播放

通过发送 URL 广播 PowerPoint 2010 演示文稿，人们可以在 Web 上查看演示文稿。访问群体将看到高保真幻灯片，即使他们没有安装 PowerPoint，也没有关系，可以将演示文稿转换为带有旁白的高质量视频，以便通过电子邮件、Web 或 DVD 与任何人共享。

（5）切换和改进的动画

PowerPoint 2010 提供了全新的动态幻灯片切换和动画效果，与在电视上看到的画面效果相似。可以轻松访问、预览、应用、自定义和替换动画，还可以使用新增动画刷轻松地将动画从一个对象复制到另一个对象。

（6）多个监视器处理

在 PowerPoint 2010 中，每个打开的演示文稿都具有完全独立的窗口，因此可以单独、并排甚至在不同监视器中查看和编辑多个演示文稿。

3.4　交互式使用方法

计算机的拟人化结构的特征，使得使用计算机的过程相当于人机交流，而交流的最基本、最直接的方法是交互。人们坐在计算机前面直接与计算机交流，从而直接使用计算机，这种方式称为交互式使用方法。

一般地，计算思维隐藏在能力培养内容中，要靠学生"悟"出来，本节将详细阐述计算思维软件的交互式使用方法，使学生对软件有关基本问题求解方法有所认识，进而从中了解计算思维的基本方法，培养计算思维的基本能力，让学生自觉地去学习、去思考、去实践。

3.4.1　系统软件交互式使用应用模式

系统软件特别是针对交互式使用的图形用户操作界面的设计和实现，蕴含了计算机软件的各种设计思想，相应地，系统软件交互式使用中蕴含了各种应用模式，对这些应用模式的学习和理解，可以深入认识系统软件人性化设计的理念，有助于在操作中做到触类旁通。

1. 自然化模拟

当前计算机技术虽然不能完全实现人以自然交互的方式与计算机交流，但是人们在构造软件时一直在不断努力，最主要的表现是操作界面的自然化模拟。

（1）图标

系统软件中的图标通常被设计成一个比较直观和直接的图形或动画，能快速地约束语义，特别在操作型语义表达方面，图标更具有其特殊作用。因此，基于图形用户界面的现代软件中都大量采用图标。如果软件使用者可以"用图生意"去理解图标及其功能，那么就能熟练掌握计算机操作，比如 与鼠标有关、 与打印机有关等。

（2）桌面

桌面是指使用系统软件时的屏幕画面，它实际上是类似于人们工作的办公桌，坐在计算机前就像坐在办公桌前一样，办公桌上可以放一些办公用品，比如电话、台历、笔、纸及一些暂时不看的书等。同样，计算机桌面上也可以放一些工作时需要的物品，比如废纸篓（回收站）、文件夹（我的文档）、连接网络的工具（拨号连接）、计算器、记事本等，而这些都是通过图标的形式给出的。

2. 个性化设计理念

使用者可以按其爱好和需要对系统软件本身进行调整，从而实现系统软件的个性化，这

种调整可以是扩展或者缩减，也可以是对一些参数的不同选择设置。

系统软件将各种可以独立的数据部分以参数形式抽象出来，通过给参数赋予不同值来实现个性化要求。比如，屏幕各种显示颜色及其搭配调整、为工作桌面覆盖一张个人的生活照、更换一个图标、调整缓冲器的大小、调整磁盘交换区空间大小等；系统安装时，对各种参数都设定了默认值，这些默认值体现了大众化及通用性，使用者可以不做调整而直接使用，也可以按自己的喜好进行调整。

3. 使用方法的实现方式

交互式使用方法的实现如果是基于菜单方式的，那么就是以动作的对象为中心，先确定动作对象，后确定动作，动作的确定已经统一为菜单；如果是基于命令方式的，则是以命令语言为主体，操作的基本模式是先确定动作，后确定动作对象，通过输入命令完成。

交互式使用方法的实现正在从过去的基于命令方式向基于菜单方式转变，这种变化不仅是操作方法的改变，也是认识思维的变迁，其本质反映了人类对软件本身的认识的深入，使软件技术由以功能型为主转变为以数据型为主，最终演化为对象模型技术。

一般而言，选择对象的数量可能是一个、多个或者全部，因此，系统软件对对象的选择进行了归纳，进而形成统一的操作模式。比如，Windows 操作系统中，将对象选择模式定义为单个选择、连续多个选择、非连续多个选择、全部选择和反向选择五种基本模式，并规定通过 Shift 键配合鼠标实现连续多个对象选择，通过 Ctrl 键配合鼠标实现非连续多个对象选择。

4. 建立向导机制

普通使用者面对与系统有关、较为复杂的操作或者涉及较多功能和参数设置时，处理起来有一定的困难，因此，系统软件设计中建立了向导机制。通过向导的指导，使用者按步骤进行，最终完成复杂问题的解决。

为了更好地使用向导机制，使用者必须对所向导的抽象假设前提有所理解，否则，就不能熟练回答向导操作步骤中的问题。向导机制对要处理的问题所涉及的操作进行了重新整理和安排，并给出了一定的解释，让操作简单化。比如，软件的安装可以自己完成，也可以通过安装向导完成，但两者需要理解的概念基本是一致的，只是通过安装向导，相对零碎的操作已由系统自动完成，整个安装过程简洁很多。

5. 树形结构组织和管理

在所有的软件操作中，凡是涉及资源的地方，都会通过浏览按钮或下拉列表、列表框等方式打开树形结构，以方便查找，因此，所有的操作都是建立在树形结构资源管理的思想基础之上的。隐藏在整个系统软件中的资源的树形结构组织和管理，发挥着深远的影响。

6. 计算机网络世界

随着网络不断深入社会的各个角落，网络连接和访问成为系统软件必备的功能。通过网络构成计算机虚拟社会，这个虚拟社会中，系统软件将所使用的计算机看成是网络中的一台计算机，而使用的计算机桌面则是面对整个计算机网络世界的，计算机的操作视野要比人类现实社会的操作视野广得多。比如，可以将一个文件发送到一台打印机上，而该打印机可以不在本地；可以将远在国外的某个计算机中的图片发送到自己的一个文件夹中；可以查阅世界各地的计算机前沿技术文献等，而这些仅需要在网络世界中为自己的计算机设置一个地址就可以了。

7. 信息共享机制的实现

自然生活中，人们在剪报时，首先寻找感兴趣的信息资料，然后将其复制或剪下来，并将其粘贴到一个本子的某个空白处，以后需要时就可以使用。现在计算机系统软件为了在不同的人、不同的文件之间共享多元化信息，也提供了剪贴板和剪贴簿技术，其思想与自然生活中的剪报十分类似，剪报时的操作完全适用于剪贴板和剪贴簿。

剪贴板是指内存中的一块区域，用于暂存需要共享的信息；剪贴簿是在剪贴板基础之上发展起来的，它提供了多个不同信息的实时共享机制，并支持通过网络共享。

3.4.2　应用软件交互式使用应用模式

应用软件是运行在系统软件之上，通过系统软件从而达到访问计算机硬件资源的目的。因此，应用软件的运行受到系统软件的控制和管理。为了实现对应用软件的统一管理，必然会对应用软件的基本形态做出统一的规定。

1. 应用软件的启动与退出

基于系统软件的各种应用软件的运行，就是在系统软件中启动一个用于处理特定问题的任务。应用软件的启动和退出是通过系统软件的相关操作完成的。为了方便应用程序的启动，系统软件提供了多种寻找程序资源的方法。

（1）从"开始"菜单启动

通过"开始"菜单是启动各种应用程序最常见的方法。比如，要启动 Word 2007，具体操作为：单击"开始"→"所有程序"→"Microsoft Office"→"Microsoft Office Word 2007"。类似地，启动其他应用程序也可以通过这种方式进行。

（2）快捷方式

对于经常使用的程序，可以在桌面上建立快捷方式，这样以后每次启动时，只要打开快捷方式即可，计算机会自动寻找相应程序并启动。快捷方式的表示图标是一个左下角带有一个小箭头的原程序对象的图标，小箭头表示指向原程序对象。比如，可以将 Office 2007 组件程序的快捷方式图标建立在桌面上，双击快捷方式图标启动应用程序。创建 Word 2007 桌面快捷方式的具体操作是：单击"开始"→"程序"→"Microsoft Office Word 2007"图标，单击鼠标右键，在弹出的快捷菜单中选择"发送到"→"桌面快捷方式"。

（3）关联方式

在 Windows 操作系统中，通过文件名的扩展名部分识别某种工具适用的范围和对象，工具与其适用的范围和对象之间的联系称为关联。比如，.doc 是与 Word 工具关联的；.txt 是与记事本工具关联的；.bmp 是与画图工具关联的等。

（4）自动方式

自动方式是利用系统软件提供的搜索工具，通过提供的各种查找条件或者利用通配符实现在整个树形结构的模糊查找。这种方式的查找是一种穷举方法，时间较长，对于偶尔使用的资源或不知道其具体位置的资源，可以通过这种方式进行查找。

2. 应用软件与其处理对象

任何应用软件都是面向特定应用领域的，具有一定的适用范围和适用对象。因此，应该从应用软件的处理对象角度来学习和理解应用软件的各种概念和操作，只要理解了处理对象，就可以轻松地掌握应用软件本身。

应用软件与其处理对象的关系体现了普遍性和特殊性关系的一种映射。各个具体的处理对象是特殊性问题，而应用软件则是在这些特殊性问题基础上抽象出来的普遍性问题。比如，在 Office 2007 的学习中，Excel 应用软件是面向电子表格处理的，处理对象是工作簿，而工作簿实际上侧重于数据计算与管理；Word 应用软件是面向文档处理的，处理对象是文档，而文档实际上侧重于编辑与排版。

对象的特殊性在其操作界面的功能区也有所体现。Office 2007 组件的功能区由许多不同的选项卡组成，每个选项卡包含若干个命令按钮。选项卡中的命令按钮按照功能被划分成组，为用户提供了多种多样的操作设置选项。值得注意的是，这些选项卡有些是普遍存在的，另外一些则是根据对象的特殊性而有所不同。例如，在 Word 2007 中，选项卡包括"开始""插入""页面布局""引用""邮件""审阅"和"视图"，而在 Excel 2007 中，功能区除了包括"开始""插入""页面布局""审阅"和"视图"等普遍存在的选项卡以外，还有其特有的"公式""数据"等选项卡。

在学习 Office 2010 组件的过程中，学生需要理解各种处理对象的特殊性，从而找到学习整个应用软件的普遍方法。

3. 应用软件的普遍使用过程

尽管各种应用软件对其处理对象的抽象定义名称不同，比如 Word 中称为文档、Excel 中称为工作簿、PowerPoint 中称为幻灯片、FrontPage 中称为网页、Access 中称为数据库，但从系统软件的资源管理角度来看，这些处理对象都可以归为"文件"。因此，掌握应用软件使用过程中普遍存在的规律，有利于学习者今后对各类应用软件的自我学习。

（1）菜单的组织

应用软件的功能通过菜单实现，菜单的组织具有一定的规律，一般提供一组相关命令的清单与操作，包括与资源管理有关的操作、与编辑有关的操作、与查看有关的操作、与自身特殊应用有关的操作、与联机帮助手册有关的操作和与界面窗口布局及调整有关的操作几部分。其中，除与自身特殊应用有关的操作外，其他部分的操作模式和设计思想基本上具有一致性。

菜单中有许多标记，它们表示不同的意义。了解这些菜单标记，可以更加方便地使用菜单。

菜单项：其类型包括普通菜单项；灰色菜单项，表示在当前情形下不能被选取；带

"…"的菜单项，选择后会弹出一个相应的对话框；带"▶"的菜单项，选择后会弹出下一级菜单（称为级联菜单）。

快捷键：指菜单项后面列出的组合键名，表示不打开菜单而直接按下该组合键即可执行该命令。

命令字母：指菜单项后面括号中的英文字母，表示打开菜单后，按该字母键也可以执行相应命令。

分隔线：对菜单按功能进行分组。

级联菜单：选择带"▶"符号的菜单项时，弹出下一级菜单（子菜单）。

因此，真正领会了一个应用软件的菜单组织结构和一些设计思想后，对其他应用软件，也可以触类旁通。

（2）使用基本过程

所有应用软件的基本使用过程都是围绕资源的建立和使用而展开的，通用的流程为：

① "新建"→与应用相关的具体操作→"保存"或者"另存为"。

② "打开"→与应用相关的具体操作→"保存"或者"另存为"。

（3）与资源管理的关系

在应用软件的基本使用过程中，虽然各个应用软件的具体处理环节是不同的，但是建立和结束这两个环节的方式却是完全相同的，都涉及系统软件中的资源管理，与资源管理树形结构密切相关。

建立环节：当使用某种应用软件工具建立资源时，有两种情况，即建立一个空白新资源或者利用一个已经存在的资源，在其基础上建立一个新资源。如在使用 Excel 2007 建立工作簿时，可以通过单击"开始"按钮，在展开的菜单中选择"所有程序"，移动鼠标选择"Microsoft Office"，单击选择"Microsoft Office Excel 2007"建立新的工作簿；也可以双击扩展名为".xlsx"的 Excel 文件，在其基础上建立新资源。

结束环节：当一个新资源构建完成后，必须将其保存到外存中。为此，应用软件一般在其第一个菜单文件中提供了"保存"和"另存为"两个命令。这两个命令对于新建的资源而言，功能是一致的，无论是"保存"还是"另存为"，都必须明确给定保存的位置、名称和类型。

另外，如果在应用软件中没有执行保存操作，则当关闭应用软件时，会弹出一个类似于图 3 - 22 所示的对话框，要求使用者确认是否要保存本次所做的编辑工作。

图 3 - 22 确认对话框

关于基本使用过程的中间环节，尽管与各个应用软件的具体处理方法有关，但是还是存在着各种各样的相似规律，可以挖掘其中的一些应用模式，读者可以在具体操作中不断归纳总结并做到灵活运用，从而加深对这些软件的理解。

习 题

1. 什么是操作系统？操作系统主要由哪些部分组成？

2. 存储管理有哪几种方式？分别简述其特点。

3. 什么是虚拟存储？如何实现虚拟存储？

4. 设备管理的目标和功能是什么？

5. 操作系统主要工作在哪些计算环境中？

6. 列举几种典型操作系统的名称。

7. 实际操作系统更新与还原。

8. 如何在文本中进行查找和替换？

9. 在 Word 中如何生成一个目录？

10. 在 Word 中怎样截取屏幕图片？

11. 简述 Excel 中文件、工作簿、工作单元格之间的关系。

12. 如何设置工作表的边框和底纹？

13. 简述幻灯片母版的作用。

14. 对于多张幻灯片，希望进行分组管理，该如何设置？

15. 怎样对幻灯片中的文字、图片设置动画效果？

第 4 章

多媒体技术

多媒体技术的应用日益普及，给人们的生活、工作带来了越来越多的便利。随着计算机技术和数字信息处理技术的发展，使得计算机具有综合处理声音、文字、图形、图像、动画和视频信息的能力，它以丰富的图、文、声、像等媒体信息和友好的交互性，极大地改善了人机界面，改变了人们使用计算机的方式。本章围绕多媒体的关键技术，介绍了多媒体计算机系统组成、多媒体压缩编码技术、多媒体存储技术及多媒体传输技术等。

4.1　多媒体计算机技术概述

4.1.1　多媒体计算机的概念

媒体（Medium）在计算机领域中有两个含义：一个是指用于存储信息的实体，如磁盘、磁带、光盘和半导体存储器；另一个是指信息的载体，如数字、文字、声音、图形图像和视频等。

国际电话电讯咨询委员会（International Telephone and Telegraph Consultative Committee，CCITT）将媒体分为五类：

①感觉媒体：指人类通过其感官直接能感知的信息（声音、文字、图像、气味、冷热等）。感觉媒体可以通过各类传感器生成相应的模拟电信号（模拟信息），例如声音、文字、图像及物质的质地、形状等。

②表示媒体：指由感觉媒体生成的模拟电信号，经编码器转换为相应的数字电信号（数字信息）。即以二进制编码形式存在和传输信息的媒体。例如语言、图像、视频的编码方式。

③显示媒体：指信息输入媒体（键盘、摄像头、麦克风等）与输出媒体（显示屏、打印机、扬声器等）。

④存储媒体：指对信息存储的媒体（硬盘、光盘、ROM、RAM 等）。

⑤传输媒体：指承载与传输模拟或数字信息的媒体。这类媒体包括双绞线、同轴电缆、光纤等。

各种媒体之间的关系如图 4－1 所示。

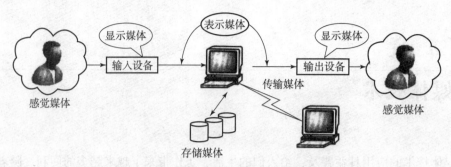

图 4 - 1　各种媒体之间的关系

多媒体是融合两种或两种以上感觉媒体的人机互动的信息交流和传播媒体。在这个定义中，包含以下含义：

①多媒体是信息交流和传播的媒体，从这个意义上来说，多媒体和电视、报纸、杂志等媒体的功能是一样的。

②多媒体是人机交互媒体，这里所指的"机"，主要是计算机，或者是由微处理器控制的其他终端设备。交互性是多媒体的重要特性，也是区别于模拟电视、报纸、杂志等传统媒体的重要特性。

③多媒体信息都是以数字的形式而不是模拟信号的形式存储和传输的。

④传播信息的媒体种类多样，如文字、声音、图像、图形、动画等。虽然融合任何两种或两种以上的媒体称为多媒体，但通常认为多媒体中的连续媒体（声音和电视图像）是人机互动的最自然的媒体。

4.1.2　多媒体技术的发展历史

多媒体技术伴随着计算机技术的发展，经历了以下几个阶段：

1. 视窗的出现

1984 年，美国苹果（Apple）公司在 Macintosh 机上引入了视窗的概念，即将计算机的界面设计为窗口和图标，用鼠标和菜单取代了键盘操作，使计算机操作变得简单、方便。计算机使用者不用再输入烦琐的指令，而是使用鼠标，通过单击窗口中的图标，实现相应的功能。

1985 年，美国微软（Microsoft）公司推出了 Windows，它是一个多用户的图形操作环境。由于 Windows 界面具有友好的多层窗口操作功能，使非专业人员能很快学会使用计算机，从而打开了计算机的销路，将视窗概念带入了千家万户。

2. 第一台多媒体计算机

1985 年，美国 Commodore 公司推出了世界上第一台多媒体计算机 Amiga，经过不断完善，形成一个完整的多媒体计算机系列。Amiga 机采用了 Motorola M68000 微处理器作为中央处理器（CPU），并配置了动画制作芯片 Agnus 8370、音响处理芯片 Pzula 8364 和视频处理芯片 Denise 8362 等专用芯片，大大提高了处理图像、音频、视频、文字等信息的速度。

3. 交互式系统的出现

交互式系统的出现是多媒体技术雏形。1986年，荷兰的飞利浦公司和日本的索尼公司联合研制并推出了CD－I（Compact Disc Interactive，交互式光盘系统），并公布了该系统所采用的CD－ROM光盘的数据格式。该项技术对大容量存储设备光盘的发展产生了巨大影响，经过国际标准化组织（ISO）认证成为国际标准。该系统为存储和表示声音、文字、静止和动画图像等媒体提供了有效手段。用户可以将电视机、显示器与该系统相连，通过操纵鼠标、操纵杆、遥感器等装置，选择感兴趣的视听内容进行播放。

1987年，美国无线电（RCA）公司研制了交互式数字视频系统DVI（Digital Video Interactive），并制定了DVI技术标准。该系统以计算机技术为基础，用标准光盘来存储和检索静态图像、动态图像、声音等数据，全部工作由微型计算机控制完成，实现了彩色电视技术与计算机技术的完美结合。

4. 多媒体标准的制定

1987年，成立了交互声像工业协会，后改名为交互多媒体协会（Interactive Multimedia Association，IMA）。1990年11月，微软公司和飞利浦等多家厂商召开了多媒体开发者大会，成立了多媒体计算机市场协会，并制定了多媒体个人计算机（Multimedia Personal Computer）的第一个标准MPC1。该标准对多媒体计算机所需要的软件和硬件规定了最低标准和指标，促进了多媒体计算机生产和销售的统一化和标准化。

1993年，多媒体计算机市场协会制定了第2代多媒体个人计算机标准MPC2，提高了基础部件的性能指标。

1995年，多媒体计算机市场协会制定了第3代多媒体个人计算机标准MPC3。在提高基础部件的基础上，增加了全屏幕、全动态视频及增强版CD音质的音频和视频标准。

目前多媒体计算机的配置已远远高于MPC3的标准。1995年之后，随着国际互联网的普及，多媒体技术由单机系统向网络系统发展，促进了多媒体的普及和应用。

4.1.3 多媒体技术的特点

多媒体技术有以下几个特点：

1. 多样性

多媒体的多样性是指信息的多样化。比如输入信息时，除了可以使用键盘、鼠标外，还可以用声音、图像或触摸屏。

2. 集成性

多媒体技术是多种媒体和多种技术的综合应用。多媒体的集成性一方面指将单一的、零散的媒体有机地组合成一体，形成一个完整的多媒体信息；另一方面指把不同的媒体设备集成在一起，形成多媒体系统。多媒体系统将信息采集设备、处理设备、存储设备、传输设备等不同功能、不同种类的设备集成在一起，共同完成信息处理工作。例如，多媒体家用系统就是将电视、录像、网络、计算机等设备集成为一体，在播放节目的同时，显示声音、图

像、文字等，可以在家中通过电视上的菜单选择电视节目或片段，由机顶盒将选择的信息通过网络发送给节目制作中心，再通过网络将所要求的信息送回到机顶盒，并通过电视机显示出来。

3. 交互性

多媒体的交互性是指在处理文字、声音、图形和图像等多种媒体时，不是简单地堆积，而是将多种媒体相互交融、同步、协调地进行处理，并将结果综合地表现出来。例如，多媒体教学不仅展示文字内容，而且在文字内容播放中穿插图片、声音、动画，甚至是视频，这些媒体相互交融，从而达到良好的教学效果。多媒体的交互性也体现在使用者可以和计算机系统按照一定的方式交流，按照自己的思维习惯和意愿主动地选择和接收信息，可以控制何时呈现何种媒体，拟定观看内容的路径。

4. 数字化

数字化是指多媒体中的各种媒体都是以数字形式表示的。由于多媒体需要在计算机运行下进行综合处理，而计算机只能处理和存放数字信息，所以非数字化的声音、图像等媒体都要在多媒体计算机系统中进行数字化处理，以数字的形式存储和传播。

5. 实时性

多媒体系统的多种媒体之间，无论在时间上还是空间上，都存在着紧密的联系，是具有同步性和协调性的群体。如音频、视频和动画，甚至是实况信息媒体，它们要求连续处理和播放。多媒体系统在处理信息时，要有严格的时序和很高的处理速度。

多媒体系统要实时地综合处理声、文、图等多种媒体信息，就需要采用与处理文本信息不同的技术。

4.1.4 多媒体技术的应用

随着计算机技术和网络技术的快速发展，多媒体技术已经被广泛应用于工业、农业、服务、教育、通信、军事、金融、医疗等各个行业，极大地改变了人们的生活方式、生产方式和交互环境，给人们的生活带来了前所未有的新体验，也促进了社会的进步和经济的发展。

1. 工业应用

计算机早已在工业自动化控制上得到了广泛的应用，而多媒体技术的加入则使工业自动化提升到了一个更高的层面。当前，多媒体技术在工业方面的应用主要表现在：①改变了产品的设计制造方式，如产品的虚拟设计和虚拟制造技术大大降低了开发成本、缩短了研发周期。②对高危型生产现场进行远距离监控，如在化工生产车间，为了避免有毒化学物品对人体的伤害，使用自动化控制技术与多媒体技术相结合。一方面，采用视频监控，可以实时观测车间内的异常情况；另一方面，控制人员在控制室就能直观控制生产的每一个环节，如调节温度、pH 等。③改变了人与机器设备的交互方式。传统的工业控制设备往往以单纯的仪表检测、数据输出居多，而现代化的监测设备则利用多媒体技术中丰富的图像和语音技术等优势，使得人机交互更加人性化。

2. 农业应用

信息技术是农业现代化建设的必要手段。当前，多媒体技术在农业中的应用也越来越广泛，农业生产过程管理和控制、病虫害的诊断、动植物生长状况监测等，都离不开多媒体信息的采集、存储、传输和综合处理与分析。如在病虫害诊断过程中，由于病虫害种类繁多，诊断难度大，采用多媒体技术通过采集病虫害图像、处理与分析相应特征、建立病虫害多媒体数据库、开发相关诊断系统，则可以大大降低诊断和辨别的复杂程度。在动植物生长状况监测系统中，可以通过视频或图像的定期采集、处理、测量与分析，获取其生长参数，从而分析其不同生长时期的营养成分和环境状况，为动物养殖和植物栽培提供科学指导。此外，在农业科研试验中，还可以利用虚拟现实技术模拟动植物在三维空间中的形态结构、生长发育过程及不同环境影响下的不同生长状况，并通过相应的生长模型预测未来生长趋势，发现传统研究方法和技术手段难以观察到的规律。

3. 教育与培训

多媒体技术为学习者提供了良好的教育环境，把文、图、声、像等媒体和计算机程序融合在一起，教学手段更加多样化，教学内容更加丰富多彩，使学习者进入了一个全方位、多渠道的感知世界，促进了人的思维发展，调动了学习者的积极性和主动性。此外，多媒体技术与网络技术的结合也推动了远程教学和网络开放式教学的发展，它使得教育不受空间、时间和地域发展的限制，学习者可以跨越国家、地区接受到最优秀的教育。该模式下的教学为开展终身教育和真正实现个性化教育提供了便利条件。

4. 医疗行业应用

在医疗行业，实时动态视频扫描、声影处理技术都是多媒体技术成功应用的例证，多媒体和网络技术的应用使远程医疗从理想变成现实。自20世纪90年代起，多媒体技术、通信技术与医疗技术的结合——远程医疗技术引起了各国政府和各医疗部分的高度重视和支持。在远程医疗系统中，利用电视会议进行音频视频的实时传输，医生和病人可以实现"面对面"交谈，从而为远程咨询和检查提供了便利条件。病人的各种化验单、医学影像也可以通过远程医疗系统从一家医院精确地传输到另一家医院，利用视频会议，不同医院的医生也可以共同进行远程会诊。此外，手术期间的视频也可以进行实时传输，供远程专家进行手术过程的全程监控和指导。

5. 多媒体通信

集多媒体信息于一体的多媒体通信技术是现代通信技术和多媒体计算机技术相结合的产物，如多媒体会议系统、数字网络图书馆系统、远程教学系统、视频/多媒体点播系统等。多媒体计算机、电视、网络的结合将形成一个极大的多媒体通信环境，它不仅改变了信息传递的面貌，带来通信技术的大变革，而且计算机的交互性、通信的分布性和多媒体的现实性相结合，将构成继电报、电话、传真之后的第四代通信手段，向社会提供全新的信息服务。

伴随着社会信息化步伐的加快，特别是全球范围"信息高速公路"热潮的推动，多媒体的发展和应用前景将更加广阔，多媒体技术也一定向着网络化、集成化、智能化方向

发展。

①多媒体技术网络化发展。目前，有线电视网、通信网和因特网三网正在日趋统一，各种多媒体系统尤其是基于网络的多媒体系统，如可视电话系统、点播系统、电子商务、远程教学和医疗等将会得到迅速发展。一个多点分布、网络连接、协同工作的信息资源环境正在日益完善和成熟。

②多媒体技术集成化发展。在未来的多媒体环境下，各种媒体并存，视觉、听觉、味觉、嗅觉和触觉媒体信息的综合与合成，需要除了"显示"之外更多的媒体表现形式。虚拟现实技术则提供了一种人机交互的全新方式。在模式识别、全息图像、自然语言理解和新的传感技术等基础上，利用人的多种感觉通道和动作通道，通过数据传输和特殊的表达方式给使用者提供关于视觉、听觉、触觉等多感官的模拟，使人产生强烈的参与感、操纵感，让使用者体验到身临其境的感觉。

③多媒体技术智能化发展。随着多媒体计算机硬件体系结构、软件和相关算法的不断改进，多媒体计算机的性能指标进一步提高，多媒体终端设备将具有更高的智能化。如对多媒体终端增加文字、语音、图形图像的自动识别智能、自然语言理解和机器翻译智能、机器人视觉智能等。与此同时，越来越多的嵌入式多媒体系统也将应用于人们生活与工作的各个领域。

总之，多媒体技术正迅速地进入人们生活的方方面面，并将潜移默化地改变人们未来的生活。

4.2 音频信息的获取和处理

4.2.1 音频信息

声音传播时，由于机械振动使空气中的媒质发生波动，产生一种连续的波，叫声波。声波传到人耳的鼓膜时，鼓膜感到压力的变化，人便听到了声音。图4-2是声音传播的一个示意图。产生声波的物体称为声源（也称音源），例如，人的声带、乐器等。声音有高有低、有强有弱，声音的高低和强弱由音频信息的两个基本参数描述：频率和振幅。

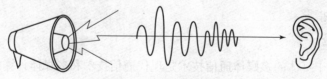

图4-2 声音传播示意图

1. 频率

频率是指单位时间内声源振动的次数，用赫兹（Hz）表示。例如，图4-3（a）为声源振动一次的波形，图4-3（b）为声源振动4次的波形。图4-3（a）和图4-3（b）相比，同样时间内图4-3（b）的波形数比图4-3（a）的波形数多，说明图4-3（b）的频率比图4-3（a）的频率高。

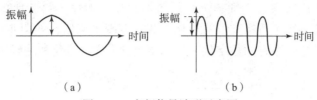

图 4 – 3　音频信号波形示意图

（a）低频音频信号波形；（b）高频音频信号波形

声音的高低体现在声波的频率上，频率越高，声音越高。人们通常听到的声音并不是单一频率的声音，而是多个频率的声音复合。人们把频率小于 20 Hz 的信号称为亚声信号或次声信号；高于 20 kHz 的信号称为超声频信号或超声波；频率范围在 20 Hz ~ 20 kHz 的信号称为声频信号。人说话的声音频率为 300 ~ 3 000 Hz，人们把在这种范围内的信号称为话音信号。在多媒体技术中，处理的信号主要是音频信号，包括音乐、话音、风声、雨声等。

声音信号的频率范围称为频带，如高保真声音的频率范围为 10 Hz ~ 20 kHz，它的频带约为 20 kHz。声源不同，频带也不相同。频带也是声音质量的一种评价方法，频带越宽，声音的层次感越丰富，音频质量越好。

由表 4 – 1 可知，数字激光唱盘的频带比较宽，所以音频质量好；数字电话的频带比较窄，基本上是语音的频带宽度，所以，如果在电话中听音乐，将达不到理想的效果。

表 4 – 1　不同声源的频率宽度

声源	频率宽度/Hz
数字激光唱盘	10 ~ 22 000
调频广播 FM	20 ~ 15 000
调幅广播 AM	50 ~ 7 000
数字电话	200 ~ 3 400

2. 振幅

声波的振幅指的是音量，它是声波波形的高低幅度，表示声音信号的强弱，振幅是指波形的幅度。当人们调节播放器的"音量"时，就是通过调节振幅的大小来改变声音的强弱。一个音响设备的最大播放声音与最小播放声音相差越大，音响效果越好。

生活中听到的"纯音"就是因为该音频信息的频率和振幅固定不变。纯音通常是由专门设备创造出来的，声音单调而乏味；而非纯音，又称"复音"，则具有不同的频率和不同的振幅。大自然中绝大部分声音都是复音。复音由于具有多种频率和不同的振幅，听起来饱满、有生气。

4.2.2　音频信息的数字化

由于计算机只能处理离散的数字信号，因此，必须对连续的模拟声音信号进行数字化，

在时间轴上按一定时间间隔（采样频率）进行信号点的采样，获得有限个声音信号；在幅度轴上，按一定量化等级进行幅度值的量化，获得有限个幅值，如图4-4所示。所以，与图像的数字化过程相似，声音的数字化一般也要经过采样、量化和编码过程。

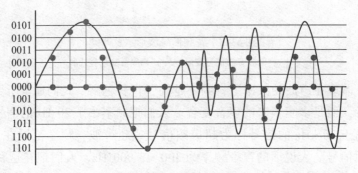

图4-4　声音的采样和量化

①采样。采样是指每隔一定时间间隔在模拟声音波形上取一个幅度值，单位时间内采样的次数称为采样频率。根据奈奎斯特理论，当采样频率不低于信号最高频率的两倍时，可以无失真地还原原始声音。目前通用的标准采样频率有 8 kHz、11.025 kHz、16 kHz、22.05 kHz、44.1 kHz 和 48 kHz 等，采样频率越高，声音的保真度越好。

②量化。量化是指对采样得到的每个样本值进行 A/D 转换，即用数字表示声音幅度，转换得到的数字量用二进制表示。二进制的位数（也即转换精度）有多种选择：16、12 或 8 个二进位，位数越多，量化得到的值越精确。

③编码。编码是指对量化得到的二进制数据进行编码（有时还需进行数据压缩），按照规定的统一格式进行表示。

一段 1 min 的双声道声音，若采样频率为 44.1 kHz，采样精度为 16 位，数字化后不进行任何压缩，需要的存储容量为 $44.1 \times 1\ 000 \times 16 \times 2 \times 60/8 = 10\ 584\ 000(B) \approx 10.34(MB)$。

数字化后的音频信息在计算机中以文件的形式存储。几种常见的数字音频格式如下。

1. WAV 格式（*.wav）

WAV 文件格式是一种通用的音频数据文件格式。其由微软公司开发，用于保存Windows平台的音频信息。利用该格式记录的声音文件能够和原声基本一致，质量非常高，但是由于WAV 格式存放的一般是未经压缩处理的音频数据，所以体积很大（1 min 的 CD 音质需要10 MB），不适于在网络上传播。

2. MP3 格式（*.mp3）

MP3（MPEG Audio Layer3）格式诞生于 20 世纪 80 年代的德国，是一种以高保真为前提实现的高压缩格式，其大小一般只有 *.wav 文件的1/10。MP3 是 MPEG 标准中的音频部分，具有 10:1 ~ 12:1 的高压缩率，每分钟音乐的 MP3 格式只有 1 MB 左右。MPEG 音频文件的压缩是一种有损压缩，是一种利用人类心理学特性，去除人类很难或根本听不到的声音，例如，MP3 损失了 12 ~ 16 kHz 的高音频信息，所以音质低于 WAV 格式的声音文件。但是由于MP3 基本保持了低音频部分不失真，其文件尺寸小，所以 MP3 格式在网上非常流行，几乎成为网上音乐的代名词。

3. WMA 格式（＊.wma）

WMA（Windows Media Audio）格式是在保持音质的同时通过减少数据流量提高压缩率的一种音频文件格式。WMA 的压缩率比 MP3 的更高，一般可以达到 1∶18。WMA 的另一个优点是内置了版权保护技术，可以限制播放时间和播放次数甚至播放的机器等。WMA 适合在网络上在线播放，并且不需要安装额外的播放器。在操作系统 Windows XP 中，WMA 是默认的编码格式，只要安装了 Windows 操作系统，就可以直接播放 WMA 音乐。由于 WMA 的音质可以与 CD 和 WAV 的媲美，压缩率又高于 MP3，所以 WMA 格式逐渐成为网络音乐的主导。

4. Real 格式

Real 格式是 Real 公司推出的用于网络广播的音频文件格式，主要有 RA（Real Audio）、RM（Real Media）等格式。

（1）RA 格式（＊.ra）

RA 格式的特点是可以实时传输音频信息，尤其在网速较慢的情况下，仍然可以较为流畅地传输数据。RA 格式的压缩比可以达到 96∶1，所以主要适用于网络上的在线音乐欣赏。这种格式的特点是可以随网络带宽的不同而改变声音的质量，在保证大多数人听到流畅声音的前提下，保障带宽较富裕的听众获得较好的音质，同时，可以边播放边下载。

（2）RM 格式（＊.rm）

RM 格式的特点也是可以在非常低的带宽（低达 28.8 Kb/s）下提供足够好的音质让用户能在线聆听。由于 RM 是在网络环境较差的条件下发展起来的，所以 RM 的音质不理想，音质比 MP3 的差。由于 RM 的用途是在线聆听，不适于编辑，所以相应的处理软件不多。

5. MIDI 格式（＊.mid）

MIDI 是 Musical Instrument Digital Interface（乐器数字接口）的缩写，它提供了电子乐器与计算机内部之间的连接界面和信息交流方式，主要用于在计算机上创作乐曲。MIDI 文件可以用计算机中的作曲软件写出，也可以通过声卡的 MIDI 接口把外接音序器演奏的乐曲输入计算机中，制成＊.mid 文件。MIDI 文件格式记录声音的信息，然后告诉计算机中的声卡如何再现音乐的一组指令。由于 MIDI 文件记录的是一系列指令而不是数字化后的波形数据，所以它占用的存储空间比 MAV 的小很多，一个 MIDI 文件每储存 1 min 的音乐，只需 5～10 KB 的存储空间。MIDI 文件重放的效果完全依赖于计算机中声卡的档次。

MIDI 文件容易编辑，可以随意修改曲子的速度、音调，也可以改变乐器的种类，产生合适的音乐。MIDI 文件的另一个优点是配音方便。MIDI 音乐可以做背景音乐，和其他的媒体如数字电视、图形、动画、话音等一起播放，加强演示效果。例如，当多媒体系统中播放波形声音文件（例如，语音朗诵）时，若还需配上某种音乐作为背景音乐增强朗读的效果，使用 MIDI 文件可以避免两个波形声音文件无法同时调用的难点。

MIDI 也有不足之处。由于 MIDI 数据表示的是音乐设备的声音，而不是实际的声音，因此，只有 MIDI 的播放设备与制作 MIDI 的设备一样，才能确保再现的效果。

6. CD 格式（*.cda）

CD 格式是音质最好的音频格式。标准 CD 格式采用 44.1 kHz 的采样频率，声音近乎原声。CD 光盘可以在 CD 唱机中播放，也能用计算机中的各种播放软件播放。注意：不能直接复制 CD 格式的 *.cda 文件到硬盘上播放，需要将 CD 格式的文件转换成 WAV 格式，或用专门的 CD 格式播放器播放。

7. APE 格式（*.ape）

APE 是流行的数字音乐无损压缩格式之一，与 MP3 这类有损压缩格式不可逆转地删除数据以缩减源文件体积不同，APE 这类无损压缩格式，是以更精练的记录方式来缩减体积，还原后的数据与源文件一样，从而保证了文件的完整性。APE 由软件 Monkey's Audio 压制得到，开发者为 Matthew T. Ashland，源代码开放，因其界面上有只"猴子"标志而出名。APE 有查错能力，但不提供纠错功能，以保证文件的无损和纯正；其另一个特色是压缩率约为 55%，体积大概为原 CD 的一半，便于存储。

4.2.3 数字声音的采集和编辑

1. 数字声音的获取

获取数字声音有以下几种方法。

（1）录制声音

使用计算机直接录音，需要配置声卡、麦克风、连线、音箱和相应的软件。录制声音时，要注意选择声音的质量参数，如采样频率、采样精度、声道数。录制的声源可以是话音、录音机等。

现在 MP3 播放器、数字录音笔都可以将声音直接录制成数字格式音频文件，直接拷贝到计算机中。

（2）分离视频中的声音

如果想自用数字视频中的声音，可以使用视频编辑软件或声音编辑软件打开视频文件，选择声音轨道，单独保存其中的声音。

（3）网上下载

互联网上有许多音乐、歌曲，它们常以 MP3、WAV、RA、WMA、MID 等常用格式提供。

2. 数字声音的编辑

Windows 环境下的常用的音频编辑软件有 Windows 附件中的"录音机"、Cool Edit、Sound Forge、GoldWave、Cakewalk Pro Audio 等。这些软件的主要功能包括录音、编辑处理、特殊效果和转换功能等。

4.2.4 声音的压缩

数字化的音频信号在存储和传输之前，必须经过压缩编码，才能得到好的音质效果。音频信号压缩编码主要依据人耳的听觉特性，当音频信号低于某值时，人们通常听不到该信号的声音，所以，在压缩编码时，可以去除这部分信息。大多数人对低频信息比较敏感，最敏感的频段为 2 000 ~ 5 000 Hz。另外，人的听觉存在屏蔽效应，当几个强弱不同的声音同时存在时，强声使弱声难以被听到，所以，压缩编码时，也可以删除部分强音中的弱音。以下介绍几种音频压缩标准。

1. 电话质量的音频压缩标准

电话质量语音信号的频率范围是 300 ~ 3 400 Hz，采用标准的 PCM 编码，该编码是把连续声音信号变换为数字信号的一种方式。PCM 编码的采样频率为 8 kHz，8 位量化位数，数据速率为 64 Kb/s。1972 年，国际电报电话咨询委员会（CCITT）为电话质量和语音压缩制定了 PCM 标准 G.711。1984 年，CCITT 公布了自适应差分脉冲编码调制 DPCM 标准 G.721，使信号的压缩比大幅度提高。1989 年，美国制定了数字移动通信语音标准 CTIA，增加了通信中的保密性能。

2. 调幅广播质量的音频压缩标准

调幅广播质量音频信号的频率范围是 50 ~ 7 000 Hz。CCITT 在 1988 年制定了 G.722 标准，采用 16 kHz 采样，14 位量化，音频信号数据速率为 224 Kb/s。利用 G.722 标准可以在窄带综合服务网 N – ISDN 中的一个 B 信道上传送调幅广播质量的音频信号。

3. 高保真立体声的音频压缩标准

高保真立体声音频信号的频率范围是 50 Hz ~ 20 kHz，采用 44.1 kHz 采样频率，16 位量化进行数字转换，数据速率可达到 705 Kb/s。1991 年，国际标准化组织 ISO 和 CCITT 制定了 MPEG 标准，其中 ISOCD11172 – 3 作为 MPEG 音频标准成为国际上公认的高保真立体声音频压缩标准。

4.2.5 音频信息基本操作

音频信息基本操作是指使用计算机完成声音的录制、格式转换、编辑、音效处理等功能的软件，常用的软件包括 Windows 中的录音机软件，如 Audition、WaveStudio、Cool Edit Pro 等。本节以 Audition 为例介绍声音录制和编辑的基本操作。图 4 – 5 所示为 Audition 的主界面。

施加音效是音频处理的一个重要环节。下面介绍通过 Audition 中的效果器来实现对音效的处理，包括改变波形振幅、降噪、变速变调等效果的处理。

1. 改变波形振幅

如果一个声音的音量太大或太小，可以使用 Audition 中的波形振幅类效果器来调整声音音量的大小，使音量适中；还可能改变声音的渐变效果。以渐变效果为例来介绍改变波形振幅类效果器的使用。

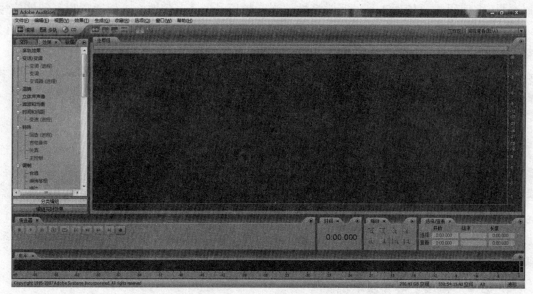

图 4 - 5 Audition 的主界面

打开音频文件，如"致青春. mp3"，选择库面板中的"效果面板"，在效果面板中双击选择"振幅和压限"→"振幅/淡化"命令。在弹出的"振幅/淡化"对话框中选择"渐变"选项卡，将"初始音量"设为 0（dB），"结束音量"设为 - 48（dB），如图 4 - 6 所示。试听满意后，单击"确定"按钮。

图 4 - 6 "振幅/淡化"对话框

2. 降低噪声

在声音录制阶段，由于环境或硬件的因素，很可能会导致录制的声音中夹杂一些噪声，可以使用"修复"效果器进行降噪处理来将噪声减弱。应该注意的是，降低噪声是一种破坏性的操作，过度的降噪处理会导致声音质量严重受损，并且降低噪声也只能在一定范围内进行，无法完全消除噪声。

Audition 中提供的降噪效果有"降噪器""嘶嘶声降低器""适应性降噪"等。本例中采用适应性降噪。首先选择要增加音效的波形，选择库面板中的"效果面板"，在"效果面板"中双击"修复|适应性降噪"效果，打开"适应性降噪"效果对话框。如图 4 - 7 所示，

在"适应性降噪"对话框中可以在预设列表中选择一种预设，或者直接调整具体参数。预览当前的效果，如果不满意，可以继续调整具体参数。调整好后，单击"确定"按钮。

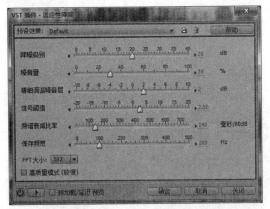

图4-7　"适应性降噪"对话框

3. 变速

变速的作用是使声音的速度变快或者变慢。在"效果面板"中双击"时间和间距|变速"效果，打开"变速"对话框。如图4-8所示，"变速"对话框中包括"常量变速"与"流畅变速"两个选项卡，可以分别使声音以恒定的速度变化或以不断变化的速度变化。通过变速的设置可以实现对音频速度的调节，也可以实现变为童声的特殊效果。

图4-8　"变速"对话框

4. 变调

变调的效果是使声音的音调变高或者变低。可以使用变调处理，实现女声变男声的效果。在"效果面板"中双击"变速/变调|变调"效果，打开"变调"对话框。如图4-9所示，在打开的"变调"对话框中根据需要进行参数设置，最后试听满意，单击"确定"按钮即可。

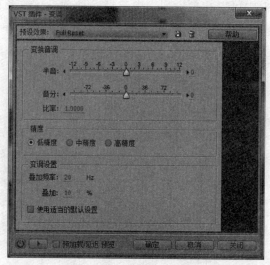

图 4 - 9 "变调"对话框

4.3 图像信息的获取和处理

4.3.1 图形与图像

1. 图形

图形又称为矢量图形、几何图形或矢量图，它是用一组指令来描述的，这些指令给出构成该画面上的所有直线、曲线、矩形、椭圆等的形状、位置、颜色等各种属性和参数。这种方法实际上是用数学方法来表示图形，然后变成许多的数学表达式，再编制程序，用语音来表达。计算机显示图形是从文件中读取指令并转化为屏幕上显示的图形效果，如图 4 - 10 所示。

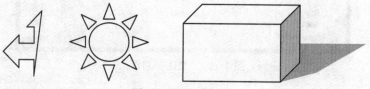

图 4 - 10 矢量图形

绘制和显示图形的软件称为绘图软件，如 AutoCAD、Visio、CorelDRAW 等。它们可以由人工操作交互式绘图，或是根据一组或几组数据生成各种几何图形，并方便地对图形的各个组成部分进行缩放、旋转、扭曲和上色等编辑和处理工作。

矢量图形的优点在于不需要对图上的每一点进行量化保存，只需要让计算机知道所描绘的对象的几何特征即可，比如一个圆只需要知道其圆半径和圆心坐标，计算机就可以调用相应的函数画出这个圆，因此，矢量图形所占用的存储空间相对较少。矢量图形主要用于计算机辅助设计、工程制图、广告设计、美术字和地铁等领域。

2. 图像

图像又称为点阵图像或位图图像，它是指在空间和亮度上已经离散化的图像。可以把一幅位图图像理解为一个矩形，矩形中的任一元素都对应图像上的一个点，在计算机中对应于该点的值为它的灰度或颜色等级。这种矩形元素就称为像素，像素的颜色等级越多，则图像越逼真。因此，图像是由许许多多像素组合而成的，如图 4 – 11 所示。每一个像素点对应的都是一个灰度级别，范围为 0 ~ 255。

图 4 – 11　位图图像

计算机上生成图像和对图像进行编辑处理的软件称为绘画软件，如 Photoshop、PhotoImpact 和 PhotoDraw 等，它们的处理对象都是图像文件。图像文件是由描述各个像素点的图像数据再加上一些附加说明信息构成的。位图图像主要用于表现自然、人物、动植物和一切引起人类视觉感受的景物，特别适用于逼真的彩色照片。通常图像文件总是以压缩的方式进行存储的，以节省内存磁盘空间。

3. 图形与图像比较

图形与图像除了在构成原理上的区别外，还有以下几点不同：

①图形的颜色作为绘制图元的参数在指令中给出，所以图形的颜色数目与文件的大小无关；而图像中每个像素所占据的二进制位数与图像的颜色数目有关，颜色数目越多，占据的二进制位数也就越多，图像的文件数据量也会随之增大。

②图形在进行缩放、旋转等操作后，不会产生失真，而图像有可能出现失真现象，特别是放大若干倍后，会出现严重的颗粒状，缩小后会失掉部分像素点。

③图形适用于表现变化的曲线、简单的图案和运算的结果等，而图像的表现力强，层次和色彩较丰富，适用于表现自然的、细节的景物。

④图形侧重于绘制、创造和艺术性，而图像偏重于获取、复制和技巧性。在多媒体应用软件中，目前应用较多的是图像，它与图形之间可以用软件来相互转换。

4.3.2　色彩信息

图像是由不同色彩组合而成的，因此色彩是图像的重要信息。为了准确地描述一幅图

像，需要给色彩一个统一的定义，这就是色彩空间。常用的色彩空间有 RGB 色彩空间、CMYK 色彩空间和 HSI 色彩空间。

1. RGB 色彩空间

图像的形成是由于人眼观察景物时，光线通过人眼视网膜的红（R，Red）、绿（G，Green）、蓝（B，Blue）三个光敏细胞，产生不同颜色，通过神经中枢传给大脑，在大脑中形成一幅景物。人眼所观察到的各种颜色都是根据红、绿、蓝这三种基本颜色按不同比例混合而成的，所以红、绿、蓝又被称为三基色或三原色。红、绿、蓝每种颜色的强度范围是 0～255。当三基色等比例混合时，随着三基色颜色强度的增大，构成一条由黑到白的灰色带。如图 4-12 所示，A 位置 R、G、B 的值都为 0，展现为黑色；B 位置 R、G、B 的值都为 128，展现为灰色；C 位置 R、G、B 的值都为 255，展现为白色。当红、绿、蓝的混合比例不同时，将组成彩色。例如，当 R = 255，G = 0，B = 0 时，为红色；当 R = 0，G = 255，B = 0 时，为绿色；当 R = 0，G = 0，B = 255 时，为蓝色。

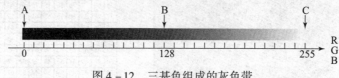

图 4 - 12　三基色组成的灰色带

RGB 色彩空间是从颜色发光角度来设定的，R、G、B 好像是红、绿、蓝三盏灯，当它们的光相互混合时，亮度增强，称为加法混合。当三盏强度值最大的灯光相混合时，达到最大亮度——白色；而当三盏灯的亮度为 0 时，相当于三盏灯全部被关掉，所以为黑色。深色光与白光相遇，可以产生更加明亮的浅色光。RGB 的混色原理应用于图像色彩调整等处理中。RGB 色彩空间常用于计算机显示方面。

2. CMYK 色彩空间

CMYK 色彩空间应用于图像彩色打印领域。CMY 是青（Cyan）、洋红或品红（Magenta）和黄（Yellow）三种颜色的简写。C、M、Y 分别是 R、G、B 的补色，即从白色（W）中分别减去三种基色（R、G、B）得到的色彩。如果某种颜色 A 所含的 R、G、B 成分值为 r、g、b，可以表示为 A(r,g,b)，则 C、M、Y 与 R、G、B 的对应关系可以用式（4 -1）～式（4 -3）计算：

$$C(0,255,255) = W(255,255,255) - R(255,0,0) \qquad (4-1)$$

$$M(255,0,255) = W(255,255,255) - G(0,255,0) \qquad (4-2)$$

$$Y(255,255,0) = W(255,255,255) - B(0,0,255) \qquad (4-3)$$

从式（4 -1）中得知青（C）色含 R、G、B 三基色的量为（0,255,255）。由于 C、M、Y 混合后颜色变为黑色，减少了视觉系统识别颜色所需要的反射光，所有 CMY 色彩空间称为减法混合色彩空间。由于彩色墨水和颜料的化学特性，用 C、M、Y 混合得到的黑色不是纯黑色，同时，为了防止纸张上打印过多墨水而造成纸张变形，以及为了节省墨水，在印刷中通常加一种真正的黑色（Black ink），这种模型称为 CMYK 模型，也称为 CMYK 色彩空间。

3. HIS 色彩空间

人眼对色彩的感觉分为三种：其一是颜色的种类，例如红色、黄色，人眼感觉为不同种类的颜色；其二是颜色的深浅，例如，深红和浅红；其三是在光亮和光暗的环境下人眼对颜色的感觉会有差异。所以，在图像处理中，根据人眼这一特点，将上述第一种定义为色调，第二种定义为饱和度，第三种定义为亮度。当分析一幅图像的颜色时，通常用色调（H）、饱和度（S）和亮度（I）来描述。

4.3.3　图像信息的数字化

在自然形式下，物理图像（如景物、图片等）并不能直接由计算机进行处理。因为计算机只能处理数字（信号）而不是实际的图片，所以，一幅图像在用计算机进行处理前，必须先转化为数字形式。图像数字化过程可以分为采样、量化和编码。

1. 采样

图像采样是将二维空间上模拟的连续亮度或色彩信息，转化为一系列有限的离散数值。具体的做法就是在水平方向和垂直方向上等间隔地将图像分割成矩形网状结构，每个矩形网格称为像素点。图像水平方向间隔×垂直方向间隔就是图像的分辨率，如图 4 - 13 所示。

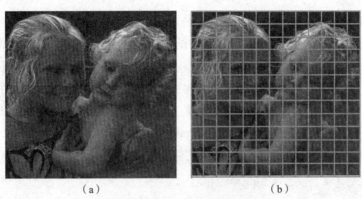

（a）　　　　　　　　　　　（b）

图 4 - 13　图像采样前后示意图

（a）采样前图像；（b）采样后图像

2. 量化

量化是对采样的每个离散点的像素的灰度或颜色样本进行数字化，是将采样值划分成各种等级，用一定位数的二进制数来表示采样的值。量化位数越大，则越能真实地反映原有图像的颜色，但得到的数字图像的容量也越大。

在量化时，表示量化的色彩值（或灰度值）所需的二进制位数称为量化字长。一般可用 8 位、16 位、24 位或更高的量化字长来表示图像的颜色。

3. 编码

图像编码是按一定的规则，将量化后的数据用二进制数据存储在文件中。

4.3.4 文件格式

数字图形图像以文件的方式存储于计算机中，常用的文件格式有 BMP、GIF、TIFF、JPEG、PSD、PNG 等。

1. BMP 格式（＊.bmp）

BMP 是英文 Bitmap（位图）的简写，是 Windows 中的标准图像文件格式，在 Windows 环境下运行的所有图像处理软件都支持 BMP 文件格式。BMP 图像文件格式的特点是包含的图像信息丰富，但是由于几乎不进行压缩，所以文件容量大。

2. GIF 格式（＊.gif）

GIF 全称是 Graphics Interchange Format（图形交换格式），是由 CompuServe 公司在 1987 年制定的一种图像文件存储格式。作为网络和电子公告系统（Bulletin Board System，BBS）上图像传输的通用格式，GIF 图像经常用于动画、透明图像等。一个 GIF 文件可以存储多幅图像，尺寸较小。虽然 GIF 图像最多只能含有 256 种颜色，但是由于它具有极佳的压缩效率而被广泛使用。

3. TIFF 格式（＊.tif/＊.tiff）

TIFF（Tag Image File Format）图像格式是由 Microsoft 等多家公司联合制定的图像文件格式。TIFF 是一种以标签（Tag）为主要结构的图像文件格式，有关图像的所有信息都存储在标签中，例如，图像大小、所用计算机型号、图像的作者、说明等。TIFF 图像不依附于单一的操作系统，可以在不同计算机平台之间交换图像数据。TIFF 图像文件的特点是可以存储多幅图像及多种类型图像，例如二值图像、灰度图像、带调色板的彩色图像、真彩色图像等。图像数据可以压缩或不压缩。在 Windows、MS－DOS、UNIX 和 OS/2 中，TIFF 图像文件的扩展名为.tif；在 Macintosh 中，TIFF 文件的扩展名为.tiff。

4. JPEG 格式（＊.jpeg/＊.jpg/＊.jpe）

JPEG（Joint Photographic Experts Group）图像文件格式是一种由国际标准化组织和国际电话电报咨询委员会联合组建的图片专家组，于 1991 年建立并通过的第一个适用于连续色度静止图像压缩的国际标准。因为 JPEG 最初的目的是使用 64 Kb/s 的通信线路传输分辨率为 720×576 的图像，通过损失极少的分辨率，将图像的存储量减少到原来的 10%，所以 JPEG 图像具有高效的压缩效率，被广泛应用于网络、彩色传真、静态图像、电话会议及新闻图片的传送上。JPEG 图像格式可以选择不同的压缩比对图像进行压缩，并支持 RGB 和灰度图像。由于 JPEG 格式在压缩时将丢失部分信息，并且不能还原，所以 JPEG 图像文件不适合放大观看，如果输出成印刷品，质量也会受影响。压缩比越大，图像的边缘失真也越明显（因为压缩时将丢失高频信息）。JPEG 格式适合于面积较大、颜色比较丰富、画面层次比较多的静止图像。

5. PSD 格式（＊.psd）

PSD（Photoshop Document）格式是图像处理软件 Photoshop 的专用格式。它里面含有各种图层、通道、遮罩等多种设计的样稿，以便下次打开文件时可以修改上一次的设计。在 Photoshop 所支持的各种图像格式中，PSD 的存取速度比其他格式快很多，功能也很强大。

6. PNG 格式（ * . png）

PNG（Portable Network Graphics）是一种新兴的网络图像格式。1994 年年底，由于 Uny-sis 公司宣布 GIF 拥有专利的压缩方法，要求开发 GIF 软件的作者须交一定费用，因而促使免费的 PNG 图像格式诞生。PNG 结合 GIF 及 JPG 两种格式的特长，存储形式丰富，兼有 GIF 和 JPEG 的色彩模式，压缩比例高且不失真，有利于网络传输。PNG 格式显示速度很快，只需下载 1/64 的图像信息就可以显示出低分辨率的预览图像。PNG 也支持透明图像的制作，透明图像在制作网页图像的时候很有用，可以把图像背景设为透明，用网页本身的颜色信息来代替设为透明的色彩，这样可让图像和网页背景很和谐地融合在一起。PNG 的缺点是不支持动画应用效果，因而无法完全替代 GIF 和 JPEG 格式。

4.3.5 图像信息获取方法

在多媒体计算机中，获取图像的方法通常有以下几种。

1. 使用数码相机拍照

利用数码相机或者数码摄像机直接拍摄自然影像，中间环节少，是最简单的获取图像的手段。但是，为了获得满意的图像，需要进行构图。照片的构图有两种观点：一种观点认为传统的均衡构图最具生命力，画面中景物排列均衡，画面平衡感强；另一种观点则强调个性化，景物布局大胆，刻意追求新、奇，画面往往具有不平衡感。

除了构图之外，就相机的光学特性而言，数码相机与普通光学相机类似。光圈用于控制镜头透光量的多少，快门则用于控制曝光时间的长短。当感光指数为常数时，光圈的大小和快门速度呈线性关系，即镜头光圈开得越大，透光量就越大，这时为了避免过量的光线照射，要适当提高快门速度，以便减少透光量；反之亦然。

2. 使用扫描仪扫描

获得图像的另一个方法是扫描。使用彩色扫描仪对照片和印刷品进行扫描，经过少许的加工后，即可得到数字图像。在扫描图像时，应根据图像的使用场合，选择合适的扫描分辨率。分辨率的数值越大，图像的细节部分越清晰，但是图像的数据量会越大。值得注意的是，当图像用于分辨率要求不高的场合时，扫描分辨率不可太低。例如，网页上需要一幅照片，分辨率为 96 dpi。扫描图片时，应以 300 dpi 的分辨率进行扫描，然后利用图像处理软件把分辨率转换成 96 dpi，这样最后的效果远比直接用 96 dpi 扫描好得多。这就是"高分辨率扫描，低分辨率使用"的扫描技巧。

3. 使用现成图像

他人拍摄或制作的图像，题材广泛，种类繁多，一般具有较好的质量。有些图片是各国风土民情的写照，具有非常浓郁的乡土气息。这些图片可以从正式出版的图片库光盘上获

得，也可以从国际互联网络上获得。

4. 直接使用图像处理软件绘制

直接使用图像处理软件在计算机上绘制图像不需要采样过程，直接生成数字图像，可以保存为所需的任意格式。在 Windows 环境下，较好的图像处理软件有美国 Adobe 公司的 Photoshop。它是当前最流行的图像处理软件之一，提供了强大的图像编辑和绘图功能。另一个功能强大的图形图像软件是加拿大 Corel 公司开发的 CorelDRAW，其更适用于矢量图的绘制。它将矢量插图、版面设计、照片编辑等众多功能融于一个软件中，在工业设计、产品包装造型设计、网页制作、建筑施工与效果图绘制等设计领域得到了极为广泛的应用。

4.3.6 压缩标准

因为数字图像的信息量非常大，所以，在存储和传输时，需要大容量的存储空间和高速的传输速度。由于目前硬件技术的发展远远不能满足数字图像的需求，所以数字图像压缩技术得到广泛应用。

图像压缩分为无损压缩和有损压缩两种。无损压缩是指在压缩过程中数据没有丢失，解压时可以完全恢复原图像的信息。有损压缩利用了人眼对亮度比较敏感，相比之下，对颜色的变化不如对亮度变化敏感，这样就可以减少图像中人眼不敏感的信息，使整个数据量减少。有损压缩非常适用于自然景物的图像，这类图像有损压缩后不会产生失真；而对于灰度值范围比较小的图表或者漫画，则通常使用无损压缩，因为有损压缩时会造成压缩失真。

图像压缩标准分为三类：二值图像压缩标准、静态图像压缩标准和动态图像压缩标准。

1. 二值图像压缩标准

二值图像压缩标准有 JBIG－1 和 JBIG－2，主要为传真应用而设计。JBIG 改进了 G3 和 G4 的功能，提高了压缩比。表 4－2 给出了图像的不同压缩标准及其应用领域。

表 4－2　图像的不同压缩标准及其应用领域

压缩标准	适用范围	典型应用
JBIG－1	二值图像、图形	G4 传真机、计算机图形
JBIG－2	二值图像、图形	传真机、WWW 图形库、PDA 等
JPEG	静止图像	图像库、传真、彩色打印、数码相机
JPEG－LS	静止图像	医学、遥感图像资料
JPEG－2000	静止图像	各种图形、图像

2. 静态图像压缩标准

（1）JPEG 压缩标准

JPEG 是一个适用范围广泛的静态图像数据压缩标准，JPEG 是 Joint Photographic Experts Group（联合图像专家组）的缩写，是一种有损压缩格式。在有损压缩过程中，将图像中重复或不重要的资料丢失，从而能够将图像压缩在很小的储存空间。JPEG 压缩技术十分先进，在获得高压缩率的同时，能展现十分丰富生动的图像，可以用最少的磁盘空间得到较好的图像品质。JPEG 也是一种灵活的格式，具有调节图像质量的功能，允许用不同的压缩比例对文件进行压缩，支持多种压缩级别，压缩比率通常在（10：1）～（40：1）之间，压缩比越大，品质就越低；相反，压缩比越小，品质就越好。一幅 2.25 MB 的 BMP 格式图像转换为 JPEG 格式后，图像只有 132 KB。但是使用过高的压缩比例，将使最终解压缩后恢复的图像质量明显降低，所以，如果追求高品质图像，不宜采用过高压缩比例。JPEG 适合应用于互联网，可减少图像的传输时间，还可以支持 24 位真彩色。由于 JPEG 优良的品质，使它在短短几年内获得了极大的成功，被广泛应用于互联网和数码相机领域，网站上 80% 的图像采用了 JPEG 压缩标准。

（2）JPEG - LS 压缩标准

JPEG - LS 是连续色调静止图像无损或接近无损压缩的标准。"接近无损"的含义是图像在解压时恢复的图像与原图像的差异小于事前设定的"损失值"（这种预设值通常很小）。

JPEG - LS 算法的复杂度低，能提供高无损压缩率。通常 JPEG 为了得到高的压缩率，在压缩时丢弃某些数据，容易造成画质的恶化，但是 JPEG - LS 可以保障数据的完整性，虽然压缩率不如 JPEG 的高，但是由于不损坏图像质量，通常应用于医疗领域。

（3）JPEG - 2000 压缩标准

JPEG - 2000 作为 JPEG 的升级版，其压缩率比 JPEG 的高 30% 左右，同时支持有损和无损压缩，被确定为彩色静态图像的新一代压缩标准。JPEG - 2000 格式有一个极其重要的特征：它能实现渐进传输，即先传输图像的轮廓，然后逐步传输数据，不断提高图像质量，让图像由朦胧到清晰显示。此外，JPEG - 2000 可以任意指定影像上感兴趣区域的压缩质量，还可以选择指定的部分先解压缩。例如，当图像中只有一小块区域为有用区域时，可以对这些区域采用低压缩比，以减少数据的丢失，而对无用的区域采用高压缩比，在保证不丢失重要信息的同时，又能有效地压缩数据量。JPEG - 2000 和 JPEG 相比有明显的优势，JPEG - 2000 可以兼容无损压缩和有损压缩，而 JPEG 不行，JPEG 的有损压缩和无损压缩是完全不同的两种方法，不能兼容。JPEG - 2000 广泛应用于网络传输、无线通信、数码相机等多个领域。

4.3.7 图形图像处理应用

图像处理包括图像文件的格式转换，图像的编辑，图像类型的变换，颜色的变换、色调、饱和度及亮度的调整，图像间的叠加、相减、相乘等运算，图像的平移、旋转、压缩，以及由于数字图像获取时会产生噪声和因为光线昏暗导致图像不清晰，需要进行去噪处理和图像清晰度的增强处理。另外，图像处理还包括对图像的特效渲染，例如，锐化、模糊处理等。Photoshop 是一种最为常用的图像处理软件。Photoshop 的窗口如图 4 - 14 所示。以下以 Photoshop 为例，介绍几种主要的图像处理方法。

图 4 - 14　Photoshop 窗口

1. 图像格式转换

　　图像由一种格式转换为另一种格式时，可以选择"文件"→"打开"命令，打开图像。图 4 - 15 中打开的是一幅 BMP 格式图像。之后选择"文件"→"保存为"命令，有多种格式可以选择，例如，图 4 - 15 中选择了 JPEG 格式，单击"保存"按钮后，图像就从 BMP 格式转换为 JPEG 格式。

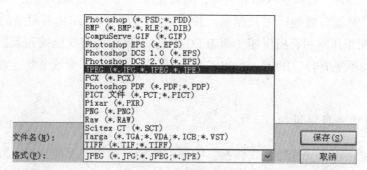

图 4 - 15　图像格式转换

2. 图像编辑

　　Photoshop 的编辑不仅包括图像剪切，还包括缩放、旋转、扭曲等多项变换功能。具体内容如图 4 - 16 所示。

3. 图像类型变换

　　如图 4 - 17 所示，在"图像"→"模式"命令中有灰度、RGB 颜色、CMYK 颜色等选项，如果打开一幅 RGB 色彩空间的图像，当选择 CMYK 颜色时，RGB 色彩空间的图像将被变换为 CMYK 色彩空间的图像。

图 4 – 16 图像格式转换

图 4 – 17 图像类型变换

4. 图像增强处理

获取图像时，由于光线过暗或过亮，容易导致图像中的物体与背景融为一体，很难区分。要增强图像，可以通过增强图像的灰度值或色彩等信息，突出物体与背景的差别，使物体与背景容易区分。如图 4 – 18 所示，图 4 – 18（a）为一幅航空拍摄的原始图像，由于拍摄时光线过亮，导致图像不清晰。图 4 – 18（b）是经过图 4 – 18（c）所示的灰度曲线调整得到的图像。通过灰度值的调整，图像变得非常清晰。

（a） （b） （c）

图 4 – 18 图像增强处理实例 1

（a）原图像；（b）灰度调整后图像；（c）灰度曲线

另外，通过 Photoshop 中的"图像"→"调整"→"色调均化"也可以达到图像增强的效果。如图 4 – 19 所示，图 4 – 19（a）为原图像，图 4 – 19（b）为使用"色调均化"后的图像。

5. 图像去噪处理

噪声是指图像上出现的各种形式的干扰斑点、条纹等。噪声的产生有多种原因，例如，数码相机在较暗处拍摄图像时，画面会出现不规则分布的噪声，使人感觉画面粗糙。图像在传输和接收时也会产生噪声。去除噪声的方法有去斑处理法、中间值处理法、模糊处理法等。

①去斑处理法：选择"滤镜"→"杂色"→"去斑"。

（a）　　　　　　　　　　　（b）

图 4 - 19　图像增强处理实例 2

（a）原图像；（b）色调均化后图像

②中间值处理法：选择"滤镜"→"杂色"→"中间值"。

③模糊处理法：选择"滤镜"→"模糊"→"模糊"，或选择"滤镜"→"模糊"→"高斯模糊"。

如图 4 - 20 所示，图 4 - 20（a）为原图，图 4 - 20（b）为使用去斑处理法后的结果图，图 4 - 20（c）为使用中间值处理法后的结果图，图 4 - 20（d）为使用模糊处理法的结果图。

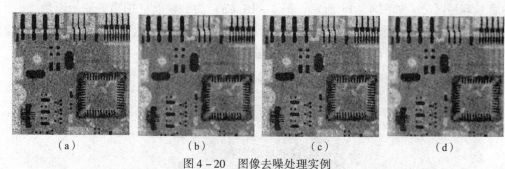

（a）　　　　　（b）　　　　　（c）　　　　　（d）

图 4 - 20　图像去噪处理实例

（a）原图像；（b）去斑处理后图像；（c）中间值处理后图像；（d）模糊处理后图像

6. 图像间运算处理

图像间叠加运算通常应用于减少和去除图像获取时混入的噪声，从而得到清晰的图像。由于噪声具有随机性，因此，通过将同一场景的多幅静止图像相叠加求平均值等方法，降低和消除随机噪声对图像的影响。图像相加还可以把一幅图像的内容叠加到另一幅图像上。例如，Photoshop 中合并图层的原理，就是图像叠加的具体应用。图 4 - 21 是一个图像间叠加处理的实例。图 4 - 21（a）为原图像，图 4 - 21（b）为一幅灰度值渐变的图像，图 4 - 21（a）和图 4 - 21（b）两幅图像经过叠加之后得到图 4 - 21（c）。

具体操作步骤如下：

①打开一幅图像，如果不是 RGB 颜色，设置为 RGB 颜色（选择"图像"→"模式"→"RGB 颜色"命令）。

②选择"图层"→"新建"→"图层"命令，调节不透明度，单击"确定"按钮后，图层窗口内出现新图层。

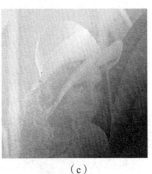

（a）　　　　　　　　　　（b）　　　　　　　　　　（c）

图4-21　图像间叠加处理实例

（a）原图像；（b）灰度渐变图像；（c）合成图像

③单击图层窗口中背景图层最左端，将背景图层设置为不可视后，选择"渐变工具"，在新图层中制作图4-21（b）所示的图像。

④单击图层窗口中背景图层最左端，将背景图层设置为可视后，选择"图层"→"合并可视图层"，得到图4-21（c）所示的结果。

图像间减法运算通常应用于提取图像的差异，以及去除背景等方面。例如，在图像中进行运动物体检测时，通过前后两个图像的减法运算，可以了解运动物体移动的程度，计算出运动速度，并画出移动轨迹。如图4-22所示，图4-22（a）是拍摄的运动物体（人物），图4-22（b）的左图是图4-22（a）的中图与图4-22（a）的左图之差的结果；图4-22（b）的中图是图4-22（a）的右图与图4-22（a）的中图之差的结果；图4-22（b）的右图是图4-22（a）的右图与图4-22（a）的左图之差的结果。图4-22（b）中的发黑部分表示静止部分，发白部分为运动部分。

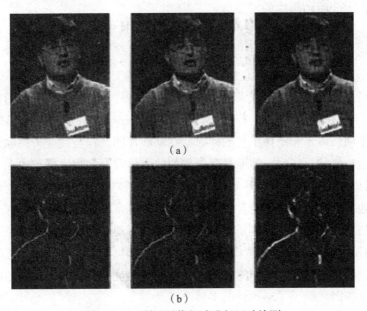

（a）

（b）

图4-22　利用图像相减进行运动检测

4.4 动画与视频信息

4.4.1 动画的概念和发展历史

早在 1831 年，法国人约瑟夫·安东尼·普拉特奥在一个可以转动的圆盘上按照顺序画了一些图片，如图 4-23 所示。当圆盘转动起来后，圆盘上的图片依次闪过眼帘，似乎动了起来，这可以认为是最原始的动画。

动画由多幅画面组成，当画面快速、连续地播放时，由于人类眼睛存在"视觉滞留效应"而产生动感。所谓视觉滞留效应，是指当被观察的物体消失后，物体仍在大脑视觉神经中停留短暂的时间。人类的视觉滞留时间约为 1/24 s。换言之，如果每秒快速更换 24 个画面或更多的画面，那么前一个画面在脑海中消失之前，下一个画面已经映入眼帘，大脑感受的影像是连续的。

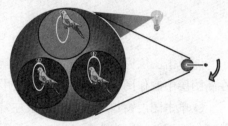

图 4-23　最原始的动画

动画的产生主要经历了以下过程：

①1906 年，美国人 J. 斯泰瓦德（J. Steward）制作了一部名为《滑稽面孔的幽默形象（Humorous Phases of a Funny Face)》的短片，这部短片非常接近现代动画概念。

②1908 年，法国人 Emile Cohl 首创用负片制作动画影片。所谓负片，是影像色彩与实际色彩恰好相反的胶片，如同今天的普通胶卷底片。采用负片制作动画，从概念上解决了影片载体的问题，为今后动画片的发展奠定了基础。

③1909 年，美国人 Winsor McCay 用一万张图片表现一段动画故事，这是迄今为止世界上公认的第一部真正的动画短片。

④1915 年，美国人 Eerl Hurd 创作了新的动画制作工艺。他先在赛璐珞片上画动画片，然后再把赛璐珞片上的图片拍摄成动画影片，这种动画片的制作工艺一直沿用至今。

⑤从 1928 年开始，美国人华特·迪斯尼（Walt Disney）逐渐把动画影片的制作推向巅峰。他在完善了动画体系和制作工艺的同时，把动画片的制作与商业价值联系起来，被人们誉为商业动画影片之父。华特·迪斯尼带领着他的一班人马为世人创造出无与伦比的大量动画精品。例如，《米老鼠与唐老鸭》《木偶奇遇记》和《白雪公主》等。直到今天，华特·迪斯尼创办的迪斯尼公司还在为全世界的人们创造出丰富多样的动画片。

动画从最初发展到现在，其本质没有多大变化，而动画制作手段却发生了日新月异的变化。今天，"电脑动画""电脑动画特技效果"不绝于耳，可见电脑对动画制作领域的强烈震撼。随着动画的发展，除了动作的变化，还发展出颜色的变化、材料质地的变化、光线强弱的变化等，这些因素赋予了动画新的本质。

4.4.2 电脑动画

人们习惯上把用计算机制作的动画叫作"电脑动画"。使用电脑制作动画，在一定程度上减轻了动画制作的劳动强度，某些具有规律的动画甚至可以用电脑自动生成，动画的颜色具有一致性，播放时更加稳定和流畅。电脑解决了动画制作的工具问题，但不能解决动画的创作问题。人在动画制作中仍然起着主导作用。

电脑动画有两大类：一类是帧动画，另一类是矢量动画。

帧动画以帧作为动画构成的基本单位，很多帧组成一部动画片。帧动画借鉴传统动画的概念，一帧对应一个画面，每帧的内容不同。当连续演播时，形成动画视觉效果。图4-24所示为马奔跑过程的多帧动画。制作帧动画的工作量非常大，电脑特有的自动动画功能只能解决移动、旋转等基本动作过程，不能解决关键帧问题。帧动画主要用于传统动画片、广告片及电影特技的制作方面。

图4-24 马跑的多帧动画

矢量动画是经过电脑计算而生成的动画，如图4-25所示，主要表现变化的图形、线条、文字和图案。矢量动画通常采用编程方式和某些矢量动画制作软件来完成。

图4-25 矢量动画的变形过程

4.4.3 制作动画的设备和软件

制作动画需要一台多媒体电脑，性能指标没有特殊要求，应尽可能采用高速CPU、足够大的内存容量，以及大量的硬盘空间。

制作动画通常依靠动画制作软件来完成。动画制作软件具备大量用于绘制动画的编辑工具和效果工具，还有用于自动生成动画、产生运动模式的自动动画功能。动画制作软件的种类很多，常见的有：

①Animation Studio，平面动画处理软件。用于加工和处理帧动画，运行在Windows环境中。该软件绘制动画的能力一般，但是加工和处理能力强。

②Flash，网页动画软件。用于绘制和加工帧动画、矢量动画，可为动画添加声音，其动画作品主要用于互联网上。

③WinImage：morph，变形动画软件。可根据首、尾画面自动生成变形动画。其动画作品可以是帧动画文件，也可以是一组图片序列。

④GIF Construction，网页动画生成软件。可以把多种动画格式和图片序列转换成网页动画形式。

⑤3D Studio Max，三维造型和动画软件。是典型的三维动画制作软件，使用范围较为广泛。

⑥Cool 3D，三维文字动画制作软件。用于制作具有三维效果的文字，文字可以进行三维运动，其动画作品可以是帧动画文件或是视频文件。

⑦Maya，三维动画制作软件。常用于制作三维动画片、电视广告、电影特技、游戏等。该软件的动画制作功能很强，被认为是比较专业的动画制作软件。

4.4.4 视频处理

视频和动画没有本质的区别，只是二者的表现内容和使用场合有所不同。视频来自数字摄像机、数字化的模拟摄像资料、视频素材库等，常用于表现真实场景。动画则借助于编程或动画制作软件生成一系列景物画面。

普通视频信息的处理通常依靠专用的非线性编辑机进行，对于数字化的视频信息，则需要专门的工具软件进行编辑和处理。视频信息具有实时性强、数据量大、对计算机的处理能力要求高等特点。

视频处理主要包括：

①视频剪辑。根据需要，剪除不需要的视频片段，连接多段视频信息。在连接时，还可以添加过渡效果等。

②视频叠加。根据实际需要，把多个视频影像叠加在一起。

③视频和声音同步。在单纯的视频信息上添加声音，并精确定位，保证视频和声音的同步。

④添加特殊效果。使用滤镜加工视频影像，使影像具有各种特殊效果。

常见的视频编辑软件有 Adobe 公司的 Premiere、友立公司的会声会影（Ulead Video Studio）等。

4.4.5 动画和视频信息常见的文件格式

动画和视频是以文件的形式保存的，不同的软件产生不同的文件格式，比较常见的格式有：

（1）GIF 格式

用于网页的帧动画文件格式。GIF 格式有两种类型：一种是固定画面的图像文件，256色，分辨率固定为 96 dpi；另一种是多画面动画文件，同样采用 256 色，96 dpi。

（2）SWF 格式

使用 Flash 软件制作的动画文件格式。该格式的动画主要在网络上演播，特点是数据量小，动画流畅，但不能进行修改和加工。

（3）AVI 格式（标准）

通用的视频文件格式。该视频格式兼容性好，调用方便，图像质量好，但缺点是文件体积过于庞大。

（4）DV AVI 格式

数码 AVI 格式。它不同于传统 AVI 格式，目前非常流行的数码摄像机就是使用这种格式记录视频数据的。

（5）DivX 格式

采用 DivX 编码的 AVI 格式。这是由 MPEG－4 衍生出的一种视频压缩标准，它将 DVD 的视频部分通过特殊的 DivX 编码压缩处理成 AVI 格式文件。它可以把 DVD 压缩为原来的 10%，质量接近 DVD 光盘。DivX 视频文件的扩展名也是 . avi。

（6）MPEG 格式

用 MPEG 算法压缩得到的视频文件。MPEG 压缩算法主要是通过记录各画面帧之间变化了的内容，因此压缩比很大。VCD 是用 MPEG－1 格式压缩的，用 . dat 做扩展名的文件是 VCD 标准格式；DVD 则是用 MPEG－2 格式压缩的，用 . vob 做扩展名的文件是 DVD 标准格式，它保存所有 MPEG－2 格式的音频和视频数据。

（7）RM 格式

视频流媒体技术始创者。图像质量较差，特别适合带宽较小的网络用户使用。

（8）RMVB 格式

它是流媒体 RM 影片格式上的升级。它的特点是静止和动作场面少的画面场景采用较低的采样率，复杂的动态场面（歌舞、飞车、战争等）采用较高的采样率。在保证画面质量的前提下，最大限度地压缩了影片的大小，最终得到接近 DVD 品质的视听效果。一般来说，700 MB 的 DivX 影片生成的 RMVB 文件仅为 400 MB 左右，而画面质量基本不变。RMVB 在保证了影片整体的视听觉效果的前提下，文件大小比 DivX 影片减少了将近 45%。

（9）ASF 格式

微软开发的流格式视频文件，是可以直接在网上观看视频节目的文件压缩格式。它的图像质量比 VCD 的差一点，但比同是视频流格式的 RM 格式要好。特别适合在网页中插播。

（10）WMV 格式

也是微软开发的一种可在网上实时播放流格式的视频文件。效果好于 ASF 和 RM 格式的视频文件。

（11）FLV 格式

流媒体视频格式，全称为 Flash Video。由于它形成的文件极小、加载速度极快，使得网络观看视频文件成为可能，它的出现有效地解决了视频文件导入 Flash 后，使导出的 SWF 文件体积庞大，不能在网络上很好地使用等缺点。

4.4.6 视频处理应用

常用视频处理软件有 Adobe 公司的 Adobe Premiere、友立公司的会声会影、微软公司的 Windows Movie Maker、品尼高公司的 Pinnacle Studio，以及二维动画的 Flash 和三维动画的

3D Studio Max。这里主要介绍 Adobe 公司的 Adobe Premiere 软件、友立公司的会声会影和 Flash 软件的功能与使用方法。

1. Premiere 软件

Premiere 是美国 Adobe 公司开发的一套功能强大的视频编辑软件，它可以方便地进行视频、音频素材的编辑和合成工作，能对视频、声音、动画、图片、文本进行编辑加工，并最终生成电影文件，被称为"电影制作大师"。Premiere 的主窗口如图 4-26 所示，包括项目窗口、素材源监视窗口、节目监视窗口、效果窗口和时间线窗口等多个窗口。根据需要可以通过菜单栏的"窗口"打开更多的窗口，也可以根据需要调整窗口的位置或关闭窗口。

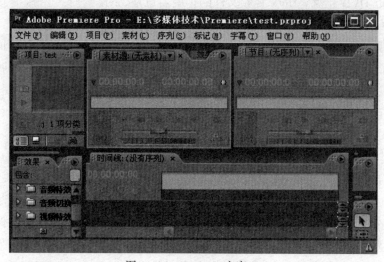

图 4-26　Premiere 主窗口

Premiere 的主要窗口功能有：

①项目窗口：负责管理、浏览视频项目或项目中用到的素材文件。

②素材源监视窗口：用来浏览各种素材文件、定义素材中需要的片段和音响效果等。

③时间线窗口：按照时间的顺序放置各种演播素材，组成一个新的视频结构和流程。

④效果窗口：在时间线上不同视频片段之间插入特殊变换效果。

⑤节目监视窗口：用来预览时间线上的整体或部分演播效果。

Premiere 的基本编辑步骤为：

①建立新工程：选择新工程类型时，一般选择 DV Real time preview（带实时预览的 DV 格式）。

②导入素材：可以从文件夹中导入视频、音频、图像等素材。

③浏览素材：通过浏览素材了解所用素材的内容、位置、时间长度等，为重新安排各种视频、图像的时间顺序做准备。

④往时间线上添加素材：Premiere 有近 99 个视频轨道，主素材通常添加在 Video 1 轨道中，音频素材添加在 Audio 轨道中。

⑤在节目监视窗口预览影片：确定片头图像、声音是否同步等。

⑥添加过渡效果：在视频片段之间设置切换方式。

⑦为影片配置音乐。

⑧保存工程文件。

⑨导出视频文件：如果希望将影片制作成能够在计算机上独立播放的 AVI 文件，可以通过导出的方法将制作的影片转换为 AVI 文件。

Premiere 是目前功能最强大的多媒体视频编辑软件，具有强大的相册视频编辑功能，可以添加图片、插入视频片头、插入视频短片、对视频片头和视频短片进行截取、视频音频与背景音乐混音、添加 MTV 歌词字幕，还支持为视频叠加各种特效功能。

2. 会声会影软件

会声会影是台湾友立公司为个人、家庭及小型工作室设计的影片剪辑软件。该软件从视频采集、剪接、转场设置、添加特效和字幕、配乐到刻录，展示给使用者一套完整的视频制作技术，具有功能强大、易学易用的特点。会声会影软件可以通过简便方法制作专业水平的视频、相册和 DVD，可以创建高清视频。图 4 - 27 所示是会声会影的主界面。

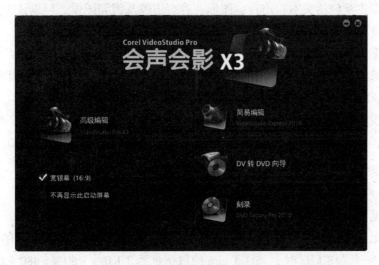

图 4 - 27　会声会影的主界面

会声会影软件是一个功能强大的"视频编辑"软件，具有图像抓取和编修功能，可以抓取文件，转换 MV、DV、TV 并实时记录、抓取画面文件，并提供超过 100 种的编制功能与效果，可制作 DVD、VCD，支持多种编码。会声会影制作简单，只要几个步骤就可以快速做出 DV 影片，可以使新手短时间内体验影片剪辑的乐趣；具有成批转换功能，可以高效率剪辑影片；具有特效、覆盖等效果，可以随意创作出新奇百变的奇特效果；配乐精准，可以营造立体效果。此外，其还具有多组影片转场、多组视频滤镜、标题动画等丰富功能，可以制作结婚相册、宝贝成长册、旅游记录、个人日记、生日派对、毕业典礼等精彩创意的家庭影片。

4.5 多媒体数据压缩

4.5.1 多媒体数据压缩概述

对多媒体信息进行压缩的目的是减小存储容量和降低数据传输率，压缩处理主要是针对声音、图像、视频信息，当然，也包括文字、数据等信息。

严格意义上的数据压缩起源于人们对概率的认识。当对文字信息进行压缩编码时，如果为出现概率较高的字母赋予较短的编码，为出现概率较低的字母赋予较长的编码，则总的编码长度就能缩短不少。

压缩编码的理论基础是信息论。从信息论的角度来看，压缩就是去掉信息中的冗余，即保留不确定的信息，去除确定的信息（可推知的）。

1. 多媒体数据压缩的必要性

多媒体数据主要包括文本、声音、图形、静态图像及视频图像。可以认为多媒体数据数字化后的数据量是相当庞大的，直接进行存储和传输，其效率是非常低的。

以图像数据为例，一幅 352×240 像素的彩色图像，每个像素的 RGB 颜色分别用 1 B 表示，则整幅图像的数据量为 $352 \times 240 \times 3$ B$/1\,024 = 247.5$ KB。这样的彩色图像若按 NTSC 制作，每秒钟 30 帧，其每秒的数据量就是 247.5 KB $\times 30 = 7.251$ MB，那么，一张 650 MB 的光盘存储的视频图像所能播放的时间为 650 MB$/(7.251$ MB$/s) = 89.6$ s $= 1.49$ min。显然，如果不进行数据压缩处理，计算机系统对这样大的多媒体数据进行存储和交换是十分低效的。

2. 多媒体数据压缩的可能性

多媒体数据可以被压缩，是因为其中存在着冗余信息。

例如，对语音数据而言，中文广播员 1 分钟读 180 个汉字，1 个汉字存储 2 B，共需 360 B；而采样频率为 8 kHz 时，采样 1 min 的数据量为 8 KB$/s \times 60$ s $= 480$ KB；1 min 的数据冗余为 480 KB$/360$ B $= 1\,000$（倍）。

在实际中，需要的是各种信号数据携带的信息，而数据中存在许多与有用信息无关的数据，这就是数据冗余。如果能够有效地去除这些冗余，就可以达到压缩数据的目的。

又如，对于图像数据，则存在多种冗余。主要包括：

①空间冗余：在图像数据中经常存在。例如，图像中的某个区域中的颜色是相同的，相邻像素的颜色信息相同，则该相邻像素在数字化图像中就表现为空间冗余。

②时间冗余：在一个图像序列的两幅相邻图像中，后一幅图像与前一幅图像之间有着较大的相关性。

③结构冗余：在有些图像的纹理区，图像的像素值存在着明显的分布模式。如草席、网格图像，反映为结构冗余。于是，已知分布模式，可以通过某一过程生成图像。

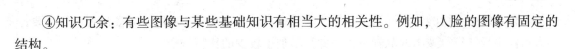

④知识冗余：有些图像与某些基础知识有相当大的相关性。例如，人脸的图像有固定的结构。

⑤视觉冗余：视觉冗余是指人的视觉分辨率要低于实际图像产生的冗余。例如，人的视觉对灰度的分辨率为 2^6，而一般图像量化采用的灰度等级为 2^8。

⑥编码冗余：编码冗余是指一块数据所携带的信息量少于数据本身所产生的冗余。例如，用等长码表示的信息就比用不等长码产生的冗余多。

数据压缩就是将庞大数据中的冗余信息（数据间的相关性）去掉，保留相互独立的信息分量。

3. 多媒体数据压缩的分类

多媒体数据压缩可分为有损压缩和无损压缩两类。

无损压缩是可逆的编码方法，经无损压缩编码的多媒体数据能完全恢复，没有任何偏差和失真。有损压缩是不可逆编码方法，经有损压缩编码的多媒体不能完全恢复，但听觉或视觉效果一般可以被接受。

采用有损压缩会造成一些信息损失，关键问题是看这种损失对图像质量带来的影响。只要这种损失被限制在允许的范围内，有损压缩就是可接受的。有损压缩技术主要的应用领域是在影像节目、可视电话会议和多媒体网络这样的由音频、彩色图像和视频组成的多媒体中，并且得到了较广泛的应用。

4.5.2 多媒体数据压缩的主要方法

多媒体数据压缩的主要方法可分为统计编码、预测编码、变换编码，此外，也有诸如向量编码、子带编码、结构编码和基于知识的编码。

1. 统计编码

统计编码的理论基础是信息论。经典的数据压缩技术是建立在信息论的基础之上的。数据压缩的理论极限是信息熵。在信息论中，信息熵是对信息量的度量。实践表明，一个事件的信息量多少，与该事件发生的概率有关。一个小概率事件发生，信息量就多；反之，一个大概率事件出现，信息量就少。

根据香农信息论，只要信源（即要压缩的对象）不是等概率分布，就存在着数据压缩的可能性。

统计编码的典型代表是霍夫曼编码和算术编码。

霍夫曼编码的依据是变字长最佳编码定理。该定理的内容是：

在变长码中，对于概率大的符号，编以短字长的码；对于概率小的符号，编以长字长的码；如果码制长度严格按照符号概率的大小的相反顺序排列，则平均码字长一定小于按任何其他符号顺序排列方式得到的码字长。

算术编码方法是将被编码的信息表示成实数 0 和 1 之间的一个间隔。信息越长，编码表示它的间隙就越小，表示这一间隙所需二进位就越多，大概率符号出现的概率越大，对应于区间越宽，可用长度较短的码字表示；小概率符号出现概率越小，层间越窄，需要较长码字

表示。信息源中连续的符号根据某一模式生成概率的大小来减小间隔。可能出现的符号要比不太可能出现的符号减小的范围少，因此只增加了较少的比特位。

2．预测编码

预测编码的理论基础是现代统计学和控制论。预测编码主要是减少了数据在时间和空间上的相关性，因而对于时间序列数据有着广泛的应用价值。

预测编码的基本思想是：建立一个模型，这个模型利用以往的样本数据，对下一个新的样本值进行预测，将预测所得的值与实际值相减得到一个差值，再对该差值进行编码。由于差值很小，可以减少编码的码位。

以图像数据压缩为例，预测编码方法是从相邻像素之间有很强的相关性特点考虑的。比如当前像素的灰度或颜色信号，数值上与其相邻像素总是比较接近，除非处于边界状态。那么，当前像素的灰度或颜色信号的数值可用前面已出现的像素的值进行预测，得到一个预测值，将实际值与预测值求差，对这个差值信号进行编码、传送。

3．变换编码

变换编码是进行一种函数变换，从信号的一种表示空间变换到信号的另一种表示空间，然后在变换后的域上对变换后的信号进行编码。

变换编码是一种有损编码方法，采用不同的变换方式，压缩的数据量和压缩速度都不同。变换编码技术比较成熟，理论也比较完备，已广泛应用于各种图像数据压缩，诸如单色图像、彩色图像、静止图像、运动图像，以及多媒体计算机技术中的电视帧内图像压缩和帧间图像压缩等。

4.5.3 多媒体的主要压缩标准

1．静止图像压缩编码标准 JPEG

JPEG 是一种适用于连续色调、多级灰度、静止图像的数字图像压缩编码方法，是国际上彩色、灰度、静止图像的第一个国际标准，也是一个适用范围广泛的通用标准。它不仅适用于静止图像的压缩，也适用于电视图像序列的帧内图像的压缩编码。JPEG 对单色和彩色图像的压缩比通常分别为 10∶1 和 15∶1，以 JPEG 方式压缩的文件扩展名为.jpg。

另外，新一代静态图像压缩标准 JPEG2000 则与 JPEG 兼容，但采用"感兴趣区域"压缩技术，压缩率比经 JPEG 高约 30%；支持渐进传输，即先传输图像轮廓数据，再逐步传输其他数据来不断提高图像质量；使用方便，浏览者只需单击页面上的缩略图，就可以看到更高分辨率的图像。

JPEG2000 的优点在于：高压缩率，同时支持有损和无损压缩，实现了渐进传输，支持"感兴趣区域"压缩。

2．动态图像压缩标准 MPEG

对于动态图像系统，重要的是速度问题。在静态系统中，1 s 时间内处理一幅图像是可以接受的，而对于动态系统则不行。MPEG 是视频图像的压缩标准，适用于压缩活动图像和音频信息。MPEG 压缩的基本思想是：在单位时间内采集并保存第一帧信息，然后只存储其余帧相对第一帧变化的部分，从而达到压缩的目的。该标准包括 MPEG 视频（制定视频信号的压缩算法）、MPEG 音频（制定音频信号的压缩算法）和同步信号（解决音频和视频信号的同步和复用问题）三大部分。

MPEG 分为以下几个标准：

（1）MPEG – 1 标准

MPEG – 1 标准是运动图像专家小组 1991 年制定的数字存储运动图像及伴音标准。该标准分为视频、音频和系统三部分。该标准是针对传输率为 1 ~ 1.5 Mb/s 的视频信号的压缩，达到普通电视的质量效果。其中应用最广泛的应属 VCD 光盘。VCD 采用该压缩标准，可将图像压缩为原来的 1/25 ~ 1/200 倍，声音压缩为原来的 1/65，并以数字方式加以记录。MPEG – 1 也被用于数字电话网络的视频传输（如 ADSL）等领域。

（2）MPEG – 2 标准

MPEG – 2 是 MPEG – 1 的扩充、丰富和完善。MPEG – 2 标准的视频数据位速率为 4 ~ 15 Mb/s，能提供 720×480（NTSC）或 720×576（PAL）分辨率的广播级质量的视频图像。其应用包括宽屏幕和 HDTV 在内的高质量电视广播。DVD 主要采用 MPEG – 2 标准。

（3）MPEG – 3 标准

原有的 MPEG – 3 标准现在已经废弃了，它原来的设计目标是高清晰度电视，要求具有 1 920×1 080 的分辨率和 30 帧/s 的速度，该标准要求的传输速率为 20 ~ 40 Mb/s，但发现其画面有轻度的扭曲，并且 MPEG – 1 和 MPEG – 2 用于高清晰度电视的效果更好。目前高清晰度电视应用的标准是 MPEG – 2 High – 1440 Level 的一部分。

（4）MPEG – 4

MPEG – 4 是一种正在发展中的压缩标准。它利用很窄的带宽压缩和传输数据，以求用最少的数据获得最佳的图像质量。它用来做互联网视像传送、交互式视频游戏，实时可视通信。如电视电话、视频邮件和视频会议等。与以往的标准不同，以前的标准以硬件实现算法为主，而 MPEG – 4 不提出算法，只提出最后的格式，让人们研究各种算法。目前 MPEG – 4 的主流压缩技术有 Microsoft MPEG – 4 编码和 Divx MPEG – 4 编码。

（5）MPEG – 7 标准

MPEG – 7 属于信息方面的检索和搜寻。所谓信息，可以是影像或音乐。MPEG – 7 在本质上就是人们常常在网上使用的搜索引擎，只不过它提供的是多媒体的信息查询服务。

习　题

1. 多媒体系统由哪几部分组成？
2. 图形和图像有何区别？
3. 简述多媒体计算机的关键技术及其主要应用领域。

4. 2 min 双声道、16 位采样位数、22.05 kHz 采样频率声音的不压缩的数据量是多少？

5. 简述媒体数字化的过程。

6. 1 min、240×180 分辨率，24 位真彩色、15 帧/s 的帧率视频不压缩的数据量是多少？

7. 彩色电视制式有哪些？我国使用的是哪种？

8. 多媒体技术的发展方向是什么？

第 5 章
计算机网络基础

2015 年，随着国家"互联网＋"行动计划的提出和推进，互联网对于整体社会的影响进入新的阶段。第二届世界互联网大会于 2015 年 12 月 16 日至 18 日在浙江乌镇举行。此次大会的主题是"互联互通、共享共治，共建网络空间命运共同体"。这昭示着我国已进入了互联网的新时代。

5.1　计算机网络概述

计算机网络是现代通信技术和计算机技术相结合而发展起来的，本节介绍计算机网络的概念、计算机网络的分类、计算机网络的常用设备和连接介质等基础知识。

5.1.1　计算机网络的定义

计算机网络，是指将地理位置不同的，具有独立功能的多台计算机及其外部设备，通过通信线路连接起来，在网络操作系统、网络管理软件及网络通信协议的管理和协调下，实现资源共享和信息传递的计算机系统。

从逻辑功能上看，计算机网络是以资源共享、传输信息为基础目的，用通信线路将多个计算机连接起来的计算机系统的集合。一个计算机网络组成包括传输介质和通信设备。

5.1.2　计算机网络的组成与分类

计算机网络，通俗地讲，就是由多台计算机（或其他计算机网络设备）通过传输介质和软件物理（或逻辑）连接在一起组成的。总的来说，计算机网络的组成基本上包括计算机、网络操作系统、传输介质（可以是有形的，也可以是无形的，如无线网络的传输介质就是空间）及相应的应用软件四部分。

虽然网络类型的划分标准各种各样，但是从地理范围划分是一种大家都认可的通用网络划分标准。按这种标准，可以把各种网络类型划分为局域网、城域网、广域网和互联网四种。局域网一般来说只能在一个较小的区域内，城域网是不同地区的网络互联。不过在此要说明的是，这里的网络划分并不是严格意义上的地理范围的区分，只是一个定性的概念。下面简要介绍这几种计算机网络。

1. 局域网（Local Area Network，LAN）

通常常见的"LAN"就是指局域网，这是最常见、应用最广的一种网络。局域网随着整个计算机网络技术的发展和提高而得到充分的应用和普及，几乎每个单位都有自己的局域网，有的甚至家庭中都有自己的小型局域网，如图 5－1 所示。很明显，所谓局域网，就是在局部地区范围内的网络，它所覆盖的地区范围较小。局域网在计算机数量配置上没有太多的限制，少的可以只有两台，多的可达几百台。一般来说，在企业局域网中，工作站的数量在几十到两百台次左右。在网络所涉及的地理距离上，一般来说，是几米至 10 km。局域网一般位于一个建筑物或一个单位内，不存在寻径问题，不包括网络层的应用。

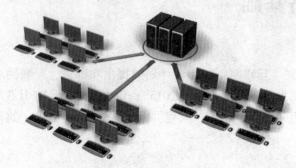

图 5 – 1　局域网示例图

这种网络的特点是：连接范围窄，用户数量少，配置容易，连接速率高。目前速率最快的局域网是 10G 以太网。IEEE 的 802 标准委员会定义了多种主要的 LAN 网：以太网（Ethernet）、令牌环网（Token Ring）、光纤分布式接口网络（FDDI）、异步传输模式网（ATM）及无线局域网（WLAN）。

虽然所能看到的局域网主要是以双绞线为代表传输介质的以太网，但这基本上是企、事业单位的局域网，在网络发展的早期或在其他各行各业中，因其行业特点所采用的局域网也不一定都是以太网。在局域网中，常见的有以太网（Ethernet）、令牌网（Token Ring）、FDDI网、异步传输模式网（ATM）等几类，下面分别做一些简要介绍。

以太网（Ethernet）最早是由 Xerox（施乐）公司创建的，在 1980 年由 DEC、Intel 和 Xerox 三家公司联合开发为一个标准。以太网是应用最为广泛的局域网，包括标准以太网（10 Mb/s）、快速以太网（100 Mb/s）、千兆以太网（1 000 Mb/s）和 10G 以太网，它们都符合 IEEE 802.3 系列标准规范。

（1）标准以太网

最开始以太网只有 10 Mb/s 的吞吐量，通常把这种最早期的 10 Mb/s 以太网称为标准以太网。以太网主要有两种传输介质，即双绞线和同轴电缆。所有的以太网都遵循 IEEE 802.3 标准。下面列出的是 IEEE 802.3 的一些以太网络标准，在这些标准中，前面的数字表示传输速度，单位是"Mb/s"，最后的一个数字表示单段网线长度（基准单位是 100 m），Base 表示"基带"，Broad 代表"宽带"。

➤ 10Base – T 使用双绞线电缆，最大网段长度为 100 m。

➤ 1Base – 5 使用双绞线电缆，最大网段长度为 500 m，传输速度为 1 Mb/s。

➤ 10Base – F 使用光纤传输介质，传输速率为 10 Mb/s。

（2）快速以太网（Fast Ethernet）

1993 年 10 月，Grand Junction 公司推出了世界上第一台快速以太网集线器 FastSwitch10/100 和网络接口卡 FastNIC100，快速以太网技术正式得到应用。随后 Intel、SynOptics、3COM、BayNetworks 等公司也相继推出自己的快速以太网装置。与此同时，IEEE 802 工程组也对 100 Mb/s 以太网的各种标准如 100BASE – TX、100BASE – T4、MII、中继器、全双工等标准进行了研究。1995 年 3 月，IEEE 颁布了 IEEE 802.3u 100BASE – T 快速以太网标准（Fast Ethernet），就这样开始了快速以太网时代。

100 Mb/s 快速以太网标准又分为 100BASE – TX 、100BASE – FX、100BASE – T4 三个子类。

➢ 100BASE – TX：是一种使用 5 类数据级无屏蔽双绞线或屏蔽双绞线的快速以太网技术。它使用两对双绞线，一对用于发送，一对用于接收数据。在传输中使用 4B/5B 编码方式，信号频率为 125 MHz，符合 EIA586 的 5 类布线标准和 IBM 的 SPT 1 类布线标准。使用与 10BASE – T 相同的 RJ – 45 连接器。它的最大网段长度为 100 m。它支持全双工的数据传输。

➢ 100BASE – FX：是一种使用光缆的快速以太网技术，可使用单模和多模光纤（62.5 和 125 μm），多模光纤连接的最大距离为 550 m，单模光纤连接的最大距离为 3 000 m。在传输中使用 4B/5B 编码方式，信号频率为 125 MHz。它使用 MIC/FDDI 连接器、ST 连接器或 SC 连接器。它的最大网段长度为 150 m、412 m、2 000 m 或更长至 10 km，这与所使用的光纤类型及工作模式有关，它支持全双工的数据传输。100BASE – FX 特别适用于有电气干扰的环境、较大距离连接或高保密环境等情况。

（3）千兆以太网（GB Ethernet）

随着以太网技术的深入应用和发展，企业用户对网络连接速度的要求越来越高，1995 年 11 月，IEEE 802.3 工作组委任了一个高速研究组（Higher Speed Study Group），研究将快速以太网速度增至更高。该研究组研究了将快速以太网速度增至 1 000 Mb/s 的可行性和方法。1996 年 6 月，IEEE 标准委员会批准了千兆位以太网方案授权申请（Gigabit Ethernet Project Authorization Request）。随后，IEEE 802.3 工作组成立了 802.3z 工作委员会。IEEE 802.3z 委员会成立的目的是建立千兆位以太网标准，包括在 1 000 Mb/s 通信速率的情况下的全双工和半双工操作、802.3 以太网帧格式、载波侦听多路访问和冲突检测（CSMA/CD）技术、在一个冲突域中支持一个中继器（Repeater）、10BASE – T 和 100BASE – T 向下兼容技术。千兆位以太网具有以太网的易移植、易管理特性。千兆位以太网在处理新应用和新数据类型方面具有灵活性，它是在赢得了巨大成功的 10 Mb/s 和 100 Mb/s IEEE 802.3 以太网标准的基础上的延伸，提供了 1 000 Mb/s 的数据带宽，这使得千兆位以太网成为高速、宽带网络应用的战略性选择。

1 000 Mb/s 以太网主要有三种技术版本：1000BASE – SX、1000 BASE – LX 和 1000 BASE – CX。1000BASE – SX 系列采用低成本短波的 CD（Compact Disc，光盘激光器）或者 VCSEL（Vertical Cavity Surface Emitting Laser，垂直腔体表面发光激光器）发送器；而 1000BASE – LX 系列则使用相对昂贵的长波激光器；1000BASE – CX 系列则打算在配线间使用短跳线电缆把高性能服务器和高速外围设备连接起来。

（4）10G 以太网

10 Gb/s 的以太网标准已经由 IEEE 802.3 工作组于 2000 年正式制定，10G 以太网仍使用与以往 10 Mb/s 和 100 Mb/s 以太网相同的形式，它允许直接升级到高速网络。同样使用 IEEE 802.3 标准的帧格式、全双工业务和流量控制方式。由于 10G 以太网技术的复杂性及原来传输介质的兼容性问题（只能在光纤上传输，与原来企业常用的双绞线不兼容了），并

且这类设备造价太高（一般为2万~9万美元），所以这类以太网技术还处于研发的初级阶段，还没有得到实质应用。

2. 城域网（Metropolitan Area Network，MAN）

这种网络一般来说是在一个城市，但不在同一地理小区范围内的计算机互联。这种网络的连接距离可以为10~100 km，它采用的是 IEEE 802.6 标准。MAN 与 LAN 相比，扩展的距离更长，连接的计算机数量更多，在地理范围上可以说是 LAN 网络的延伸。在一个大型城市或都市地区，一个 MAN 网络通常连接着多个 LAN 网。如连接政府机构的 LAN、医院的 LAN、电信的 LAN、公司企业的 LAN 等。由于光纤连接的引入，使 MAN 中高速的 LAN 互联成为可能。

城域网多采用 ATM 技术做骨干网。ATM 是一个用于数据、语音、视频及多媒体应用程序的高速网络传输方法。ATM 包括一个接口和一个协议，该协议能够在一个常规的传输信道上，在比特率不变及变化的通信量之间进行切换。ATM 也包括硬件、软件及与 ATM 协议标准一致的介质。ATM 提供一个可伸缩的主干基础设施，以便能够适应不同规模、速度及寻址技术的网络。ATM 的最大缺点就是成本太高，所以一般在政府城域网中应用，如邮政、银行、医院等。

3. 广域网（Wide Area Network，WAN）

这种网络也称为远程网，所覆盖的范围比城域网（MAN）的更广，它一般是在不同城市之间的 LAN 或者 MAN 网络互联，地理范围可从几百千米到几千千米，如图 5-2 所示。因为距离较远，信息衰减比较严重，所以这种网络一般要租用专线，通过 IMP（接口信息处理）协议和线路连接起来，构成网状结构，解决循径问题。

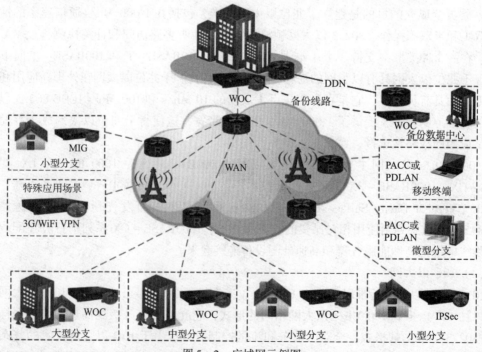

图 5-2　广域网示例图

主要广域网络国际出口带宽数见表5-1。

表5-1　主要广域网络国际出口带宽数

主要广域网络	国际出口带宽数/（Mb·s^{-1}）
中国电信	3 223 629
中国联通	1 414 868
中国移动	645 073
中国教育和科研计算机网	61 440
中国科技网	47 104
中国国际经济贸易互联网	2
合计	5 392 116

4. 互联网

互联网又称为网际网络，始于1969年美国的阿帕网，是网络与网络之间所串联成的庞大网络。这些网络以一组通用的协议相连，形成逻辑上的单一巨大国际网络。这种将计算机网络互相连接在一起的方法可称作"网络互联"，在这基础上发展出覆盖全世界的全球性互联网络称为互联网，即是互相连接一起的网络结构。互联网是世界上最大的广域网。

5.1.3　计算机网络的性能

计算机网络的性能一般是指它的几个重要的性能指标。除了这些重要的性能指标外，还有一些非性能特征，它们对计算机网络的性能也有很大的影响。

1. 计算机网络的性能指标

性能指标从不同的方面来度量计算机网络的性能。

（1）速率

计算机发送出的信号都是数字形式的。比特是计算机中数据量的单位，也是信息论中使用的信息量的单位。英文字 bit 来源于 binary digit，意思是一个"二进制数字"，因此一个比特就是二进制数字中的一个1或0。网络技术中的速率指的是连接在计算机网络上的主机在数字信道上传送数据的速率，它也称为数据率（data rate）或比特率（bit rate）。速率是计算机网络中最重要的一个性能指标。速率的单位是 b/s（比特每秒）（即 bit per second）。现在人们常用更简单的并且是很不严格的记法来描述网络的速率，如100M 以太网，它省略了单位中的 b/s，意思是速率为 100 Mb/s 的以太网。

（2）带宽

带宽有以下两种不同的意义。

①带宽本来是指某个信号具有的频带宽度。信号的带宽是指该信号所包含的各种不同频率成分所占据的频率范围。例如，在传统的通信线路上传送的电话信号的标准带宽是

3.1 kHz（从 300 Hz 到 3.4 kHz，即话音的主要成分的频率范围）。这种意义的带宽的单位是赫（或千赫、兆赫、吉赫等）。

②在计算机网络中，带宽用来表示网络的通信线路所能传送数据的能力，因此网络带宽表示在单位时间内从网络中的某一点到另一点所能通过的"最高数据率"。一般所说的"带宽"就是这个意思。这种意义的带宽的单位是"比特/秒"，记为 b/s 或 bps。

（3）吞吐量

吞吐量表示在单位时间内通过某个网络（或信道、接口）的数据量。吞吐量更经常地用于对现实世界中的网络的一种测量，以便知道实际上到底有多少数据量能够通过网络。显然，吞吐量受网络的带宽或网络的额定速率的限制。例如，对于一个 100 Mb/s 的以太网，其额定速率是 100 Mb/s，那么这个数值也是该以太网的吞吐量的绝对上限值。因此，对 100 Mb/s 的以太网，其典型的吞吐量可能只有 70 Mb/s。有时吞吐量还可以用每秒传送的字节数或帧数来表示。

（4）时延

时延是指数据（一个报文或分组，甚至比特）从网络（或链路）的一端传送到另一端所需的时间。时延是个很重要的性能指标，它有时也称为延迟或迟延。网络中的时延是由以下几个不同的部分组成的。

①发送时延。

发送时延是主机或路由器发送数据帧所需要的时间，也就是从发送数据帧的第一个比特算起，到该帧的最后一个比特发送完毕所需的时间。因此发送时延也叫作传输时延。发送时延的计算公式是：

$$发送时延 = 数据帧长度（b）/信道带宽（b/s）$$

由此可见，对于一定的网络，发送时延并非固定不变的，而是与发送的帧长（单位是比特）成正比，与信道带宽成反比。

②传播时延。

传播时延是电磁波在信道中传播一定的距离需要花费的时间。传播时延的计算公式是：

$$传播时延 = 信道长度（m）/电磁波在信道上的传播速率（m/s）$$

电磁波在自由空间的传播速率是光速，即 3.0×10 km/s。电磁波在网络传输媒体中的传播速率比在自由空间要略低一些。

③处理时延。

主机或路由器在收到分组时，要花费一定的时间进行处理，例如分析分组的首部，从分组中提取数据部分，进行差错检验或查找适当的路由等，这就产生了处理时延。

④排队时延。

分组在进行网络传输时，要经过许多的路由器。但分组在进入路由器后，要先在输入队列中排队等待处理。在路由器确定了转发接口后，还要在输出队列中排队等待转发。这就产生了排队时延。

这样，数据在网络中经历的总时延就是以上四种时延之和：

$$总时延 = 发送时延 + 传播时延 + 处理时延 + 排队时延$$

（5）时延带宽积

把以上讨论的网络性能的两个度量传播时延和带宽相乘，就得到另一个很有用的度量——时延带宽积，即时延带宽积＝传播时延×带宽。

（6）往返时间（RTT）

在计算机网络中，往返时间也是一个重要的性能指标，它表示从发送方发送数据开始，到发送方收到来自接收方的确认（接受方收到数据后便立即发送确认）总共经历的时间。当使用卫星通信时，往返时间（RTT）相对较长，约为540 ms。

（7）利用率

利用率有信道利用率和网络利用率两种。信道利用率指某信道有百分之几的时间是被利用的（有数据通过），完全空闲的信道的利用率是零。网络利用率是全网络的信道利用率的加权平均值。

2. 计算机网络的非性能特征

这些非性能特征与前面介绍的性能指标有很大的关系。

（1）费用

费用即网络的价格（包括设计和实现的费用）。网络的性能与其价格密切相关。一般来说，网络的速率越高，其价格也越高。

（2）质量

网络的质量取决于网络中所有构件的质量，以及这些构件是怎样组成网络的。网络的质量影响很多方面，如网络的可靠性、网络管理的简易性，以及网络的一些性能。但网络的性能与网络的质量并不是一回事，例如，有些性能不错的网络，运行一段时间后就出现了故障，变得无法再继续工作，说明其质量不好。高质量的网络往往价格也较高。

（3）标准化

网络的硬件和软件的设计既可以按照通用的国际标准，也可以遵循特定的专用网络标准。最好采用国际标准的设计，这样可以得到更好的互操作性，更易于升级换代和维修，也更容易得到技术上的支持。

（4）可靠性

可靠性与网络的质量及性能都有密切关系。速率更高的网络，其可靠性不一定会更差。但速率更高的网络要可靠地运行，则往往更加困难，同时所需的费用也会较高。

（5）可扩展性和可升级性

在构造网络时就应当考虑到今后可能会需要扩展（即规模扩大）和升级（即性能和版本的提高）。网络的性能越高，其扩展费用往往也越高，难度也会相应增加。

（6）易于管理和维护

网络如果没有得到良好的管理和维护，就很难达到和保持所设计的性能。

5.1.4　计算机网络的应用

现代意义上的网络是指"三网"，即电信网络、有线电视网络和计算机网络。这三种网

络向用户提供的服务不同。电信网络的用户可得到电话、电报及传真等服务；有线电视网络的用户能够观看各种电视节目；计算机网络则可以使用户能够迅速传送数据文件，以及从网络上查找并获取各种有用资料，包括图像和视频文件。这三种网络在信息化过程中都起到十分重要的作用，但其中发展最快的并起到核心作用的是计算机网络。随着技术的发展，电信网络和有线电视网络都逐渐融入了现代计算机网络（也称计算机通信网）技术，这就产生了"网络融合"的概念。

自从 20 世纪 90 年代以后，以因特网（Internet）为代表的计算机网络得到了飞速的发展，已从最初的教育科研网络逐步发展成为商业网络，并已成为仅次于全球电话网的世界第二大网络。因特网正在改变着人们工作和生活的各个方面，它已经给很多国家带来了巨大的好处，并加速了全球信息革命的进程。因特网是人类自印刷术发明以来在通信方面最大的变革。现在人们的生活、工作、学习和交往都已离不开因特网了。

计算机网络向用户提供的最重要的功能有两个，即连通性和共享。计算机网络的运用受到个人和公司的青睐。具体来讲，包括：

1. 商业运用

①主要是实现资源共享（resource sharing），最终打破地理位置束缚（tyranny of geography），主要运用客户－服务器模型（client－server model）。

②提供强大的通信媒介（communication medium）。如电子邮件（E－mail）、视频会议。

③电子商务活动。如各种不同供应商购买子系统，然后将这些部件组装起来。

④通过 Internet 与客户做各种交易。如书店、音像店通过 Internet 给在家中的顾客提供便捷服务。

2. 家庭运用

①访问远程信息。如浏览 Web 页面获得艺术、商务、烹饪、政府、健康、历史、爱好、娱乐、科学、运动、旅游等信息。

②个人之间的通信。如即时消息（instant messaging），包括 QQ、MSN、YY、微信等。

③交互式娱乐。如视频点播、即时评论及参加活动、电视直播网络互动、网络游戏。

④广义的电子商务。如电子方式支付账单、管理银行账户、处理投资。

3. 移动用户

以无线网络为基础。

①可移动的计算机：笔记本计算机、PDA、3G/4G 手机。

②军事：一场战争不可能靠局域网设备通信。

③货车队、出租车、快递专车等应用。

5.2 计算机网络通信协议

要想让两台计算机进行通信，必须使它们采用相同的信息交换规则。计算机网络中用于规定信息的格式及如何发送和接收信息的一套规则称为网络协议（network protocol）或通信协议（communication protocol）。

5.2.1 网络协议体系结构

为了降低网络协议设计的复杂性，网络设计者并不是设计一个单一、巨大的协议来为所有形式的通信规定完整的细节，而是采用把通信问题划分为许多个小问题，然后为每个小问题设计一个单独的协议的方法。这样做使得每个协议的设计、分析、编码和测试都比较容易。分层模型（layering model）是一种用于开发网络协议的设计方法。本质上，分层模型描述了把通信问题分为几个小问题（称为层次）的方法，每个小问题对应于一层。

在计算机网络中要做到有条不紊地交换数据，就必须遵守一些事先约定好的规则。这些规则明确规定了所交换的数据格式及有关的同步问题。这里所说的同步不是狭义的（即同频或同频同相），而是广义的，即在一定的条件下应当发生什么事件（如发送一个应答信息），因而同步含有时序的意思。这些为进行网络中的数据交换而建立的规则、标准或约定称为网络协议，网络协议也可简称为协议。网络协议主要由三个要素组成：

①语法，即数据与控制信息的结构或格式。

②语义，即需要发出何种控制信息，完成何种动作及做出何种响应。

③同步，即事件实现顺序的详细说明。

网络协议是计算机网络的不可缺少的组成部分。协议通常有两种不同的形式：一种是使用便于人来阅读和理解的文字描述，另一种是使用计算机能够理解的程序代码。

对于非常复杂的计算机网络协议，其结构应该是层次式的。分层可以带来许多好处。

①各层之间是独立的。某一层并不需要知道它的下一层是如何实现的，而仅仅需要知道该层通过层间的接口（即界面）所提供的服务。由于每一层只实现一种相对独立的功能，因而可以将一个难以处理的复杂问题分解为若干个较容易处理的更小一些的问题，这样整个问题的复杂程度就下降了。

②灵活性好。当任何一层发生变化时，只要层间接口关系保持不变，则在这层以上或以下各层均不受影响。此外，对某一层提供的服务还可以进行修改。当某层提供的服务不再需要时，甚至可以将这层取消。

③结构上可以分割开。各层都可以采用最合适的技术来实现。

④易于实现和维护。这种结构使得实现和调试一个庞大而又复杂的系统变得易于处理，因为整个系统已被分解为若干个相对独立的子系统。

⑤能促进标准化工作。因为每一层的功能及其所提供的服务都已有了精确的说明。

计算机网络的各层及其协议的集合称为网络的体系结构。或者说计算机网络的体系结构就是这个计算机网络及其构件所应完成的功能的精确定义。需要强调的是，这些功能究竟是用何种硬件或软件完成的，则是一个遵循这种体系结构的实现的问题。体系结构的英文名词architecture 的原意是建筑学或建筑的设计和风格。但是它和一个具体的建筑物的概念很不相同。我们也不能把一个具体的计算机网络说成是一个抽象的网络体系结构。总之，体系结构是抽象的，而实现则是具体的，是真正在运行的计算机硬件和软件。

图 5－3 所示是计算机网络体系结构示意图。

其中图 5-3（a）是 OSI 的七层协议体系结构图、图 5-3（b）是 TCP/IP 四层体系结构、图 5-3（c）是五层协议的体系结构。五层协议的体系结构综合了前两种体系结构的优点，既简洁，又能将概念阐述清楚。

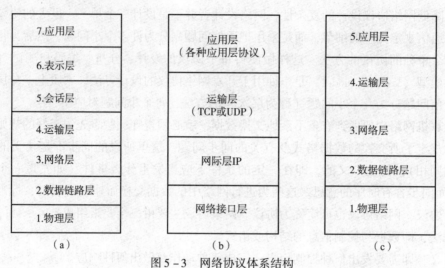

图 5-3　网络协议体系结构

（a）OSI 的七层协议体系结构；（b）TCP/IP 的四层协议体系结构；（c）五层协议的体系结构

5.2.2　ISO/OSI 开放系统互连参考模型

国际标准化组织 ISO 在 1977 年建立了一个分委员会来专门研究体系结构，提出了开放系统互连（Open System Interconnection，OSI）参考模型，这是一个定义连接异种计算机标准的主体结构，OSI 解决了已有协议在广域网和高通信负载方面存在的问题。"开放"表示能使任何两个遵守参考模型和有关标准的系统进行连接。"互连"是指将不同的系统互相连接起来，以达到相互交换信息、共享资源、分布应用和分布处理的目的。

1. OSI 参考模型

开放系统互连（OSI）参考模型采用分层的结构化技术，共分为 7 层，从低到高为物理层、数据链路层、网络层、传输层、会话层、表示层、应用层。无论什么样的分层模型，都基于一个基本思想，遵守同样的分层原则：目标站第 N 层收到的对象应当与源站第 N 层发出的对象完全一致，如图 5-4 所示。

2. OSI 参考模型各层的功能

OSI 参考模型的每一层都有它自己必须实现的一系列功能，以保证数据报能从源传输到目的地。下面简单介绍 OSI 参考模型各层的功能。

（1）物理层（Physical Layer）

物理层位于 OSI 参考模型的最低层，它直接面向原始比特流的传输。为了实现原始比特流的物理传输，物理层必须解决好包括传输介质、信道类型、数据与信号之间的转换、信号传输中的衰减和噪声等在内的一系列问题。另外，物理层标准要给出关于物理接口的机械、电气功能和规程特性，以便不同的制造厂家既能够根据公认的标准各自独立地制造设备，又

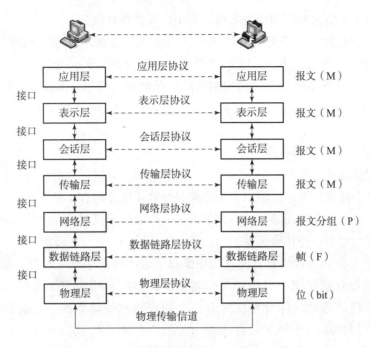

图 5 - 4　ISO/OSI 工作模型

能使各个厂家的产品能够相互兼容。物理层涉及的主要内容包括机械特性、电气特性、功能特性、规程特性。

（2）数据链路层（Data Link Layer）

数据链路层在物理层和网络层之间提供通信，建立相邻节点之间的数据链路，传送按一定格式组织起来的位组合，即数据帧。本层为网络层提供可靠的信息传送机制。将数据组成适合正确传输的帧形式。帧中包含应答、流控制和差错控制等信息，以实现应答、差错控制、数据流控制和发送顺序控制，确保接收数据的顺序与原发送顺序相同等功能。

（3）网络层（Network Layer）

网络中的两台计算机进行通信时，可能要经过许多中间结点甚至不同的通信子网。网络层的任务就是在通信子网中选择一条合适的路径，使发送端传输层传下来的数据能够通过所选择的路径到达目的端。为了实现路径选择，网络层必须使用寻址方案来确定存在哪些网络及设备在这些网络中所处的位置，不同网络层协议所采用的寻址方案是不同的。在确定了目标结点的位置后，网络层还要负责引导数据报正确地通过网络，找到通过网络的最优路径，即路由选择。如果子网中出现过多的分组，它们将相互阻塞通路并可能形成网络瓶颈，所以网络层还需要提供拥塞控制机制，以避免此类现象的出现。另外，网络层还要解决异构网络互连问题。

（4）传输层（Transport Layer）

传输层是 OSI 参考模型中唯一负责端到端结点间数据传输和控制功能的层。传输层是 OSI 参考模型中承上启下的层，它下面的 3 层主要面向网络通信，以确保信息被准确有效地

传输；它上面的 3 个层次则面向用户主机，为用户提供各种服务。

传输层通过弥补网络层服务质量的不足，为会话层提供端到端的可靠数据传输服务。它为会话层屏蔽了传输层以下的数据通信的细节，使会话层不会受到下 3 层技术变化的影响。但同时它又依靠下面的 3 个层次控制实际的网络通信操作，来完成数据从源到目标的传输。传输层为了向会话层提供可靠的端到端传输服务，也使用了差错控制和流量控制等机制。

（5）会话层（Session Layer）

会话层的主要功能是在两个结点间建立、维护和释放面向用户的连接，并对会话进行管理和控制，保证会话数据可靠传输。会话连接和传输连接之间有 3 种关系：一对一关系，即一个会话连接对应一个传输连接；一对多关系，一个会话连接对应多个传输连接；多对一关系，多个会话连接对应一个传输关系。

会话过程中，会话层需要究竟到底使用全双工通信还是半双工通信。如果采用全双工通信，则会话层在对话管理中要做的工作就很少；如果采用半双工通信，则会话层通过一个数据令牌来协调会话，保证每次只有一个用户能够传输数据。当会话层建立一个会话时，先让一个用户得到令牌，只有获得令牌的用户才有权进行发送。如果接收方想要发送数据，可以请求获得令牌，由发送方决定何时放弃。一旦得到令牌，接收方就转变为发送方。

当进行大量的数据传输时，会话层提供了同步服务，通过在数据流中定义检查点来把会话分割成明显的会话单元。当网络故障出现时，从最后一个检查点开始重传数据。

（6）表示层（Presentation Layer）

OSI 模型中，表示层以下的各层主要负责数据在网络中传输时不要出错。但数据的传输没有出错，并不代表数据所表示的信息不会出错。表示层专门负责有关网络中计算机信息表示方式的问题。表示层负责在不同的数据格式之间进行转换操作，以实现不同计算机系统间的信息交换。除了编码外，还包括数组、浮点数、记录、图像、声音等多种数据结构，表示层用抽象的方式来定义交换中使用的数据结构，并且在计算机内部表示法和网络的标准表示法之间进行转换。

表示层还负责数据的加密，以在数据的传输过程中对其进行保护。数据在发送端被加密，在接收端解密。使用加密密钥来对数据进行加密和解密。表示层还负责文件的压缩，通过算法来压缩文件的大小，降低传输费用。

（7）应用层（Application Layer）

应用层是 OSI 参考模型中最靠近用户的一层，负责为用户的应用程序提供网络服务。与 OSI 参考模型其他层不同的是，它不为任何其他 OSI 层提供服务，而只是为 OSI 模型以外的应用程序提供服务。包括为相互通信的应用程序或进程之间建立连接、进行同步，建立关于错误纠正和控制数据完整性过程的协商等。

5.2.3　TCP/IP 模型

前面已讲述了七层协议 OSI 参考模型，但是在实际中完全遵从 OSI 参考模型的协议几乎没有。尽管 OSI 参考模型得到了全世界的认同，但是互联网技术上的开发标准都是 TCP/IP（传输控制协议/网际协议）模型。TCP/IP 模型及其协议族使得世界上任意两台计算机间的通信成为可能。

1. TCP/IP 参考模型

TCP/IP 参考模型是首先由 ARPANET 所使用的网络体系结构。这个体系结构在它的两个主要协议出现以后被称为 TCP/IP 参考模型（TCP/IP Reference Model）。这一网络协议共分为四层：网络访问层、互联网层、传输层和应用层，如图 5-5 所示。

应用层
传输层
互联网层
网络访问层

图 5-5 TCP/IP
参考模型

2. TCP/IP 参考模型各层的功能

①网络访问层（Network Access Layer）在 TCP/IP 参考模型中并没有详细描述，只是指出主机必须使用某种协议与网络相连。此层功能由网卡或调制解调器完成。

②互联网层（Internet Layer）是整个体系结构的关键部分，其功能是使主机可以把分组发往任何网络，并使分组独立地传向目标。这些分组可能经由不同的网络，到达的顺序和发送的顺序也可能不同。高层如果需要顺序收发，那么就必须自行处理对分组的排序。互联网层使用因特网协议（Internet Protocol，IP）。TCP/IP 参考模型的互联网层和 OSI 参考模型的网络层在功能上非常相似。

③传输层（Transport Layer）使源端和目的端机器上的对等实体可以进行会话。在这一层定义了两个端到端的协议：传输控制协议（Transmission Control Protocol，TCP）和用户数据报协议（User Datagram Protocol，UDP）。TCP 是面向连接的协议，它提供可靠的报文传输和对上层应用的连接服务。为此，除了基本的数据传输外，它还有可靠性保证、流量控制、多路复用、优先权和安全性控制等功能。UDP 是面向无连接的不可靠传输的协议，主要用于不需要 TCP 的排序和流量控制等功能的应用程序。

④应用层（Application Layer）包含所有的高层协议，包括虚拟终端协议（Telecommunications Network，TELNET）、文件传输协议（File Transfer Protocol，FTP）、电子邮件传输协议（Simple Mail Transfer Protocol，SMTP）、域名服务（Domain Name Service，DNS）、网上新闻传输协议（Net News Transfer Protocol，NNTP）和超文本传送协议（Hyper Text Transfer Protocol，HTTP）等。TELNET 允许一台机器上的用户登录到远程机器上，并进行工作；FTP 提供有效地将文件从一台机器上移到另一台机器上的方法；SMTP 用于电子邮件的收发；DNS 用于把主机名映射到网络地址；NNTP 用于新闻的发布、检索和获取；HTTP 用于在 WWW 上获取主页。

5.2.4 OSI 模型和 TCP/IP 模型的比较

1. 相似点

OSI/RM 模型和 TCP/IP 模型有许多相似之处，表现在：这两个模型都采用了层次化的结构，都存在传输层和网络层；两个模型都有应用层，尽管所提供的服务有所不同；都是一

种基于协议数据单元的分组交换网络，虽然 OSI/RM 是概念上的模型而 TCP/IP 是事实上的标准，但是两者具有同等的重要性。

2. 不同点

ISO/OSI 模型和 TCP/IP 模型还有许多不同之处：

①OSI 模型包括了 7 层，而 TCP/IP 模型只有 4 层。两者具有功能相当的网络层、传输层和应用层，但在其他层次上差别很大。总体来说，TCP/IP 模型更为简单实用。

TCP/IP 模型中没有专门的表示层和会话层，它将与这两层相关的表达、编码和会话控制等功能包含到了应用层中去完成。另外，TCP/IP 模型还将 OSI 的数据链路层和物理层包括到了一个网络接口层中。

②OSI 参考模型在网络层支持无连接和面向连接两种服务，而在传输层仅支持面向连接服务。TCP/IP 模型在网络层则只支持无连接服务，但在传输层支持面向连接和无连接两种服务。

③TCP/IP 由于有较少的层次，因而显得更简单，TCP/IP 一开始就考虑到多种异构网的互连问题，并将网际协议作为 TCP/IP 的重要组成部分，并且作为从 Internet 上发展起来的协议，已经成了网络互连的事实标准。相比 TCP/IP，目前还没有实际网络是建立在 OSI 参考模型基础上的，OSI 仅仅作为理论的参考模型被广泛学习使用。

5.3 网络通信组件

网络通信组件包括通信介质和网络设备及部件。通信介质（传输介质）即网络通信的线路，有双绞线、非屏蔽双绞线、同轴电缆和光纤四种缆线，还有短波、卫星通信等无线传输。

网络设备及部件是连接到网络中的物理实体。网络设备的种类繁多，且与日俱增。基本的网络设备有计算机（无论其为个人电脑或服务器）、集线器、交换机、网桥、路由器、网关、网络接口卡（NIC）、无线接入点（WAP）等。

5.3.1 通信介质

1. 同轴电缆

同轴电缆从用途上可以分为基带同轴电缆和宽带同轴电缆（即网络同轴电缆和视频同轴电缆）。同轴电缆分为 50 Ω 基带电缆和 75 Ω 宽带电缆两类。基带电缆又分为细同轴电缆和粗同轴电缆。基带电缆仅仅用于数字传输，数据率可以达到 10 Mb/s。如图 5-6 所示。

2. 双绞线

在局域网中，双绞线用得非常广泛，这主要是因为它们成本低、速度高和可靠性高。双绞线有两种基本类型：屏蔽

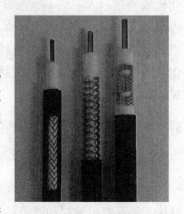

图 5-6 同轴电缆

双绞线（STP）和非屏蔽双绞线（UTP），它们都是由两根绞在一起的导线形成传输电路。两根导线绞在一起主要是为了防止干扰（线对上的差分信号具有共模抑制干扰的作用）。如图 5 – 7 所示。

3. 光纤

有些网络应用要求很高，要求可靠、高速地长距离传送数据，这种情况下，光纤就是一个理想的选择。光纤具有圆柱形的形状，由三部分组成：纤芯、包层和护套。纤芯是最内层部分，它由一根或多根非常细的由玻璃或塑料制成的绞合线或纤维组成。每一根纤维都由各自的包层包着，包层是玻璃或塑料涂层，它具有与纤芯不同的光学特性。最外层是护套，它包着一根或一束已加包层的纤维。护套是由塑料或其他材料制成的，用它来防止潮气、擦伤、压伤或其他外界带来的危害。如图 5 – 8 所示。

图 5 – 7　双绞线

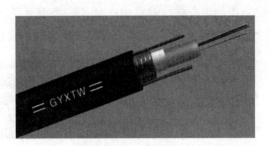

图 5 – 8　光纤

4. 无线介质

传输线系统除了同轴电缆、双绞线和光纤外，还有一种方法是不使用导线，这就是无线电通信。无线电通信利用电磁波或光波来传输信息。使用它时，不用敷设缆线就可以把网络连接起来。无线电通信包括两个独特的网络：移动网络和无线 LAN 网络。利用 LAN 网，机器可以通过发射机和接收机连接起来；利用移动网，机器可以通过蜂窝式通信系统连接起来，该通信系统由无线电通信部门提供。

5.3.2　网络设备

1. 集线器

集线器的基本功能是信息分发，它将一个端口收到的信号转发给其他所有端口。同时，集线器的所有端口共享集线器的带宽。当在一台 10 Mb/s 带宽的集线器上只连接一台计算机时，此计算机的带宽是 10 Mb/s；而当连接两台计算机时，每台计算机的带宽是 5 Mb/s；当连接 10 台计算机时，带宽则是 1 Mb/s。即用集线器组网时，连接的计算机越多，网络速度越慢。

按端口个数分，集线器分为 5 口、8 口、16 口、24 口等，如图 5 – 9 所示。

图 5 - 9　集线器

2. 交换机（Switch）

交换机也是目前使用较广泛的网络设备之一，同样用来组建星型拓扑的网络。从外观上看，交换机与集线器几乎一样，其端口和连接方式与集线器的几乎也是一样，但是，由于交换机采用交换技术，使其可以并行通信，而不像集线器那样平均分配带宽。如一台 100 Mb/s 交换机的每个端口都是 100 Mb/s，互连的每台计算机均以 100 Mb/s 的速率通信，而不像集线器那样平均分配带宽，这使交换机能够提供更佳的通信性能。如图 5 - 10 所示。

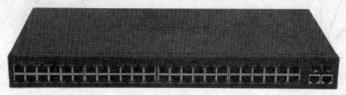

图 5 - 10　交换机

3. 路由器（Router）

路由器并不是组建局域网所必需的设备，但是随着企业网规模的不断扩大和企业网接入互联网的需求，路由器的使用率越来越高。

路由器是工作在网络层的设备，主要用于不同类型的网络的互连。当使用路由器将不同网络连接起来后，路由器可以在不同网络间选择最佳的信息传输路径，从而使信息更快地传输到目的地。事实上，访问的互联网就是通过众多的路由器将世界各地的不同网络互联起来的，路由器在互联网中选择路径并转发信息，使世界各地的网络可以共享网络资源。如图 5 - 11 所示。

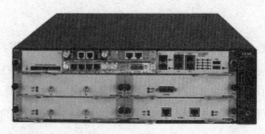

图 5 - 11　路由器

4. xDSL 路由器

路由器的一种，集 ADSL 调制解调器和路由器功能于一体。通常为含无线路由功能。xDSL 中的"x"表任意字符或字符串，采取的调制方式不同，获得的信号传输速率和距离不同，上行信道和下行信道的对称性也不同。

　　xDSL 是一种新的传输技术，在现有的铜质电话线路上采用较高的频率及相应调制技术，即利用在模拟线路中加入或获取更多的数字数据的信号处理技术来获得高传输速率（理论值可以达到 52 Mb/s）。各种 DSL 技术最大的区别体现在信号传输速率和距离的不同，以及上行信道和下行信道的对称性不同两个方面。

　　ADSL 是一种非对称的 DSL 技术。所谓非对称，是指用户线的上行速率与下行速率不同，上行速率低，下行速率高，特别适合传输多媒体信息业务，如视频点播（VOD）、多媒体信息检索和其他交互式业务。

图 5 – 12　ADSL 无线路由器

　　以 ITU – T G. 992. 1 标准为例。ADSL 在一对铜线上支持上行速率 512 Kb/s ~ 1 Mb/s，下行速率 1 ~ 8 Mb/s，有效传输距离为 3 ~ 5 km。当电信服务提供商的设备端和用户终端之间距离小于 1. 3 km 的时候，还可以使用速率更高的 VDSL，它的速率可以达到下行55. 2 Mb/s，上行 19. 2 Mb/s。

　　ADSL 无线路由器如图 5 – 12 所示。

　　ADSL 路由器接口示例如图 5 – 13 所示。

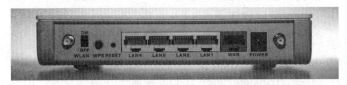

图 5 – 13　ADSL 路由器接口示例

5. 网络适配器

　　网络适配器又称网卡或网络接口卡（Network Interface Card，NIC），它是使计算机联网的设备，如图 5 – 14 所示。平常所说的网卡就是将 PC 机和 LAN 连接的网络适配器。网卡插在计算机主板插槽中，负责将用户要传递的数据转换为网络上其他设备能够识别的格式，通过网络介质传输。它的主要技术参数为带宽、总线方式、电气接口方式等。它的基本功能为：从并行到串行的数据转换，包的装配和拆装，网络存取控制，数据缓存和网络信号。目前主要是 8 位和 16 位网卡。

图 5 – 14　网络适配器

5.4　互联网技术

互联网始于1969年美国的阿帕网，是网络与网络之间串联成的庞大网络，这些网络以一组通用的协议相连，形成逻辑上的单一巨大国际网络。这种将计算机网络互相联结在一起的方法称作"网络互联"，在此基础上发展了全球性互联网络，称为互联网，即是互相联结一起的网络结构。

5.4.1　互联网技术在我国的应用和发展

1. 基础数据

◇ 截至2015年12月，中国网民规模达6.88亿，全年共计新增网民3 951万人。互联网普及率为50.3%，较2014年年底提升了2.4个百分点。

◇ 截至2015年12月，中国手机网民规模达6.20亿，较2014年年底增加6 303万人。网民中使用手机上网人群占比由2014年的85.8%提升至90.1%。

◇ 截至2015年12月，中国网民通过台式电脑和笔记本电脑接入互联网的比例分别为67.6%和38.7%；手机上网使用率为90.1%，较2014年年底提高4.3个百分点；平板电脑上网使用率为31.5%；电视上网使用率为17.9%。

◇ 截至2015年12月，中国域名总数为3 102万个，其中".CN"域名总数为1 636万个，占中国域名总数比例为52.8%；".中国"域名总数为35万个。

◇ 截至2015年12月，中国网站总数为423万个，其中".CN"网站数为213万个。

◇ 截至2015年12月，中国企业使用计算机办公的比例为95.2%，使用互联网的比例为89.0%，通过固定宽带接入方式使用互联网的企业比例为86.3%、移动宽带为23.9%；此外，开展在线销售、在线采购的比例分别为32.6%和31.5%，利用互联网开展营销推广活动的比例为33.8%。

2. 企业应用特点

①企业"互联网+"应用基础更加坚实，互联网使用比例上升10.3%。

2015年，中国企业计算机使用比例、互联网使用比例、固定宽带接入比例相比2014年分别上升了4.8%、10.3%和8.9%。在此基础上，企业广泛使用多种互联网工具开展交流沟通、信息获取与发布、内部管理、商务服务等活动，并且已有相当一部分企业将系统化、集成化的互联网工具应用于生产研发、采购销售、财务管理、客户关系、人力资源等全业务流程中，将互联网从单一的辅助工具转变为企业管理方法、转型思路，助力供应链改革，踏入"互联网+"深入融合发展的进程。

②企业具备基础网络安全防护意识，91.4%企业安装了杀毒软件、防火墙软件。

我国企业已具备基本的网络安全防护意识，91.4%企业安装了杀毒软件、防火墙软件，其中超过1/4使用了付费安全软件，并有8.9%企业部署了网络安全硬件防护系统、17.1%部署了软硬件集成防护系统。随着企业经营活动全面网络化，企业对网络安全的重视程度日益提高、对网络活动安全保障的需求迅速增长，这将加速我国网络安全管理制度体系的完善、网络安全技术防护能力的提高，同时，提升了我国网络安全产业的产品研发与服务能力，激活企业网络安全服务市场。

③互联网正在融入企业战略，决策层主导互联网规划工作的企业比例达到13.0%。

专业人才是企业发展"互联网＋"必不可少的支撑，有34.0%的企业在基层设置了互联网专职岗位；有24.4%的企业设置了互联网相关专职团队，负责运维、开发或电子商务、网络营销等工作，互联网已经成为企业日常运营过程中不可或缺的一部分。同时，我国企业中决策层主导互联网规划工作的比例达13.0%，"互联网＋"正在成为企业战略规划的重要部分。

④移动互联网营销迅速发展，微信营销推广使用率达75.3%。

在开展过互联网营销的企业中，35.5%通过移动互联网进行了营销推广，其中有21.9%的企业使用过付费推广。随着用户行为全面向移动端转移，移动营销将成为企业推广的重要渠道。移动营销企业中，微信营销推广使用率达75.3%，是最受企业欢迎的移动营销推广方式。此外，移动营销企业中，建设移动官网的比例为52.7%，将电脑端网页进行优化、适配到移动端，是成本较低、实施快捷的移动互联网营销方式之一。

3. 个人应用特点

①半数中国人接入互联网，网民规模增速。

截至2015年12月，我国网民规模达6.88亿，全年共计新增网民3 951万人，增长率为6.1%，较2014年提升1.1个百分点。我国互联网普及率达到50.3%，超过全球平均水平3.9个百分点，超过亚洲平均水平10.1个百分点。

②网民个人上网设备进一步向手机端集中，90.1%的网民通过手机上网。

截至2015年12月，我国手机网民规模达6.20亿，网民中使用手机上网的人群占比由2014年的85.8%提升至90.1%。台式电脑、笔记本电脑、平板电脑的使用率均出现下降，手机不断挤占其他个人上网设备的使用。移动互联网塑造了全新的社会生活形态，潜移默化地改变着移动网民的日常生活。新增网民最主要的上网设备是手机，使用率为71.5%，手机是带动网民规模增长的主要设备。

③无线网络覆盖明显提升，网民WiFi使用率达到91.8%。

网络基础设施建设逐渐完善，移动网络速率大幅提高，带动手机3G/4G网络使用率不断提升。截至2015年12月，我国手机网民中通过3G/4G上网的比例为88.8%；智慧城市的建设推动了公共区域无线网络的使用，手机、平板电脑、智能电视则带动了家庭无线网络的使用，网民通过WiFi无线网络接入互联网的比例为91.8%。

④线下支付场景不断丰富，推动网络支付应用迅速增长。

截至2015年12月，网上支付用户规模达4.16亿，增长率为36.8%。其中手机网上支付用户规模达3.58亿，增长率为64.5%。网络支付企业大力拓展线上线下渠道，运用对商户和消费者双向补贴的营销策略推动线下商户开通移动支付服务，丰富线下支付场景。

⑤在线教育、网络医疗、网络约租车已成规模，互联网有力提升公共服务水平。

2015年，我国在线教育用户规模达1.10亿人，占网民的16.0%；互联网医疗用户规模

为 1.52 亿，占网民的 22.1%；网络预约出租车用户规模为 9 664 万人，网络预约专车用户规模为 2 165 万人。互联网的普惠、便捷、共享特性渗透到公共服务领域，加快推进社会化应用，创新社会治理方式，提升公共服务水平，促进民生改善与社会和谐。

5.4.2　Internet 提供的服务

Internet 提供的服务包括万维网、电子邮件、文件传输、远程登录、网络论坛、信息查询等。

1. 万维网（WWW）服务

WWW 即万维网，其含义是环球信息网（World Wide Web），是一个基于超文本（Hyper Text）方式的信息查询工具，WWW 将位于 Internet 网上的不同网址的相关数据信息有机地编织在一起，通过浏览器提供一种友好的图形查询界面、非常简单的操作方法及图文并茂的显示方式。WWW 系统也采用服务器/客户机结构，在服务器端定义了一种组织多媒体文件的标准——超文本标识语言（HTML）。按 HTML 格式储存的文件被称作超文本文件，通常在每一个超文本文件中都有一些 Hyperlink（超级链接），把该文件与别的 Hyper Text 超文本文件连接起来构成一个整体。在客户端，WWW 系统通过 Internet Explorer、遨游或火狐等工具软件提供了查阅超文本方便的手段，用户只要操作鼠标，就可以通过 Internet 来获取希望得到的文本、图像、声音和视频等多媒体信息。

中国万网成立于 1996 年，是中国领先的互联网应用服务提供商。万网致力于为企业客户提供完整的互联网应用服务，服务范围涵盖基础的域名服务、主机服务、企业邮箱、网站建设、网络营销、语音通信等；以及高端的企业电子商务解决方案和顾问咨询服务。以帮助企业客户真正实现电子商务应用，提高企业的竞争能力。阿里巴巴集团于 2009 年收购万网，2013 年 1 月 6 日阿里巴巴集团宣布，旗下的阿里云与万网将合并为新的阿里云公司，合并后"万网"品牌将继续保留，成为阿里云旗下域名服务品牌，如图 5–15 所示。

图 5–15　中国万网

通过万网平台，用户可以像购买任意一件商品的方式，实现各类网络信息的发布。

2. 电子邮件（E – mail）服务

电子邮件（Electronic Mail）也称 E – mail。它是用户或用户组之间通过计算机网络收发信息的服务。目前电子邮件已成为网络用户之间快速、简便、可靠且低成本低廉的现代通信手段，也是 Internet 上使用最广泛、最受欢迎的服务之一。

电子邮件使网络用户能够发送或接收文字、图像和语音等多种形式的信息。目前 Internet 上 60% 以上的活动都与电子邮件有关。使用 Internet 提供的电子邮件服务，实际上并不一定需要直接与 Internet 联网。只要通过已与 Internet 联网并提供 Internet 邮件服务的机构收发电子邮件即可。

使用电子邮件服务的前提是拥有自己的电子信箱，一般又称为电子邮件地址（E – mail Address）。电子信箱是提供电子邮件服务的机构为用户建立的，实际上是该机构在与 Internet 联网的计算机上为用户分配的一个专门用于存放往来邮件的磁盘存储区域，这个区域是由电子邮件系统管理的。

3. 文件传输（FTP）服务

文件传送服务允许 Internet 上的用户将一台计算机上的文件传送到另一台计算机上。FTP 服务是由 TCP/IP 的文件传送协议（File Transfer Protocol，FTP）支持的。FTP 是一种实时的联机服务，在工作时先要登录到对方的计算机上。使用 FTP 几乎可以传送任何类型的文件，如文本文件、二进制文件、图像文件、声音文件、数据压缩文件等。在 Internet 上，许多数据服务中心提供一种"匿名文件传送服务"（Anonymous FTP），用户在登录时可以用 Anonymous 作用户名，用自己的电子信箱地址作密码。

迅雷网络是中国最大的互联网下载服务提供商、第二大互联网软件运营商，成立于2003 年，始为深圳市三代科技开发有限公司，于 2005 年 5 月正式更名为深圳市迅雷网络技术有限公司。主要投资方为晨兴创投、IDGVC、联创策源等，战略投资方为 Google。迅雷技术实力雄厚、踏实而又富有激情的创业团队，对互联网更加具备深刻的本土洞察力与全球视野。

迅雷在线的内容主要包含影视、音乐、游戏、书籍等频道。这些内容由专职编辑人员从已审核库中筛选，以健康、积极向上并广受欢迎的资源内容为指导思想。交互式栏目包括主题论坛、资源博客、迅雷找到、评论等。

迅雷在线除了与发行商合作推动正版发行外，网站内容资源均来自互联网网民的互动，也正是有了亿万网民的参与，才造就出目前的迅雷，也为迅雷今后的发展提供了动力。

目前迅雷在线在 Alex 全球排行榜中名列前 60 名，国内网站排名稳居前 10 名。而迅雷自主研发的迅雷下载软件目前已成为全球最大的下载服务提供商。迅雷客户端软件安装的计算机数量累计已达 1.5 亿台。据统计，每日超过 2 000 万的用户使用迅雷进行下载，下载文件数 8 000 多万个，每日传送 300 TB 资源数据。如图 5 – 16 所示。

4. 远程登录（TELNET）服务

远程登录是 Internet 提供的最基本的信息服务之一，远程登录是在网络通信协议TELNET

图 5 - 16　迅雷下载

的支持下使本地计算机暂时成为远程计算机仿真终端的过程。在远程计算机上登录,必须事先成为该计算机系统的合法用户,并拥有相应的账号和口令。登录时要给出远程计算机的域名或 IP 地址,并按照系统提示输入用户名及密码。登录成功后,用户便可以实时使用该系统对外开放的功能和资源,例如,共享它的软硬件资源和数据库,使用其提供的 Internet 信息服务,如 E - mail、FTP、Archie、Gopher、WWW、WAIS 等。

TELNET 是一个强有力的资源共享工具。许多大学图书馆都通过 TELNET 对外提供联机检索服务,一些政府部门、研究机构也将它们的数据库对外开放,使用户通过 TELNET 进行查询。

5. 电子公告板(BBS)

BBS 是英文 Bulletin Board System 的缩写,即电子公告牌系统或论坛,是 Internet 上的一种电子信息服务系统。它提供一块公共电子白板,每个用户都可以在上面书写,可发布信息或提出看法。传统的电子公告板(BBS)是一种基于 TELNET 协议的 Internet 应用,与人们熟知的 Web 超媒体应用有较大差异,提出了一种基于 CGI(通用网关接口)技术的 BBS 系统实现方法,并通过了网站的运行。

电子公告板是一种发布并交换信息的在线服务系统,可以使更多的用户通过电话线以简单的终端形式实现互联,从而得到廉价的丰富信息,并为其会员提供进行网上交谈、发布消息、讨论问题、传送文件、学习交流和游戏等机会和空间。如图 5 - 17 所示。

6. 网络寻呼机(ICQ)和 QQ

(1) ICQ

它是以色列 Mirabilis 公司于 1996 年开发出的一种即时信息传输软件,可以即时传送文

图 5 – 17 天涯论坛

字信息、语音信息、聊天和发送文件，并让使用者侦测出他朋友的联网状态。同时，它还具有很强的"一体化"功能，可以将寻呼机、手机、电子邮件等多种通信方式集于一身，集合了最广泛的通信方法，并且使用方法十分简单。

在 ICQ 上最流行的通信方法是发送即时消息，使用户能够很快地送一条消息，当对方联机时，在屏幕上弹出。也可以使用 ICQ 聊天、送电子邮件、发送手机短信、发送无线传呼机消息、传送文件和网址。集合 ICQ 电话功能使用户能够在 PC 与 PC、PC 与电话之间呼叫。

（2）QQ

深圳市腾讯计算机系统有限公司成立于 1998 年 11 月，由马化腾、张志东、许晨晔、陈一丹、曾李青五位创始人共同创立，是中国最大的互联网综合服务提供商之一，也是中国服务用户最多的互联网企业之一。腾讯多元化的服务包括社交和通信服务 QQ 及微信、社交网络平台 QQ 空间、腾讯游戏旗下 QQ 游戏平台、门户网站腾讯网、腾讯新闻客户端和网络视频服务腾讯视频等。

QQ 是腾讯公司推出的一款基于互联网的即时通信平台，其主要用户平台为电脑端及手机端，支持在线聊天、语音通话、视频、在线（离线）传送文件等全方位通信社交功能。QQ 用户可以在电脑、手机及无线终端之间随意、无缝切换。在 2015 年第二季度末，QQ 的月活跃账户数达到 8.43 亿，QQ 最高同时在线账户数达到 2.33 亿，QQ 智能终端月活跃账户达到 6.27 亿。

7. 云盘

云盘是互联网存储工具，是互联网云技术的产物，它通过互联网为企业和个人提供信息的储存、读取、下载等服务。具有安全稳定、海量存储的特点。

比较知名并且好用的云盘服务商有百度云盘（百度网盘，图 5 – 18）、天翼云、360 云盘、金山快盘、够快网盘、微云等，是当前比较热的云端存储服务。

图 5 – 18　百度云盘

云盘相对于传统的实体磁盘来说更方便，用户不需要把储存重要资料的实体磁盘带在身上，却一样可以通过互联网轻松地从云端读取自己所存储的信息。

云盘提供拥有灵活性和按需功能的新一代存储服务，从而防止成本失控，并能满足不断变化的业务重心及法规要求所形成的多样化需求。

云盘具有以下特点：

①安全保密：密码和手机绑定，空间访问信息随时告知。

②超大存储空间：不限单个文件大小，支持 10 TB 独享存储。

③好友共享：通过提取码轻松分享。

8. 网络地图

网络地图是利用计算机技术，以数字方式存储和查阅的地图。基于互联网的电子地图，是随着互联网的发展，结合传统的卫星导航数据和电子地图技术产生的。现在的网络地图在技术上分为二维地图、三维地图，在中国目前普遍使用的是二维地图。

（1）功能介绍

①城市列表：提供全国概览图及 104 个详细城市地图供用户下载。

②地图搜索：能够以名称、地址、门牌号、电话号码等多种方式查找到街道、建筑物等

所在的地理位置，在联网时还可以选择在 51ditu 网进行查询。

③公交查询：可以在城市内部任意两点间进行导航，列出最佳公交换乘方案，并将路线在地图上展现出来，是日常出行的最佳助手。

④驾驶导航：可以整体打印路线的文字，地图导航信息，可以驾车时携带，也可以将这些信息一起发送给朋友。

⑤标点功能：可以自由地将各种信息直接标注在地图上，并对这些标注进行管理和编辑。图层将各类设施按用户需求一一展现，并可以自己控制地图上显示的 POI（兴趣点）类别。

⑥地图收藏：在浏览地图时收藏地图，并可以导出收藏夹内容与好友进行共享。

（2）特征

网络地图是地图制作和应用的一个系统，是由电子计算机控制所生成的地图，是基于数字制图技术的屏幕地图，是可视化的实地图。"在计算机屏幕上可视化"是电子地图的根本特征。网络地图的特点有如下 6 个：

①可以快速存取显示。

②可以实现动画。

③可以将地图要素分层显示。

④利用虚拟现实技术将地图立体化、动态化，令用户有身临其境之感。

⑤利用数据传输技术可以将电子地图传输到其他地方。

⑥可以实现图上的长度、角度、面积等的自动化测量。

比较知名并且好用的网络地图服务商有百度地图、腾讯地图、高德地图、谷歌地图、搜狗地图等。

9. 搜索引擎

搜索引擎（Search Engine）是指根据一定的策略、运用特定的计算机程序从互联网上搜集信息，在对信息进行组织和处理后，为用户提供检索服务，将用户检索到相关的信息展示给用户的系统。搜索引擎包括全文索引、目录索引、元搜索引擎、垂直搜索引擎、集合式搜索引擎、门户搜索引擎与免费链接列表等。

一个搜索引擎由搜索器、索引器、检索器和用户接口四个部分组成。搜索器的功能是在互联网中漫游、发现和搜集信息。索引器的功能是理解搜索器所搜索的信息，从中抽取出索引项，用于表示文档及生成文档库的索引表。检索器的功能是根据用户的查询在索引库中快速检出文档，进行文档与查询的相关度评价，对将要输出的结果进行排序，并实现某种用户相关性反馈机制。用户接口的作用是输入用户查询、显示查询结果、提供用户相关性反馈机制。

搜索引擎的自动信息搜集功能分为两种。一种是定期搜索，即每隔一段时间（比如 Google 一般是 28 天），搜索引擎主动派出"蜘蛛"程序，对一定 IP 地址范围内的互联网网站进行检索，一旦发现新的网站，它会自动提取网站的信息和网址加入自己的数据库。另一种是提交网站搜索，即网站拥有者主动向搜索引擎提交网址，它在一定时间（2 天到数月不

等）内向网站派出"蜘蛛"程序，扫描网站并将有关信息存入数据库，以备用户查询。随着搜索引擎索引规则发生很大变化，主动提交网址并不保证网站能进入搜索引擎数据库，最好的办法是多获得一些外部链接，让搜索引擎有更多机会找到你并自动将你的网站收录。

百度是全球最大的中文搜索引擎、最大的中文网站。2000 年 1 月由李彦宏创立于北京中关村，致力于向人们提供"简单，可依赖"的信息获取方式。"百度"二字源于中国宋朝词人辛弃疾的《青玉案·元夕》词句"众里寻他千百度"，象征着百度对中文信息检索技术的执着追求。

2015 年 1 月 24 日，百度创始人、董事长兼 CEO 李彦宏在百度 2014 年会暨十五周年庆典上发表的主题演讲中表示，15 年来，百度坚持相信技术的力量，始终把简单可依赖的文化和人才成长机制当成最宝贵的财富，他号召百度全体员工向连接人与服务的战略目标发起进攻。2015 年 11 月 18 日，百度与中信银行发起设立百信银行。

秉承"用户体验至上"的理念，除网页搜索外，百度还提供 MP3、图片、视频、地图等多样化的搜索服务，给用户提供更加完善的搜索体验，满足多样化的搜索需求。

10. 电子商务（E – Commerce）

电子商务是以信息网络技术为手段，以商品交换为中心的商务活动；也可以理解为在互联网（Internet）、企业内部网（Intranet）和增值网（Value Added Network，VAN）上以电子交易方式进行交易活动和相关服务的活动，是传统商业活动各环节的电子化、网络化、信息化。

电子商务通常是指在全球各地广泛的商业贸易活动中，在因特网开放的网络环境下，基于浏览器/服务器应用方式，买卖双方互不谋面地进行各种商贸活动，实现消费者的网上购物、商户之间的网上交易和在线电子支付，以及各种商务活动、交易活动、金融活动和相关的综合服务活动的一种新型的商业运营模式。

电子商务涵盖的范围很广，一般可分为代理商、商家和消费者（Agent、Business、Consumer，ABC）企业对企业（Business – to – Business，B2B），企业对消费者（Business – to – Consumer，B2C），个人对消费者（Consumer – to – Consumer，C2C），企业对政府（Business – to – Government），线上对线下（Online to Offline，O2O），商业机构对家庭（Business To Family），供给方对需求方（Provide to Demand），门店在线（Online to Partner，O2P）8 种模式，其中主要的有企业对企业（Business – to – Business）和企业对消费者（Business – to – Consumer）两种模式。消费者对企业（Consumer – to – Business，C2B）也开始兴起，并被马云等认为是电子商务的未来。随着国内 Internet 使用人数的增加，利用 Internet 进行网络购物并以银行卡付款的消费方式已日渐流行，市场份额也在迅速增长，电子商务网站也层出不穷。电子商务最常见的安全机制有 SSL（安全套接层协议）及 SET（安全电子交易协议）两种。

我国电子商务线上平台主要有天猫、淘宝、京东、一号店、唯品会、苏宁易购、当当网、聚美优品、亚马逊等。其中阿里集团旗下的淘宝和天猫平台在 2013 年"双 11"当天销售额达 350 亿人民币，2014 年"双 11"当天达 571 亿人民币，2015 年"双 11"销售额高达 912.17 亿人民币。

11. 智能电视

智能电视是基于互联网浪潮冲击形成的新产品，其目的是带给用户更便捷的体验，目前已经成为电视的潮流趋势。

在国内，各大彩电巨头也早已开始了对智能电视的探索。另外，智能电视盒生产厂家也紧随其后，以电视盒搭载安卓系统的方式来实现电视智能化提升。并且"智能电视"拥有传统电视厂商所不具备的应用平台优势。连接网络后，能提供 IE 浏览器、全高清 3D 体感游戏、视频通话、家庭 KTV 及教育在线等多种娱乐、资讯、学习资源，并可以无限拓展，还能分别支持组织与个人、专业和业余软件爱好者自主开发、共同分享数以万计的实用功能软件。它将实现网络搜索、IP 电视、视频点播（VOD）、数字音乐、网络新闻、网络视频电话等各种应用服务。用户可以搜索电视频道和网站，录制电视节目，播放卫星和有线电视节目以及网络视频。智能电视将为广大用户打造一个可以加载无限的内容、无限的应用的开放的系统平台，并可以根据自身需要进行个性化安装，使电视永不过时。

智能电视是指像智能手机一样，具有全开放式平台，搭载了操作系统，可以由用户自行安装和卸载软件、游戏等第三方服务商提供的程序，通过此类程序来不断对彩电的功能进行扩充，并可以通过网线、无线网络来实现上网冲浪的这样一类彩电的总称。

（1）崛起主因

之前家电市场热炒的互联网电视只是普通电视机向智能电视机过渡的产物。未来，电视机将逐渐发展成为一个开放的业务承载平台，成为用户家庭智能娱乐终端。与此同时，家电厂家正在从"硬件"盈利模式向"硬件＋内容＋服务"盈利模式转变，改变原来一次性销售的盈利模式，通过销售电视机，同时提供内容和服务，形成电视终端的市场溢价，并产生持续服务的盈利能力。在三网融合的大环境下，基于开放软件平台的智能电视机将成为三网融合的重要载体，担当家庭多媒体信息平台的重任。

智能电视市场迅速崛起的原因主要包括以下几点：

首先，国家大力推动"三网融合"产业发展，将改变有线数字电视的单一服务模式，内容格式的多样性、服务种类的多样性、接入方式的多样性将成为三网融合环境下的数字电视新特点。数字电视及开放式软件平台将成为数字电视服务多样性的关键支持，三网融合环境下的数字电视将成为基于开放软件平台下的智能电视（Smart TV），而不是基于某个私有平台下由厂商定制的功能电视（Feature TV），由此发展的智能电视将成为数字家庭的核心。

其次，电视整机正从平板时代向互联网时代甚至向智能时代跨越，电视机巨头不希望企业进行的工序会被看成简单的加工环节，一直在酝酿着向技术平台等内容产业链扩张，避免在数字家庭中的核心地位被智能机顶盒取代。

最后，谷歌 Android 系统和苹果 iOS 系统在智能手机上的竞争已经进入白热化，应用平台系统想要获得更大的份额，就必须扩展使用范围，找到一个全新的发展领域，如此智能电视将成为突破口。

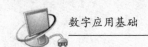

从全球范围来看，IT/互联网巨头和电视巨头都相应投入巨资开发智能电视机，智能电视机的发展成为不可逆转的趋势。智能电视在全球迅速发展的主要原因在于其价格趋于平民化及内容资源链日趋成熟。智能电视将为广大用户打造一个可加载无限的内容、无限的应用的开放的系统平台，并可以根据自身需要进行个性化安装，使电视永不过时。

（2）实现方式

用户要想实现电视智能化，主要有两种方式：

①直接重新购买新型的智能电视，以创维为代表的传统电视机厂家，都将安卓系统内置到传统的电视机，开辟了智能电视机市场，而对于用户来讲，要升级到智能电视，淘汰老电视机，购买新的智能电视机需要较高的投资。

②安装搭载安卓系统的智能电视盒，连接到电视机上，就可以将传统电视升级为一个标准的智能电视机，E乐宝等智能电视盒厂商搭载安卓系统，让普通电视也能实现上网、聊天、视频、电影等智能电视的功能。

（3）发展趋势

智能电视是未来电视发展的主要趋势，2012年，智能电视的大潮开始席卷整个电视圈。众多电视机厂商如飞蛾一般跳入这未知的烛火之中，酷开、索尼、松下、LG、三星、长虹、海尔、海信、康佳、创维等纷纷推出自己的智能电视产品，随后清华同方、优派、明基、冠捷、联想等IT企业也来参战。根据一份调查报告显示，目前国内智能电视渗透率已达20%，销量将超过800万台。

据此前数据显示，2015年上半年彩电市场零售量达2 211万台，同比增长5.6%；零售额达744亿元，同比增长6.9%，2016年彩电规模突破4 500万台，之后保持平稳的低速增长。此外，持续升温的智能电视市场除了各品牌新品的不断问世，也正逐渐向着高端、智能、大屏方向迈进。同时，由于产品新技术的不断升级，曲面、超轻薄等新产品批量入市，更刺激着广大消费者的眼球。

这一市场机会让所有家电企业和PC企业都更为积极，到目前为止，主流的彩电厂商都推出了互联网电视、智能电视（图5-19）、云电视的概念。更多的企业、更多的模式将在这个行业中出现。

图5-19 智能电视

5.5 互联网接入技术

从信息资源的角度来看，互联网是一个集各部门、各领域的信息资源为一体的，供网络用户共享的信息资源网。家庭用户或单位用户要接入互联网，可以通过某种通信线路连接到ISP，由ISP提供互联网的入网连接和信息服务。互联网接入是通过特定的信息采集与共享的传输通道，利用传输技术完成用户与IP广域网的高带宽、高速度的物理连接。

因特网接入服务业务主要有两种应用：一是为因特网信息服务业务（ICP）经营者等提供接入因特网的服务；二是为需要上网获得相关服务的普通用户提供接入因特网的服务。

5.5.1 接入技术

1. 电话线拨号接入（PSTN）

家庭用户接入互联网普遍采用窄带接入方式。即通过电话线，利用当地运营商提供的接入号码，拨号接入互联网，速率不超过56 Kb/s。特点是使用方便，只需有效的电话线及自带调制解调器（MODEM）的PC就可以完成接入。

运用于一些低速率的网络应用（如网页浏览、查询、聊天、发送E－mail等）。主要适用于临时性接入或没有其他宽带接入场所。缺点是速率低，无法实现一些高速率要求的网络服务，其次是费用较高（接入费用由电话通信费和网络使用费组成）。

2. ISDN

ISDN俗称"一线通"。它采用数字传输和数字交换技术，将电话、传真、数据、图像等多种业务综合在一个统一的数字网络中进行传输和处理。用户利用一条ISDN用户线路，可以在上网的同时拨打电话、收发传真，就像两条电话线一样。ISDN基本速率接口有两条64 Kb/s的信息通路和一条16 Kb/s的信令通路，简称2B＋D，当有电话拨入时，它会自动释放一个B信道进行电话接听。主要适用于普通家庭用户。缺点是速率仍然较低，无法实现一些高速率要求的网络服务；其次是费用同样较高（接入费用由电话通信费和网络使用费组成）。

3. HFC（CABLEMODEM）

HFC是一种基于有线电视网络铜线资源的接入方式。具有专线上网的连接特点，允许用户通过有线电视网实现高速接入互联网。适用于拥有有线电视网的家庭、个人或中小团体。特点是速率较高，接入方式方便（通过有线电缆传输数据，不需要布线），可实现各类视频服务、高速下载等。缺点是基于有线电视网络的架构属于网络资源分享型的，当用户激增时，速率就会下降且不稳定，扩展性不够。

4. 光纤宽带接入

通过光纤接入小区节点或楼道，再由网线连接到各个共享点上（一般不超过100 m），

提供一定区域的高速互联接入。特点是速率高，抗干扰能力强，适用于家庭、个人或各类企事业团体，可以实现各类高速率的互联网应用（视频服务、高速数据传输、远程交互等）。缺点是一次性布线成本较高。

5. 非对称数字用户线接入（ADSL）

在通过本地环路提供数字服务的技术中，最有效的类型之一是数字用户线（Digital Subscriber Line，DSL）技术，这是目前运用最广泛的铜线接入方式。ADSL 可以直接利用现有的电话线路，通过 ADSL MODEM 后进行数字信息传输。理论速率可以达到 8 Mb/s 的下行和 1 Mb/s 的上行，传输距离可达 4 ~ 5 km。ADSL2 + 速率可达 24 Mb/s 下行和 1 Mb/s 上行。另外，最新的 VDSL2 技术可以达到上下行各 100 Mb/s 的速率。特点是速率稳定、带宽独享、语音数据不干扰等。适用于家庭、个人等用户的大多数网络应用需求，满足一些宽带业务，包括 IPTV、视频点播（VOD）、远程教学、可视电话、多媒体检索、LAN 互联、Internet 接入等。如图 5 – 20 所示。

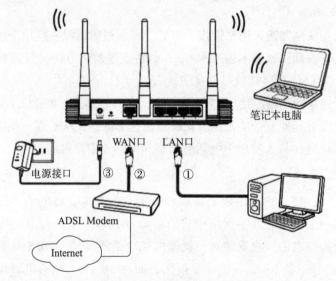

图 5 – 20　ADSL 接入示意图

ADSL 技术具有以下一些主要特点：可以充分利用现有的电话线网络，通过在线路两端加装 ADSL 设备便可以为用户提供宽带服务；它可以与普通电话线共存于一条电话线上，接听、拨打电话的同时能进行 ADSL 传输，而又互不影响；进行数据传输时，不通过电话交换机，这样上网时就不需要缴付额外的电话费，可以节省费用；ADSL 的数据传输速率可以根据线路的情况进行自动调整，它以"尽力而为"的方式进行数据传输。

6. 无源光网络（PON）

PON（无源光网络）技术是一种点对多点的光纤传输和接入技术，局端到用户端最大距离为 20 km，接入系统总的传输容量为上行和下行各 155 Mb/s/622 Mb/s/1 Gb/s，由各用户共享，每个用户使用的带宽可以以 64 Kb/s 步进划分。特点是接入速率高，可以实现各类高速率的互联网应用（视频服务、高速数据传输、远程交互等）。缺点是一次性投入较大。

7. 无线网络

无线网络是一种有线接入的延伸技术，使用无线射频（RF）技术越空收发数据，减少使用电线连接，因此无线网络系统既可以达到建设计算机网络系统的目的，又可以让设备自由安排和搬动。在公共开放的场所或者企业内部，无线网络一般会作为已存在有线网络的一个补充方式，装有无线网卡的计算机通过无线手段方便接入互联网。

目前，我国3G移动通信有三种技术标准，中国移动、中国电信和中国联通分别使用自己的标准及专门的上网卡，网卡之间互不兼容。

随着数据通信与多媒体业务需求的发展，适应移动数据、移动计算及移动多媒体运作需要的第四代移动通信开始兴起，因此有理由期待这种第四代移动通信技术给人们带来更加美好的未来。

由于人们研究4G通信的最初目的就是提高蜂窝电话和其他移动装置无线访问 Internet 的速率，因此4G通信给人印象最深刻的特征莫过于它具有更快的无线通信速度。

8. 电力线通信

电力线通信（Power Line Communication，PLC）技术，是指利用电力线传输数据和媒体信号的一种通信方式，也称电力线载波（Power Line Carrier）。把载有信息的高频加载于电流，然后用电线传输到接收信息的适配器，再把高频从电流中分离出来并传送到计算机或电话。PLC 属于电力通信网，包括 PLC 和利用电缆管道与电杆铺设的光纤通信网等。电力通信网的内部应用，包括电网监控与调度、远程抄表等。面向家庭上网的 PLC，俗称电力宽带，属于低压配电网通信。

5.5.2　定价情况

目前，我国根据不同的因特网接入方式，其业务的网络使用费定价模式和费率也不相同。鉴于 ADSL 和以太网方式已成为当前因特网的主流宽带接入方式，因此本节主要阐述以这两种方式接入因特网的定价模式。与其他通信产品相似，因特网接入服务具有与物质产品明显不同的经济特征。其生产过程与消费过程是统一的，具有不可存储性、不可分割性和不可逆转性。因此，对因特网接入服务的质量要求突出体现在速度、准确安全和使用方便上面。目前，国内外因特网接入服务主要采用的定价模式可以分为包月制、按使用时长收费制、按流量收费制、按内容收费制四大类，这四类定价模式的出现及其现行价格水平也正是在成本导向、需求导向和竞争导向定价法综合运用的基础上得出的。目前，我国因特网主流宽带接入服务（DSL 和以太网方式）主要采用包月制定价模式，香港接入因特网的 DSL、以太网方式及 CABLE MODEM 方式采用的定价模式均是包月制，美国拨号接入和宽带接入因特网也采用包月制的定价模式。

包月制定价模式具有计算简单、无须专门计费设备、不易产生资费争议等优点，但是对于目前网络上广泛使用的 P2P、流媒体等需要占用大量网络资源、接入带宽和上网时间的新技术，包月制定价模式的弊端已经日益显现。从发展用户的角度来说，包月意味着用与不用都要交钱，打消了一部分用户接入的热情。同时，包月又意味着用多用少都交

一样的钱，也将导致部分用户对网络资源的滥用，无节制上传下载数据而造成网络拥塞，形成"宽带不宽"的尴尬局面，影响其他正常在网用户的使用，不利于互联网业务的健康发展。另外，为了保证网络质量，扩大用户规模，避免用户投诉，运营商被迫不断加大投资进行网络扩容，但与此同时，运营商却无法按照用户实际占用的网络资源获得相应比例的收益，造成互联网业务投入与产出的不匹配。再者，由于市场竞争的日益激烈，互联网包月资费也在不断下降，直接导致互联网运营商利润下滑，影响运营商对网络建设和扩容的积极性。

因此，尽管包月制定价模式对于因特网业务运营商和用户来说都较为便利和简单，但该模式在运营商和用户之间分配成本和网络资源使用量时，则显得不够公平和灵活，使用量大的用户占用大量网络资源但收费相对偏低，而对不常使用的用户则收费相对过高。另外，包月制从客观上也表明了运营商目前尚不能对其提供的服务进行准确计费。我国早期的拨号接入因特网业务就是采用按使用时长收费的定价模式，欧洲因特网接入主要也采用按使用时长收费的定价模式（欧洲此种定价模式与我国的不同之处在于：先提供若干分钟免费时长，超过时长后，按分钟计费）。

此方式需要接入服务器能够提供计时功能，其优点是价格的计算相对简单，并且运营商可以根据不同的时间段灵活地设置单位时间的不同费率，例如采取闲时优惠定价的方法，对流量进行拥塞控制和分流处理，充分激发用户的使用；用户可以自主选择上网时间，并按上网时间支付相应的费用。但是，由于运营商接入服务器计时与用户自主计时起止时间不容易一致，用户容易对计时总时长产生争议，因此易引发用户的不满和资费争议，另外，按使用时长收费的定价模式对计费系统的准确性提出了很高的要求。

我国因特网业务发展早期主要采用的是按流量收费的定价模式，目前英国电信、澳洲电信和新加坡电信都已经推出了按流量收费的产品包。按流量收费的定价模式是一种按照用户实际使用网络流量来进行计费的方式。这种定价模式从理论上讲是比较公平、合理的。为避免包月制产生的网络资源滥用问题，某些运营商已经采用了包月制＋按使用时长收费的定价模式，即限时包月制。这种定价模式先提供若干分钟的包月时长，收取一定数额的包月费用，超过该时长后，按分钟计费。按时长收取费用，超时单价通常高于包月单价。限时包月制的定价模式吸收了包月制和按时长收费定价模式的优点，避免了网络资源的滥用，同时保证了运营商的稳定收益，收费既灵活清晰，又简单易行，但不利于充分激发用户的使用，对大幅超出包月时长的用户收费相对过高，对低于包月时长的用户来说有失公平。根据用户消费行为和运营商盈亏平衡点，制定出多档限时包月价格供用户选择，可避免该定价模式不利于充分激发用户使用的缺陷。

5.6　移动互联网

2014年和2015年连续两年我国手机年产量超过16亿部。截至2015年12月，我国手机网民规模达6.20亿，较2014年年底增加了6 303万人。网民中使用手机上网人群的占比由2014年的85.8%提升至90.1%，手机依然是拉动网民规模增长的首要设备。仅通过手机上网的网民达到 1.27 亿，占整体网民规模的 18.5%。如图 5 – 21 所示。

图 5 – 21　手机网民规模图

随着网络环境的日益完善、移动互联网技术的发展，各类移动互联网应用的需求逐渐被开发。从基础的娱乐沟通、信息查询，到商务交易、网络金融，再到教育、医疗、交通等公共服务，移动互联网塑造了全新的社会生活形态，潜移默化地改变着移动网民的日常生活。未来移动互联网应用将更加贴近生活，从而带动三四线城市、农村地区人口的使用，进一步提升我国互联网普及率。

截至 2015 年 12 月，我国手机网民中通过 3G/4G 上网的比例为 88.8%，较 2015 年 6 月增长了 3.1 个百分点。2015 年 5 月，国务院办公厅印发了《关于加快高速宽带网络建设推进网络提速降费的指导意见》，明确指出要加快基础设施建设，大幅提高网络速率。意见出台后，三大运营商相继行动，降低网络流量费用，实施"流量当月不清零"等措施。这对于改善网民网络接入环境，提升 3G/4G 网络使用率有良好的促进作用。

截至 2015 年 12 月，91.8% 的网民最近半年曾通过 WiFi 无线网络接入互联网，较 2015 年 6 月增长了 8.6%。随着"智慧城市""无线城市"建设的大力开展，政府与企业合作推进城市公共场所、公共交通工具的无线网络部署，公共区域无线网络日益普及；手机、平板电脑、智能电视等无线终端促进了家庭无线网络的使用，WiFi 无线网络成为网民在固定场所下的首选接入方式。如图 5 – 22 所示。

5.6.1　移动通信技术

移动通信（Mobile Communication）是移动体之间的通信，或移动体与固定体之间的通信。移动体可以是人，也可以是汽车、火车、轮船、收音机等在移动状态中的物体，包括陆、海、空移动通信。采用的频段遍及低频、中频、高频、甚高频和特高频。移动通信系统由移动台、基台、移动交换局组成。若要同某移动台通信，移动交换局通过各基台向全网发出呼叫，被叫台收到后发出应答信号，移动交换局收到应答后，分配一个信道给该移动台，并从此话路信道中传送一信令使其振铃。

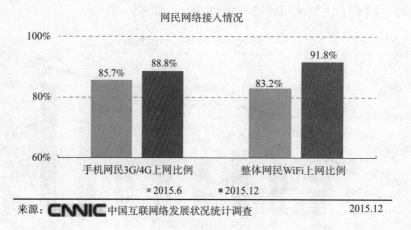

图 5 – 22　移动网民接入方式

移动通信系统从 20 世纪 80 年代诞生以来，到 2020 年将大体经过 5 代的发展历程。到 2010 年，从第 3 代过渡到第 4 代（4G）。为贯彻落实《国务院关于促进信息消费扩大内需的若干意见》要求，工业和信息化部根据相关企业申请，依据《中华人民共和国电信条例》，本着"客观、及时、透明和非歧视"原则，按照《电信业务经营许可管理办法》，对企业申请进行审核，于 2013 年 12 月 4 日向中国移动通信集团公司、中国电信集团公司和中国联合网络通信集团有限公司颁发"LTE/第四代数字蜂窝移动通信业务（TD – LTE）"经营许可。如图 5 – 23 所示。

图 5 – 23　三大网络运营商

将移动通信系统数据传输速率作比较，第一代模拟式仅提供语音服务；第二代数位式移动通信系统传输速率也只有 9.6 Kb/s，最高可达 32 Kb/s，如 PHS；第三代移动通信系统数据传输速率可达到 2 Mb/s；而第四代移动通信系统传输速率可以达到 20 Mb/s，甚至可以达到高达 100 Mb/s，这种速度相当于 2009 年最新手机的传输速度的 1 万倍左右，第三代手机传输速度的 50 倍。

5.6.2　无线局域网技术

主流应用的无线网络分为 GPRS 手机无线网络和无线局域网络两种方式。GPRS 手机上网方式，是一种借助移动电话网络接入 Internet 的无线上网方式，因此，只要所在城市开通了 GPRS 上网业务，在任何一个角落都可以通过手机来上网。

1. 无线局域网络

在无线局域网络（Wireless Local Area Networks，WLAN）发明之前，人们要想通过网络进行联络和通信，必须先用物理线缆——铜绞线组建一个电子运行的通路，为了提高效率和速度，后来又发明了光纤。当网络发展到一定规模后，人们又发现，这种有线网络无论组建、拆装还是在原有基础上进行重新布局和改建，都非常困难，并且成本和代价也非常高，于是 WLAN 的组网方式应运而生。它是相当便利的数据传输系统，它利用射频（Radio Frequency，RF）的技术，使用电磁波取代旧式碍手碍脚的双绞铜线（Coaxial）所构成的局域网络，在空中进行通信连接，使得无线局域网络能利用简单的存取架构让用户通过它来达到"信息随身化、便利走天下"的理想境界。

2. WiFi 技术

（1）主要功能

WiFi 是一种可以将个人电脑、手持设备（如 Pad、手机）等终端以无线方式互相连接的技术。有人把使用 IEEE 802.11 系列协议的局域网称为无线保真，甚至把无线保真等同于无线网际网络（WiFi 是 WLAN 的重要组成部分）。事实上它是一个高频无线电信号。无线保真是一个无线网络通信技术的品牌，由 WiFi 联盟所持有，目的是改善基于 IEEE 802.11 标准的无线网络产品之间的互通性。如图 5-24 所示。

图 5-24　WiFi 联盟标志

无线网络上网可以简单地理解为无线上网，几乎所有智能手机、平板电脑和笔记本电脑都支持无线保真上网，是当今使用最广的一种无线网络传输技术。如果手机有无线保真功能，在有 WiFi 无线信号时就可以不通过移动、联通的网络上网，省掉了流量费。

无线网络无线上网在大城市比较常用，虽然由无线保真技术传输的无线通信质量不是很好，数据安全性能比蓝牙的差一些，传输质量也有待改进，但传输速度非常快，可以达到 54 Mb/s，符合个人和社会信息化的需求。无线保真最主要的优势在于不需要布线，可以不受布线条件的限制，因此非常适合移动办公用户的需要，并且由于发射信号功率低于 100 mW，低于手机发射功率，所以无线保真上网相对也是最安全健康的。

但是无线保真信号也是由有线网提供的，比如家里的 ADSL、小区宽带等，只要接一个无线路由器，就可以把有线信号转换成无线保真信号。国外很多发达国家的城市里到处覆盖着由政府或大公司提供的无线保真信号供居民使用，我国也有许多地方实施"无线城市"工程使这项技术得到推广。在 4G 牌照没有发放的试点城市，许多地方使用 4G 转无线保真让市民试用。如图 5-25 所示。

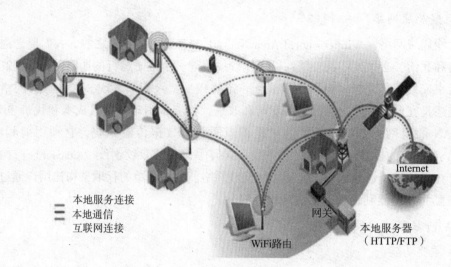

本地服务连接
本地通信
互联网连接

网关

WiFi路由

本地服务器
（HTTP/FTP）

Internet

图 5 – 25　无线城市

（2）应用领域

➤ 网络媒体

由于无线网络的频段在世界范围内是无须任何电信运营执照的，因此 WLAN 无线设备提供了一个世界范围内可以使用的，费用极其低廉且数据带宽极高的无线空中接口。用户可以在无线保真覆盖区域内快速浏览网页，随时随地接听拨打电话。而其他一些基于 WLAN 的宽带数据应用，如流媒体、网络游戏等功能更是值得用户期待。有了无线保真功能，人们在打长途电话（包括国际长途）、浏览网页、收发电子邮件、音乐下载、数码照片传递等时，无须再担心速度慢和花费高的问题。无线保真技术与蓝牙技术一样，同属于在办公室和家庭中使用的短距离无线技术。如图 5 – 26 所示。

图 5 – 26　WiFi 应用示例图

➤ 掌上设备

无线网络在掌上设备上的应用越来越广泛，而智能手机就是其中一分子。与早前应用于手机上的蓝牙技术不同，无线保真具有更大的覆盖范围和更高的传输速率，因此无线保真手机成为 2013 年后移动通信业界的时尚潮流。

➤ 日常休闲

2013 年后，无线网络的覆盖范围在国内越来越广泛，高级宾馆、豪华住宅区、飞机场及咖啡厅之类的区域都有无线保真接口。当人们去旅游、办公时，就可以在这些场所使用掌上设备尽情网上冲浪了。厂商只要在机场、车站、咖啡店、图书馆等人员较密集的地方设置"热点"，并通过高速线路将因特网接入上述场所，由于"热点"所发射出的电波可以到达距接入点半径数 10 ~ 100 m 的地方，用户只要将支持无线保真的笔记本电脑或 Pad 或手机等放到该区域内，即可高速接入因特网。在家也可以通过无线路由器设置局域网，然后就可以痛痛快快地无线上网了。

无线网络和 3G、4G 技术的区别就是 3G、4G 在高速移动时传输质量较好，但静态时用无线保真上网足够了。

➤ 客运列车

2014 年 11 月 28 日 14 时 20 分，中国首列开通 WiFi 服务的客运列车——广州至香港九龙 T809 次直通车从广州东站出发，标志中国铁路开始了 WiFi（无线网络）时代。

列车 WiFi 开通后，不仅可以观看车厢内部局域网的高清影院、玩社区游戏，还能直达外网，刷微博、发邮件，以 10 ~ 50 MB/s 的带宽速度与世界联通。

5.7　组网技术

5.7.1　IP 地址与域名

1. IP 地址

IP（Internet Protocol，网络之间互连的协议），也就是为计算机网络相互连接进行通信而设计的协议。在因特网中，它是能使连接到网上的所有计算机网络实现相互通信的一套规则，规定了计算机在因特网上进行通信时应当遵守的规则。任何厂家生产的计算机系统，只要遵守 IP 协议，就可以与因特网互连互通。正是因为有了 IP 协议，因特网才得到迅速发展，成为世界上最大的、开放的计算机通信网络。因此，IP 协议也可以叫作"因特网协议"。

每台联网的 PC 都需要有 IP 地址才能正常通信。如果把个人电脑比作"一台电话"，那么 IP 地址就相当于"电话号码"，而 Internet 中的路由器就相当于电信局的"程控式交换机"。

IP 地址（Internet Protocol Address）是一种在 Internet 上给主机编址的方式，也称为网际协议地址。常见的 IP 地址分为 IPv4 与 IPv6 两类。

（1）IPv4

IPv4 地址是一个 32 位的二进制数，通常被分割为 4 个"8 位二进制数"（也就是 4 个字节）。IP 地址通常用"点分十进制"表示成（a.b.c.d）的形式，其中，a，b，c，d 都是

0～255 之间的十进制整数。例如，点分十进 IP 地址（100.4.5.6）实际上是 32 位二进制数（01100100.00000100.00000101.00000110）。

IP 地址编址方案将 IP 地址空间划分为 A、B、C、D、E 五类，其中 A、B、C 是基本类，D、E 类作为多播和保留使用。

其中 A、B、C 三类（表 5－2）由 Internet NIC 在全球范围内统一分配，D、E 类为特殊地址。

表 5－2 IPv4 地址范围

类别	最大网络数	IP 地址范围	主机数	私有 IP 地址范围
A	126（2^7-2）	0.0.0.0～126.255.255.255	16 777 214	10.0.0.0～10.255.255.255
B	1 6384（2^{14}）	128.0.0.0～191.255.255.255	65 534	172.16.0.0～172.31.255.255
C	2 097 152（2^{21}）	192.0.0.0～223.255.255.255	254	192.168.0.0～192.168.255.255

（2）IPv6

IPv6 是 IETF（Internet Engineering Task Force，互联网工程任务组）设计的，用于替代现行版本 IPv4。IPv4 的最大问题是网络地址资源有限，从理论上讲，编址 1 600 万个网络、40 亿台主机。但采用 A、B、C 三类编址方式后，可用的网络地址和主机地址的数目大打折扣，以至 IP 地址已于 2011 年 2 月 3 日分配完毕。其中北美占有 3/4，约 30 亿个，而中国截至 2010 年 6 月 IPv4 地址数量达到 2.5 亿，落后于 4.2 亿网民的需求。地址不足严重制约了中国及其他国家互联网的应用和发展。

一方面是地址资源数量的限制，另一方面是随着电子技术及网络技术的发展，计算机网络将进入人们的日常生活，可能身边的每一样东西都需要连入全球因特网。在这样的环境下，IPv6 应运而生。从数量级上来说，IPv6 由 128 位二进制数码表示，IPv6 所拥有的地址容量约是 IPv4 的 8×10^{28} 倍，达到 2^{128}（算上全零的）个。这不但解决了网络地址资源数量的问题，同时也为除电脑外的设备连入互联网在数量限制上扫清了障碍。

IPv4 实现的只是人机对话，而 IPv6 则扩展到任意事物之间的对话，它不仅可以为人类服务，还将服务于众多硬件设备，如家用电器、传感器、远程照相机、汽车等，它是无时不在、无处不在地深入社会每个角落的真正的宽带网。并且它所带来的经济效益非常巨大。

IPv6 一个重要的应用是网络实名制下的互联网身份证，目前基于 IPv4 的网络因为 IP 资源不够，IP 和上网用户无法实现一一对应，所以难以实现网络实名制。

在 IPv4 下，根据 IP 查人也比较麻烦，电信局要保留一段时间的上网日志才可以，通常因为数据量很大，运营商只保留三个月左右的上网日志，比如查两年前某个 IP 发帖子的用户就不能实现。

IPv6 的出现可以从技术上一劳永逸地解决实名制这个问题，这是因为 IP 资源不再紧张，运营商有足够多的 IP 资源，运营商在受理入网申请时，可以直接给该用户分配一个固定的 IP 地址，这样实际就实现了实名制，也就是一个真实用户和一个 IP 地址对应。

当一个上网用户的 IP 固定了之后，用户任何时间做的任何事情都和唯一的 IP 绑定，在网络上做的任何事情在任何时间段内都有据可查，并且无法否认。

2. 域名

网络是基于 TCP/IP 协议进行通信和连接的，每一台主机都有唯一的固定的 IP 地址，以区别于网络上成千上万的用户和计算机。网络在区分所有与之相连的网络和主机时，均采用了一种唯一、通用的地址格式，即每一个与网络相连接的计算机和服务器都被指派了一个独一无二的地址。为了保证网络上每台计算机的 IP 地址的唯一性，用户必须向特定机构申请注册，分配 IP 地址。网络中的地址方案分为两套：IP 地址系统和域名地址系统。这两套地址系统其实是一一对应的关系。由于 IP 地址是数字标识，使用时难以记忆和书写，因此在 IP 地址的基础上又发展出一种符号化的地址方案，用来代替数字型的 IP 地址。每一个符号化的地址都与特定的 IP 地址对应，这样网络上的资源访问起来就容易得多了。这个与网络上的数字型 IP 地址相对应的字符型地址，就被称为域名。

域名（Domain Name）是由一串用点分隔的名字组成的 Internet 上某一台计算机或计算机组的名称，用于在数据传输时标识计算机的电子方位（有时也指地理位置，地理上的域名指代有行政自主权的一个地方区域）。

域名遵循先申请先注册为原则，管理认证机构对申请企业提出的域名是否违反了第三方的权利不进行任何实质性审查。在中华网库，每一个域名的注册都是独一无二、不可重复的。因此，在网络上域名是一种相对有限的资源，它的价值将随着注册企业的增多而逐步为人们所重视。

可见域名就是上网单位的名称，是一个通过计算机登录网络的单位在该网中的地址。一个公司如果希望在网络上建立自己的主页，就必须取得一个域名。域名也是由若干部分组成，包括数字和字母。通过该地址，人们可以在网络上找到所需的详细资料。域名是上网单位和个人在网络上的重要标识，起着识别作用，便于他人识别和检索某一企业、组织或个人的信息资源，从而更好地实现网络上的资源共享。除了识别功能外，在虚拟环境下，域名还可以起到引导、宣传、代表等作用。

（1）域名构成

以一个常见的域名为例进行说明。www. baidu. com 网址是由三部分组成的，标号"baidu"是这个域名的主体，而最后的标号"com"则是该域名的后缀，代表的是一个 com 国际域名，是顶级域名。而前面的 www 是主机名，表示服务器的功能。

DNS 规定，域名中的标号都由英文字母和数字组成，每一个标号不超过 63 个字符，也不区分大小写字母。标号中除连字符（ - ）外，不能使用其他的标点符号。级别最低的域名写在最左边，而级别最高的域名写在最右边。由多个标号组成的完整域名总共不超过 255

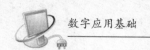

个字符。

一些国家也纷纷开发使用本民族语言构成的域名，如德语、法语等。中国也开始使用中文域名，但可以预计的是，在中国国内今后相当长的时期内，以英语为基础的域名（即英文域名）仍然是主流。

（2）域名级别

域名可以分为不同级别，包括顶级域名、二级域名、三级域名、注册域名。

①顶级域名。

顶级域名又分为两类：

一是国家顶级域名（national top - level domain names，nTLDs），200 多个国家都按照 ISO 3166 国家代码分配了顶级域名，例如中国是 cn、美国是 us、日本是 jp 等。

二是国际顶级域名（international top - level domain names，iTDs），例如表示工商企业的 . com、表示网络提供商的 . net、表示非营利组织的 . org 等。大多数域名争议都发生在 com 的顶级域名下，因为多数公司上网都是为了赢利。为了加强域名管理，解决域名资源的紧张问题，Internet 协会、Internet 分址机构及世界知识产权组织（WIPO）等国际组织经过广泛协商，在原来三个国际通用顶级域名的基础上，新增加了 7 个国际通用顶级域名：firm（公司企业）、store（销售公司或企业）、web（突出 WWW 活动的单位）、arts（突出文化、娱乐活动的单位）、rec（突出消遣、娱乐活动的单位）、info（提供信息服务的单位）、nom（个人），并在世界范围内选择新的注册机构来受理域名注册申请。

②二级域名。

二级域名是指顶级域名之下的域名。在国际顶级域名下，它是指域名注册人的网上名称，例如 ibm、yahoo、microsoft 等；在国家顶级域名下，它是表示注册企业类别的符号，例如 com、edu、gov、net 等。

中国在国际互联网络信息中心（Inter NIC）（图 5 - 27）正式注册并运行的顶级域名是 cn，这也是中国的一级域名。在顶级域名之下，中国的二级域名又分为类别域名和行政区域名两类。类别域名共 6 个，包括用于科研机构的 ac、用于工商金融企业的 com、用于教育机构的 edu、用于政府部门的 gov、用于互联网络信息中心和运行中心的 net、用于非营利组织的 org。而行政区域名有 34 个，分别对应于中国各省、自治区和直辖市。

③三级域名。

三级域名由字母（A ~ Z、a ~ z、大小写等）、数字（0 ~ 9）和连接符（-）组成，各级域名之间用实点（.）连接，三级域名的长度不能超过 20 个字符。如无特殊原因，建议采用申请人的英文名（或者缩写）或者汉语拼音名（或者缩写）作为三级域名，以保持域名的清晰性和简洁性。

目前有 ".cn"".中国"".公司"".网络" 四种类型的中文域名供注册，例如 "中国互联网络信息中心 .cn""中国互联网络信息中心 .网络"。

图 5 – 27　中国互联网络信息中心

5.7.2　大 数 据

现在的社会是一个高速发展的社会，科技发达，信息流通，人们之间的交流越来越密切，生活也越来越方便，大数据就是这个高科技时代的产物。马云说："互联网还没搞清楚的时候，移动互联就来了，移动互联还没搞清楚的时候，大数据就来了。"大数据指无法在可承受的时间范围内用常规软件工具进行捕捉、管理和处理的数据集合，是需要新处理模式才能具有更强的决策力、洞察发现力和流程优化能力的海量、高增长率和多样化的信息资产。

在维克托·迈尔-舍恩伯格及肯尼斯·库克耶编写的《大数据时代》中，大数据指不用随机分析法（抽样调查）这样的捷径，而采用所有数据进行分析处理。大数据的"5V"特点（IBM 提出）为 Volume（大量）、Velocity（高速）、Variety（多样）、Value（价值）、Veracity（真实性）。

大数据技术的战略意义不在于掌握庞大的数据信息，而在于对这些含有意义的数据进行专业化处理。换而言之，如果把大数据比作一种产业，那么这种产业实现盈利的关键，在于提高对数据的"加工能力"，通过"加工"实现数据的"增值"。

随着云时代的来临，大数据也吸引了越来越多的关注。《著云台》的分析师团队认为，大数据通常用来形容一个公司创造的大量非结构化数据和半结构化数据，这些数据在下载到

关系型数据库用于分析时，会花费过多时间和金钱。大数据分析常和云计算联系到一起，因为实时的大型数据集分析需要像 Map Reduce 一样的框架来向数十、数百或甚至数千的电脑分配工作。如图 5 - 28 所示。

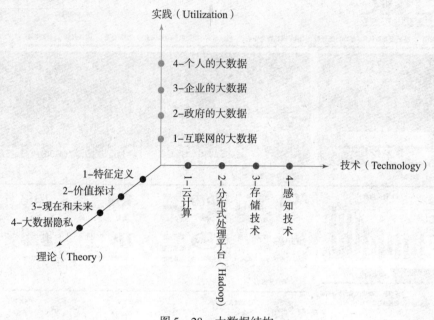

图 5 - 28   大数据结构

大数据需要特殊的技术，以有效地处理大量的并发型数据。适用于大数据的技术，包括大规模并行处理（MPP）数据库、数据挖掘电网、分布式文件系统、分布式数据库、云计算平台、互联网和可扩展的存储系统。

有人把数据比喻为蕴藏能量的煤矿。煤炭按照性质，有焦煤、无烟煤、肥煤、贫煤等，而露天煤矿、深山煤矿的挖掘成本又不一样。与此类似，大数据并不在于"大"，而在于"有用"。价值含量、挖掘成本比数量更为重要。对于很多行业而言，如何利用这些大规模数据成为赢得竞争的关键。

大数据的价值体现在以下三个方面：

①对大量消费者提供产品或服务的企业，可以利用大数据进行精准营销；

②做小而美模式的中小型企业，可以利用大数据做服务转型；

③在互联网压力之下必须转型的传统企业，需要与时俱进、充分利用大数据的价值。

举几个有趣的大数据应用实例。全球关注的 2014 年巴西世界杯赛事期间，谷歌云计算平台通过大数据技术分析，成功预测了世界杯 16 强每场比赛的胜利者，而冠军队德国国家队宣布，他们运用了 SAP Match Insights 解决方案进行赛后分析，大数据技术成为获胜的关键；2014 年 8 月，联合国开发计划署与百度达成战略合作，共建大数据联合实验室，利用大数据技术针对环保、健康、教育和灾害等全球性问题进行分析和趋势预测，提供发展策略建议；2014 年 12 月，淘宝公布的《2014 年淘宝联动知识产权局打假报告》显示，阿里巴巴通过大量数据分析、追查、打击假货源，2010 年至今已处理各类专利侵权投诉案件 3 000

余件。同时，苹果"预留后门"和 12306 用户信息泄露等事件，也暴露出大数据迅猛发展的同时，数据安全存在很大的隐患。

阿里巴巴创办人马云提到，未来的时代将不是 IT 时代，而是 DT 的时代。DT 就是 Data Technology（数据科技），显示大数据对于阿里巴巴集团来说举足轻重。

2016 年才是真正意义上的大数据元年。

2016 年 1 月 20 日，阿里云在 2016 云栖大会上海峰会上宣布开放阿里巴巴十年的大数据能力，发布全球首个一站式大数据平台"数加"，首批亮相 20 款产品。这一平台承载了阿里云"普惠大数据"的理想，即让全球任何一个企业、个人都能用上大数据。借助大数据技术，阿里巴巴取得了巨大的商业成功。通过对电子商务平台上的客户行为进行分析，诞生了蚂蚁小贷、花呗、借呗；菜鸟网络通过物流云、菜鸟天地等数据产品，为快递行业的升级提供技术方法。

在这些创新中，"数加"承载了阿里巴巴 EB 级别的数据加工计算，经历了上万名工程师的实战检验。大麦网是阿里云"数加"平台的尝鲜者。通过采用"数加"的推荐引擎，大麦网的研发成本从 900 人天降低到 30 人天，效率提升了 30 倍。

2013 年 12 月 6 日，中国最具影响、规模最大的大数据领域技术盛会——2013 中国大数据技术大会（BDTC 2013）在北京世纪金源大饭店开幕。百度大数据首席架构师林仕鼎从一个大数据系统架构师的角度，分享了应用驱动、软件定义的数据中心计算。百度大数据的两个典型应用是面向用户的服务和搜索引擎，百度大数据的主要特点是：第一，数据处理技术比面向用户服务的技术所占比重更大；第二，数据规模比以前大很多；第三，通过快速迭代进行创新。如图 5 - 29 所示。

图 5 - 29　百度大数据

2014 年 4 月，以"大数据引擎驱动未来"为主题的百度第四届技术开放日在北京举行，会议期间百度推出了首款集基础设施、数据处理和机器学习的大数据引擎。百度大数据引擎可分为开放云、数据工厂和百度大脑三个部分，其中开放云提供了硬件性能，数据工厂提供了 TB 级的处理能力，而百度大脑则提供了大规模机器学习能力和深度学习能力。

（1）开放云

这是百度的大规模分布式计算和超大规模存储云。过去的百度云主要面向开发者，大数据引擎的开放云则是面向有大数据存储和处理需求的"大开发者"。

百度的开放云拥有超过 1.2 万台的单集群，超过阿里飞天计划的 5 000 集群。百度开放云还拥有 CPU 利用率高、弹性高、成本低等特点。百度是全球首家大规模商用 ARM 服务器的公司，而 ARM 架构的特征是能耗小和存储密度大，同时，百度还是首家将 GPU（图形处理器）应用在机器学习领域的公司，实现了能耗节省的目的。

（2）数据工厂

开放云是基础设施和硬件能力，可以把数据工厂理解为百度将海量数据组织起来的软件能力。数据工厂被用作处理 TB 级甚至更大的数据。

百度数据工厂支持 SQL – like 及更复杂的查询语句，支持各种查询业务场景。同时，百度数据工厂还将承载对于 TB 级别的大表的并发查询和扫描，大查询、低并发时，每秒可达百 GB，其能力在业界已经很领先了。

（3）百度大脑

有了大数据处理和存储的基础之后，还得有一套能够应用这些数据的算法。图灵奖获得者 N. Wirth（沃斯）提出过"程序 = 数据结构 + 算法"的理论。如果说百度大数据引擎是一个程序，那么它的数据结构就是数据工厂 + 开放云，而算法则对应到百度大脑。

百度大脑将百度此前在人工智能方面的能力开放出来，主要是大规模机器学习能力和深度学习能力。此前它们被应用在语音、图像、文本识别，以及自然语言和语义理解方面，被应用在不少 App 中，还通过百度 Inside 等平台开放给了智能硬件。现在这些能力将被用来对大数据进行智能化的分析、学习、处理、利用。百度深度神经网络拥有 200 亿个参数，是全球规模最大的，它拥有独立的深度学习研究院（IDL）和较早的布局，在人工智能上，百度已经快了一步，现在贡献给业界表明了它要开放的决心。

2015 年 3 月，全国两会上，全国人大代表马化腾提交了《关于以"互联网 +"为驱动，推进我国经济社会创新发展的建议》的议案，对经济社会的创新提出了建议和看法。马化腾表示，"互联网 +"是指利用互联网的平台、信息通信技术把互联网和包括传统行业在内的各行各业结合起来，从而在新领域创造一种新生态。他希望这种生态战略能够被国家采纳，成为国家战略。2015 年 3 月 5 日上午十二届全国人大三次会议上，李克强总理在政府工作报告中首次提出"互联网 +"行动计划。李克强总理在政府工作报告中提出，制订"互联网 +"行动计划，推动移动互联网、云计算、大数据、物联网等与现代制造业结合，促进电子商务、工业互联网和互联网金融（ITFIN）健康发展，引导互联网企业拓展国际市场。

2015 年 12 月 16 日，第二届世界互联网大会在浙江乌镇开幕。在举行"互联网 +"的论坛上，中国互联网发展基金会联合百度、阿里巴巴、腾讯共同发起倡议，成立"中国互联网 + 联盟"。

中国正走在互联网发展的新时代大道上。

习　题

一、单项选择题

1. 1965 年科学家提出"超文本"概念，"超文本"的核心是（　　）。

A. 链接　　　　　B. 网络　　　　　C. 图像　　　　　D. 声音

2. 地址栏中输入 http://www. pku. edu. cn 中，则 www. pku. edu. cn 是一个（　　）。

A. 域名　　　　　B. 文件　　　　　C. 邮箱　　　　　D. 国家

3. 通常所说的 ADSL 是指（　　）。

A. 上网方式　　　B. 电脑品牌　　　C. 网络服务商　　D. 网页制作技术

4. 下列四项中表示电子邮件地址的是（　　）。

A. 9888989@163. com　　　　　　　B. 192. 168. 0. 1

C. www. gov. cn　　　　　　　　　　D. www. cctv. com

5. 浏览网页过程中，当鼠标移动到已设置了超链接的区域时，鼠标指针形状一般变为（　　）。

A. 小手形状　　　B. 双向箭头　　　C. 禁止图案　　　D. 下拉箭头

6. 下列四项中表示域名的是（　　）。

A. www. cctv. com　　　　　　　　　B. 998789@ qq. com

C. mldajxau@ 163. com　　　　　　　D. 202. 96. 68. 1234

7. 下列软件中可以查看 WWW 信息的是（　　）。

A. 游戏软件　　　B. 财务软件　　　C. 杀毒软件　　　D. 浏览器软件

8. 电子邮件地址 stu@ pku. edu. cn 中的 pku. edu. cn 代表的是（　　）。

A. 用户名　　　　B. 学校名　　　　C. 学生姓名　　　D. 邮件服务器名称

9. 设置文件夹共享属性时，可以选择的三种访问类型为完全控制、更改和（　　）。

A. 共享　　　　　B. 只读　　　　　C. 不完全　　　　D. 不共享

10. 计算机网络最突出的特点是（　　）。

A. 资源共享　　　　　　　　　　　　B. 运算精度高

C. 运算速度快　　　　　　　　　　　D. 内存容量大

11. E – mail 地址的格式是（　　）。

A. www. pku. edu. cn　　　　　　　　B. 网址 • 用户名

C. 账号@邮件服务器名称　　　　　　D. 用户名 • 邮件服务器名称

12. 为了使自己的文件让其他同学浏览，又不想让他们修改，一般可以将包含该文件的文件夹共享属性的访问类型设置为（　　）。

A. 隐藏　　　　　B. 完全　　　　　C. 只读　　　　　D. 不共享

13. Internet Explorer（IE）浏览器的"收藏夹"的主要作用是收藏（　　）。

A. 图片　　　　　B. 邮件　　　　　C. 网址　　　　　D. 文档

14. 网址"www. pku. edu. cn"中的"cn"表示（　　）。

　A. 英国　　　　　　B. 美国　　　　　　C. 日本　　　　　　D. 中国

15. 计算机网络的主要目标是（　　）。

　A. 分布处理　　　　　　　　　　　　　B. 将多台计算机连接起来

　C. 提高计算机可靠性　　　　　　　　　D. 共享软件、硬件和数据资源

二、填空题

1. 计算机网络是现代_____技术与_____技术密切组合的产物。

2. 通信子网主要由_____和_____组成。

3. 局域网常用的拓扑结构有总线、_____、_____三种。

4. 光纤的传输特点是_____。

5. 计算机网络按网络的作用范围，可以分为_____、_____和_____三种。

6. 计算机网络中常用的三种有线通信介质是_____、_____、_____。

7. 局域网的英文缩写为_____，城域网的英文缩写为_____，广域网的英文缩写为_____。

8. 双绞线有_____和_____两种接法。

9. 计算机网络的功能主要表现在硬件资源共享、_____、_____。

10. 决定局域网特性的主要技术要素为_____、_____、_____。

11. _____就是网络节点在物理分布和互联关系上的几何构型。

12. 与电路交换不同，报文交换采用的是_____方式交换数据。

13. 数据链路层的数据传输单位是_____。

14. 计算机网络的基本功能是_____和信息传递。

15. 为了有效地利用传输介质，通常采用_____技术。

16. 并行传输适用于_____的通信，串行传输适用于_____的通信。

17. 从网络各结点的相互关系来看，常见的局域网的结构有_____和对等网。

18. _____技术是广域网技术的基础。

19. 局域网常见的拓扑结构是_____或星型与其他类型相结合的拓扑结构。

20. _____是以信息处理技术和通信技术为基础的通信方式。

三、简答题

1. 什么是计算机网络？它有哪些主要功能？

2. 简述计算机网络的分类。

3. 简述计算机网络的基本组成。

4. 什么是计算机网络的拓扑结构？常用的拓扑结构有哪几种？

5. 网络协议的功能是什么？什么是 OSI 参考模型？

6. 常用的网络传输介质有哪些？网络的主要连接设备有哪些？

7. 什么是因特网（Internet）？Internet 的主要应用有哪些？

8. 上网浏览 www. pku. edu. cn 网站，并完成如下操作：

（1）把 www. pku. edu. cn 设置为 IE 浏览器主页地址；

（2）把浏览到的北京大学概况网页添加到收藏夹中。

第 6 章
虚拟现实与增强现实

科技和产业生态的持续发展，推动着 VR/AR 虚拟现实概念的不断演进。虚拟现实是借助近眼显示、感知交互、渲染处理、网络传输和内容制作等新一代信息通信技术，构建跨越端管云的新业态，通过满足用户在身临其境等方面的体验需求，进而促进信息消费扩大升级与传统行业的融合创新。

2016 年，中国 VR 市场各细分市场占比情况中，VR 头戴设备以占比 59.4% 稳居榜首；排在第二的是 2015 年开始兴起的 VR 体验馆，占比为 10.3%；VR 摄像机排在第三，占比为 9.7%。2016 年为 VR/AR 元年，市场投资在硬件上占到产品的主要比重。

而在中国虚拟现实行业收入构成方面，中国消费者的内容消费习惯逐渐养成，虚拟现实软件收入逐渐提升，2018 年中国虚拟现实行业软件收入达到 30%，硬件收入占比为 70%。在 2018 年的整体收入比重中，软件的收入呈增加趋势，而 VR/AR 在硬件发展到一定阶段的同时，可提供的相关软件需求也成为 VR/AR 产品发展的一个主要"瓶颈"。

据中商产业研究院发布的《2018—2023 年虚拟现实行业发展前景及投资机会分析报告》数据显示，2017 年中国虚拟现实市场规模将达到 52.8 亿元，随着虚拟现实技术的逐渐成熟，资本逐渐进入，市场规模将进一步扩大，2018 年中国虚拟现实市场规模突破百亿元大关。

从上述数据中不难看出，VR/AR 的产业在 2018 年以后无论在硬件还是软件方面的需求量都在不断的增长，并且在 B 端用户量不断提升的前提下，也将逐步切入 C 端市场。同时，配合大数据和人工智能产品的不断完善，VR/AR 作为今后非常重要的前端表现方式，也会持续地呈增长的趋势。

本章将主要介绍 VR/AR 的相关内容。通过其在各个领域的应用实例及通识性的概念相互结合，让读者了解和熟悉 VR/AR 的基础知识。在后半章节将结合目前的 VR/AR 人才认证体系考核标准及 VR/AR 的行业制作标准，配合实际的开发实例，进一步带领读者来具体掌握 VR/AR 开发中所设计的技术要点及开发流程。

6.1 何为虚拟现实与增强现实

6.1.1 虚拟现实与增强现实概述

虚拟现实（Virtual Reality，VR）是由美国 VPL 公司创建人拉尼尔（Jaron Lanier）在 20 世纪 80 年代初提出的。其具体内涵是：综合利用计算机图形系统和各种现实及控制等接口设备，在计算机上生成的、可交互的三维环境中提供沉浸感觉的技术。虚拟现实技术是一种可以创建和体验虚拟世界的计算机仿真系统，它利用计算机生成一种模拟环境，是一种多源信息融合的交互式的三维动态视景和实体行为的系统仿真，使用户沉浸到该环境中。

与传统的图形输出形式相比，在输出设备上使用了 VR 眼镜作为主要的图像输出。同时，区别于传统的图形图像的表现形式，VR 提供了用户完全沉浸式的体验感。并且还通过其他的设备，如虚拟体感背心、手柄震动等，进一步提升用户在计算机模拟出来的虚拟场景中的体验效果。

VR 主要分为以下几个发展阶段，这也是目前业内比较认可的分段方式。

第一阶段：虚拟现实思想的萌芽阶段（1963 年以前）

1935 年，美国科幻小说家斯坦利·温鲍姆（Stanley G. Weinbaum）在他的小说中首次构想了以眼镜为基础，涉及视觉、触觉、嗅觉等全方位沉浸式体验的虚拟现实概念，这是可以追溯到的最早的关于 VR 的构想。

1957—1962 年，莫顿·海利希（Morton Heilig）研究并发明了 Sensorama，并在 1962 年申请了专利。这种"全传感仿真器"的发明，蕴含了虚拟现实技术的思想理论。

第二阶段：虚拟现实技术的初现阶段（1963—1972 年）

1968 年，美国计算机图形学之父 Ivan Sutherlan 开发了第一个计算机图形驱动的头盔显示器 HMD 及头部位置跟踪系统，是 VR 技术发展史上一个重要的里程碑。

第三阶段：虚拟现实技术概念和理论产生的初期阶段（1972—1989 年）

这一时期主要有两件大事：一件是 VIDEOPLACE 系统的设计，其可以产生一个虚拟图形环境，使体验者的图像投影能实时地响应自己的活动；另外一件则是 VIEW 系统的设计，它是让体验者穿戴数据手套和头部跟踪器，通过语言、手势等交互方式，形成虚拟现实系统。

第四阶段：虚拟现实技术理论的完善和应用阶段（1990 年至今）

1994 年，日本游戏公司 Sega 和任天堂分别针对游戏产业而推出 Sega VR - 1 和 Virtual Boy。

2012 年，Oculus 公司用众筹的方式将 VR 设备的价格降低到了 300 美元（约合人民币 1 900 余元），同期的索尼头戴式显示器 HMZ - T3 高达 6 000 元左右，这使得 VR 向大众视野走近了一步。

2014 年，Google 发布了 Google CardBoard，三星发布 Gear VR。

2016 年，苹果发布了名为 View - Master 的 VR 头盔，售价 29.95 美元（约合人民币 197元）；HTC 的 HTC Vive、索尼的 PlayStation VR 也相继出现。

另外，在这一阶段，虚拟现实技术从研究型阶段转为应用型阶段，广泛运用到了各个领域。

增强现实（Augmented Reality，AR）技术是一种将计算及模拟出来的虚拟场景与真实环境互相融合的技术，广泛运用了多媒体、三维建模、实时跟踪及注册、智能交互、传感等多种技术手段，将计算机生成的文字、图像、三维模型、音乐、视频等虚拟信息模拟仿真后，应用到真实世界中，两种信息互为补充，从而实现对真实世界的"增强"。

增强现实技术不仅能够有效体现出真实世界的内容，也能够促使虚拟的信息内容显示出来，这些细腻内容相互补充和叠加。在视觉化的增强现实中，用户需要在头盔显示器的基础上，促使真实世界能够和电脑图形之间重合在一起，在重合之后可以充分看到真实的世界围绕着它。增强现实技术中主要有多媒体和三维建模，以及场景融合等新的技术和手段，增强现实所提供的信息内容和人类能够感知的信息内容之间存在着明显不同。

AR 技术和 VR 技术在本质上最大的区别在于，AR 技术是建立在现实环境中的。在整个视觉呈现过程中，都依托于现实环境，而 VR 技术则是完成建立在虚拟的环境中的，并且在 AR 中很少应用外部设备来增加用户的体验度。主要还是通过视觉方面的感官来呈现需要提供给用户的各类信息内容。

6.1.2　虚拟现实与增强现实硬件的发展

1. VR 硬件的发展

虚拟现实的概念最早被提及应该追溯到阿道司·赫胥黎（Aldous Huxley）于 1932 年出版的小说《美丽新世界》，书里面描述了机械文明中未来社会中人们的生活场景，这本书里也是首次对虚拟现实设备进行了描述：头戴式设备可以为观众提供图像、气味、声音等一系列的感官体验，以便让观众能够更好地沉浸在电影的世界中。所提及的概念已经非常接近现在 VR 技术概念了。如图 6 - 1 所示。

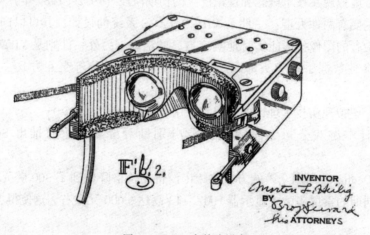

图 6 - 1　VR 头戴式设备

之后在 1963 年，一位名叫雨果·根斯巴克的科幻作家在杂志"Life"中又对虚拟现实设备做了幻想，这时 VR 设备已经有了它自己的名字——Teleyeglasses，意为戴在眼睛上的电视设备。如图 6 - 2 所示。

虽然此时 VR 设备已经有了自己的名字，但是它还只是一种概念。真正将其制作出来的是哈佛大学的电气工程副教授的萨瑟兰。1968 年，作为哈佛大学的电气工程副教授的萨瑟兰就发明了头戴式显示器，这个命名为"达摩克利斯之剑"的头戴式显示器，通过将显示设备放置到用户头顶的天花板上，通过连接杆和头戴显示器相连，可以将简单的线框图转化成具有 3D 效果的图像。

图 6 – 2　Teleyeglasses

1961 年，美国空军的阿姆斯特兰实验室中，路易斯·罗森伯格（Louis Rosenberg）开发出了 Virtual Fixtures，它的功能是实现对机器的远程操作，之后他的研究方向转为增强现实，当然也包括如何把虚拟图像加载至用户的真实世界的画面中，而这个也是当时虚拟现实技术讨论的热点。之后增强现实和虚拟现实的发展道路便分离开来。如图 6 – 3 和图 6 – 4 所示。

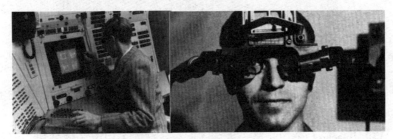

图 6 – 3　Virtual Fixtures

图 6 – 4　Augmented Reality Device

1985 年，虚拟现实设备开始为 NASA 服务，当时的虚拟现实设备的命名、设计及体验方式和现在的 VR 设备无异。如图 6 – 5 所示。

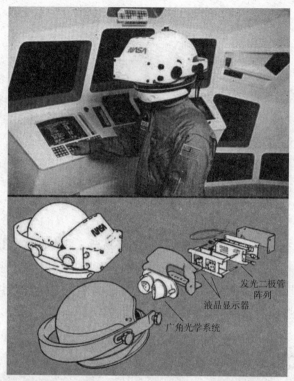

图 6 – 5　Virtual glasses

1987 年，任天堂公司推出了 Famicom 3D System 眼镜，使用主动式快门技术，通过转接器连接任天堂电视游乐器使用。如图 6 – 6 所示。

1990 年，VPL Research 公司是第一家将 VR 设备推向民用市场的公司，但是设备过于昂贵，达到了 5 万美元，在当时是一个天文数字。如图 6 – 7 所示。

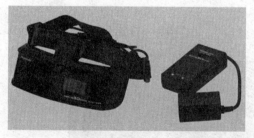

图 6 – 6　Famicom 3D System 眼镜

图 6 – 7　VPL Research 公司的设备

1993 年，世嘉公司在 CES 上推出了 SEGA VR，其标语是欢迎来到下一个世界。

1993 年，任天堂开发出了最具革命性的产品——Virtual Boy，但是由于过于前卫及技术上的限制，并没有受到市场的认可。

1998 年，索尼推出了一款类虚拟现实设备，但是也同样由于技术上的限制和过于超前的想法，最后没有取得成功。如图 6 – 8 所示。

图6-8 索尼VR设备

2006年，东芝做出了一个3 kg的巨型虚拟现实头盔。如图6-9和图6-10所示。

图6-9 东芝虚拟现实眼镜　　　　　　图6-10 东芝虚拟现实巨型头盔

虚拟现实再次进入大众视野应该是在2012年Oculus项目登录Kickstarter众筹网站。2015年，Facebook以20亿美元的巨资收购邀约，将这家公司推向了舞台中央，这也是虚拟现实概念被重启的一个关键性事件。如图6-11所示。

图6-11 Facebook虚拟现实眼镜

2. AR硬件的发展

（1）1st & Ten系统

虽然在1961年的时候就已经发展出了AR，但是其真正展示到大家的面前却是在1998

年。当时体育转播图文包装和运动数据追踪领域的领先公司 Sport Vision 开发了 1st & Ten 系统。在实况橄榄球比赛直播中，其实现了"第一次进攻"黄色线在电视屏幕上的可视化。这项技术是针对冰球运动开发的，其中的蓝色光晕被用于标记冰球的位置，但这个应用并没有被普通观众接受。如图 6 - 12 所示。

图 6 - 12　1st&Ten 系统直播橄榄球比赛

（2）增强现实开发工具

一年之后，增强现实开发工具 AR Toolkit 便问世了。这个开源工具是由奈良先端科学技术学院（Nara Institute of Science and Technology）的加藤弘（Hirokazu Kato）开发的。

2005 年，AR Toolkit 与软件开发工具包（SDK）相结合，可以为早期的塞班智能手机提供服务。开发者通过 SDK 启用 AR Toolkit 的视频跟踪功能，可以实时计算出手机摄像头与真实环境中特定标志之间的相对方位。这种技术被看作是增强现实技术的一场革命，目前在 Android 及 iOS 设备中，AR Toolkit 仍有应用。

2013 年 4 月，谷歌发布了增强现实的头戴式现实设备。其将智能手机的信息投射到用户眼前，通过该设备也可直接进行通信。

在之后的几年，越来越多的增强现实或虚拟现实设备涌进市场，其中包括谷歌、索尼及 HTC 旗下的诸多设备。2015 年微软公司也宣布开发了增强现实眼镜 HoloLens，并且该产品目前已经推出第二代产品了。如图 6 - 13 所示。

图 6 - 13　HoloLens

6.1.3 虚拟现实与增强现实开发环境及工具简介

在上一小节，了解了有关虚拟现实技术的历史发展，那么就目前技术的发展而言，有多少相关的硬件设备是可以被应用和开发的呢？

1. VR 头显设备

（1）Oculus Rift

Oculus Rift 是一款为电子游戏设计的头戴式显示器，这是一款虚拟现实设备。它将虚拟现实接入游戏中，使玩家们能够身临其境，对游戏的沉浸感大幅提升。如图6-14所示。

（2）HTC Vive

HTC Vive 是由 HTC 与 Valve 联合开发的一款 VR 头显品，由于有 Valve 的 SteamVR 提供的技术支持，在 Steam 平台上已经可以体验利用 Vive 功能的虚拟现实游戏。如图6-15所示。

图6-14　Oculus Rift　　　　　　　　　图6-15　HTC Vive

（3）索尼 PSVR

PlayStation VR（PSVR）是索尼电脑娱乐公司推出的 VR 头显，是基于 PlayStation 游戏机系列的第四代游戏主机（PS4）的虚拟现实装置。如图6-16所示。

2. 移动 VR 设备

（1）谷歌 Daydream View

高品质的 VR 体验，并且可以运行安卓移动操作系统。如图6-17所示。

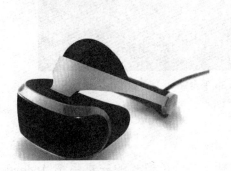
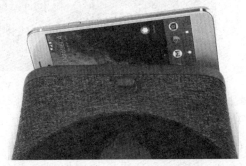

图6-16　PS4　　　　　　　　　　　　图6-17　Daydream View

（2）三星 Gear VR

目前使用 Samsung 的 Galaxy S7/S7 edge、Note5、S6 和 S6 edge 来代替头显中原来的显示

器。Gear VR 还内置传感器用于与三星手机配对，并内置了触摸板用于操作。和 Oculus Rift 使用 PC 来进行计算不同，Gear VR 把计算放在了 Samsung 手机上。如图 6-18 所示。

3. AR/MR 头显设备

（1）微软 Hololens

微软 Hololens 是一款增强现实头显设备，它不受任何限制——没有线缆和听筒，并且不需要连接电脑，具有全息、高清镜头、立体声等特点，可以让用户看到和听到周围的全息景象。如图 6-19 所示。

图 6-18　Gear VR

图 6-19　Hololens

（2）Magic Leap

Magic Leap 是一个类似微软 HoloLens 的增强现实平台，主要研发方向就是将三维图像投射到人的视野中，但是它的研发的技术目前依然处于绝密状态。Magic Leap 正在研发的增强现实产品可以简单理解成谷歌眼镜与 Oculus Rift 的一种结合体。如图 6-20 所示。

图 6-20　Magic Leap 平台

4. 开放平台

（1）Daydream 虚拟现实平台

Daydream 是一个高质量的虚拟现实平台，包括支持 VR 模式的安卓系统 Android N、Android VR 头显＋控制器标准方案，以及 VR 应用商店。Daydream 平台是依靠移动操作系统特别是 Android 系统建立起来的，开放性是它的另一个特点，规格都是第三方能使用的。各项标准的制定很明确地展示出了 Google 的 VR 策略——依靠庞大的 Android 移动设备的保有量，聚集于移动 VR 设备的发展。

（2）Holographic 增强现实平台

微软开放了基于 Windows 10 的 Holographic 系统，可以支持各种不同的硬件设备。该平台还包括微软的 Holographic Shell，这是一个交互模块，应用程序编程接口（API），可以访问 Xbox 服务。

（3）Oculus Home

内容划分为 6 类：Top Sellers（热销）、New（新发布）、Samsung exclusives（三星独家）、Games（游戏）、Experiences（体验）及 apps（应用）。商店加起来有超过 100 款虚拟现实游戏、应用和体验 Demo，它们中大多数是免费的。其中比较有代表性的游戏是"Land's End"和"EVE Gunjack"。

（4）Google Play & Daydream Home

也可以视为 Google Play 在 VR 上的延伸，它与 Google Play 的支付已经打通。Daydream Home 承担了应用分发和推荐的责任，用户可以在主界面中看到应用推荐都是基于用户的兴趣的。与一般的推荐位不同的是，它利用了 VR 的沉浸特性，用户可以在推荐位中预览推荐应用的 360°视频或图片。

（5）Steam VR

作为全球 PC 游戏的最大平台，其用户已经超过 1.8 亿。而在 HTC VIVE、Oculus 等 VR 设备的带动下，如今也成为 PC 端 VR 游戏的最大平台，有数据显示，平台上的 VR 用户已经超过 50 万。这个平台被冠以核心向、付费率高等标签，因此是 PC 端 VR 内容开发商的首选平台。

5. VR 开发引擎

在介绍了主流的 VR 硬件平台之后，来介绍 VR 的开发引擎，其实本质还是传统的 3D 引擎，尤其是传统的"双 U"（即 Unity3D 和 Unreal），加入了 VR 插件（VR 插件的基本功能是实现左右分屏渲染、陀螺仪、位置跟踪等 API）。

Unity Technologies 开发的一个让玩家轻松创建诸如三维视频游戏、建筑可视化、实时三维动画等类型互动内容的多平台的综合型游戏开发工具，是一个全面整合的专业游戏引擎。

关于 UE 和 UDK，前者是正式商业版本（建议用此版本），后者是前者的免费版，无源码，商业用途需要授权。UNREAL ENGINE 中文名"虚幻引擎"，是目前世界最知名、授权最广的顶尖游戏引擎，占有全球商用游戏引擎 80% 的市场份额。中国首家虚幻技术研究中心在上海成立，该中心由 GA 国际游戏教育与虚幻引擎开发商 EPIC 的中国子公司 EPIC GAMES CHINA 联合设立。

（1）Vuforia

Vuforia 是一个用于创建增强现实应用程序的软件平台。开发人员可以轻松地为任何应用程序添加先进的计算机视觉功能，使其能够识别图像和对象，或重建现实世界中的环境。

Vuforia 支持的平台：Android、iOS、UWP 和 Unity Editor。

（2）Wikitude

Wikitude 提供了一体式增强现实 SDK，并结合了 3D 跟踪技术（基于 SLAM）、顶级图像识别和跟踪，以及移动、平板电脑和智能眼镜的地理位置 AR。

Wikitude 支持的平台：Android、iOS、智能眼镜。

（3）ARToolKit

ARToolKit 是一个免费的开源 SDK，可以完全访问其计算机视觉算法，以及自主修改源代码，以适应自己的特定应用。

ARToolKit 支持的平台：Android、iOS、Linux、Windows、Mac OS 和智能眼镜。

（4）Kudan

Kudan 提供了富有创造性的、最先进的计算机视觉技术，以及可用于 AR/VR、机器人和人工智能应用程序的最佳视觉同步本地化和映射（SLAM）跟踪技术。Kudan SDK 平台是唯一可用于 iOS 和 Android 的高级跟踪 Markerless AR 引擎。

Kudan 支持的平台：Android、iOS。

（5）XZIMG

XZIMG 提供了可自定义的 HTML5、桌面、移动和云解决方案，目的是从图像和视频中提取智能。XZIMG 提供了增强面部解决方案，可用于识别和跟踪基于 Unity 的面孔。XZIMG 提供了增强视觉解决方案，用 Unity 识别和跟踪平面图像。

XZIMG 支持的平台：PC、Android、iOS、Windows、WebGL。

6.2　虚拟现实与增强现实美术资源制作、开发及认证标准

6.2.1　虚拟现实与增强现实美术开发流程

美术开发流程中有 3D 手绘低模与次世代模型两种建模方法。主要开发流程包含原画设计、模型制作、UV 展开、贴图绘制、引擎渲染等。

在开发过程中，素材参考是个重要组成部分，包括游戏原画设计、影视概念设计、实物图片参考等。3D 设计师需要根据项目的需求，参考设计图进行模型的制作，参考图也会让 3D 设计师在模型制作过程中统一风格。

模型分为低模、中模、高模、拓扑模型等。制作级别不同，制作标准也会有所改变，如图 6-21 所示。在影视作品中，3D 角色的模型面数可以从两三万面到数十万面，3D 网游角色的模型面数主要在 2 000～4 000 面，次世代游戏角色模型面数大多在 5 000～9 000 面。模型的面数越多，模型呈现的效果越好，相应地，计算机与引擎的渲染工作也会增加，所以，游戏、影视、动画等 3D 制作行业都相应地有一套制作流程。

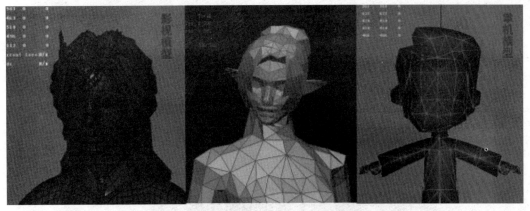

图6-21 3D角色模型面数对比

3D手绘低模，由于模型面数较低，主要依靠手绘贴图的最终效果。换句话说，模型是物体的主要构架，贴图是构架上的颜色与样式。3D设计师在3ds Max、Maya等3D设计软件中制作低模，然后在UVLyout、Unfold3D等UV软件里展开模型UV，接着在PS、BodyPainter等软件中绘制贴图。模型固有色、粗糙度、法线凹凸、光影等信息集中在一张贴图，全部依靠手绘，并且很考验设计师对软件的掌握与建模技巧，以及对人体、建筑、道具等结构的了解。对3D设计师的手绘功底要求较高。如图6-22所示。

图6-22 3ds Max中的低模与BodyPainter手绘贴图

次世代模型制作流程与手绘低模制作流程有些许不同。次世代模型先在3ds Max、Maya、ZBrush等3D软件里制作低模，然后在ZBrush里制作高模，添加细节。如图6-23所示。

ZBrush是一个数字雕刻和绘画软件，它以强大的功能和直观的工作流程彻底改变了整个三维行业。在一个简洁的界面中，ZBrush为当代数字艺术家提供了世界上最先进的工具。以实用的思路开发出的功能组合，在激发艺术家创作力的同时，ZBrush产生了一种用户感受，在操作时会感到非常顺畅。ZBrush能够雕刻高达10亿多边形的模型，所以说限制只取决于的艺术家自身的想象力。

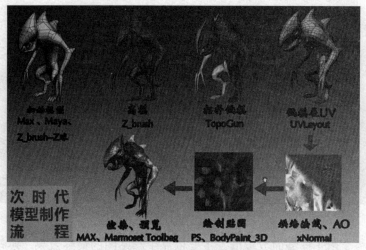

图 6 - 23　次世代模型制作流程

拓扑软件很多，如 TopGun、3D_Coat 等。有些模型不需要拓扑，低模即可当作拓扑模型使用，具体看实际情况。低模 UV 展开常用的软件有 UVLayout、Unfold3D 等。法线、AO 信息的烘焙可以在 3dsMax、Marmoset Toolbag 等软件里进行。

模型制作最重要的部分除了建模外，还有贴图的绘制，3D 低模手绘的贴图最终输出的是一张贴图，上面包含了固有色、粗糙度、法线、光影效果等信息，如图 6 - 24 所示。次世代贴图的最终输出有很多张，包含固有色、法线、粗糙度、金属度等贴图。次世代模型贴图绘制软件主要有 Substance Painter、PS 等，如图 6 - 25 所示。

图 6 - 24　手绘低模贴图

图 6 - 25　次世代模型贴图

Substance Painter 是一款基于物理效果的智能软件，只需导入模型、材质、高光、法线，依照 HDR 贴图的配合，效果即时呈现。不论是 Maya、Max 抑或者是 ZBrush 的用户，都会找到如同 Photoshop 般的友善操作舒适性，直接在模型上绘制出各种物理属性，就像镀铬金属、锈蚀污浊的墙壁、嫩滑的皮肤，从多个案例中让你掌握这套简便快捷的材质制作流程，是一个全新的 3D 贴图绘制程式。

模型制作完成后，需要在美术渲染软件里观察效果，常用软件为 Marmoset Toolbag，导入模型后，设置灯光，进行渲染。如图 6-26 所示。

图 6-26 Marmoset Toolbag 渲染

Marmoset Toolbag 是实时渲染工具，俗称迷你型的引擎，界面友好，极易上手。美术工作者如果选择 Maya 或者 3ds Max 去做渲染，需要花费大量时间去学习某一款渲染器，例如 Mental Ray、Vray 等。使用 UE4 这种大型引擎，也需要很长时间去学习。对渲染有所了解的人都可以在很短的时间内熟练使用该引擎输出高品质的 3D 美术作品，快速预览，快速输出，为纯粹的 3D 美术人员提供了快捷便利展示自己美术作品的解决方案。

6.2.2 虚拟现实与增强现实所需要的美术资源内容及分类

虚拟现实与增强现实所需要的美术资源内容包括角色、场景、道具等。

国内大部分游戏工作室的制作方式都是手绘低模，例如《梦幻西游》《魔兽世界》等。低模手绘的优势在于其成本与时间的控制，所以不需要太长的制作周期。随着时代的进步，计算机的升级，人们对画质的追求越来越高，次世代游戏便诞生于世。《使命召唤》《战地》等都是次世代大作。次世代视觉效果亮眼，但是开发周期较长，成本投入较高。

图 6-27 是一个手绘低模案例，所有贴图信息全部集中在一张贴图上，是传统的游戏风格，也可以理解为 3D 纯漫反射贴图的游戏。贴图尺寸一般为 512×512 或者 1 024×1 024，对贴图绘制要求较高，模型在引擎中全都是自发光全亮的效果，所有的光影和质感全都靠贴图来表现，而非引擎实时演算。

对于移动端的游戏开发，当前的大部分设备运算能力有限，在移动端运行 App 大作比较困难，所以需要在保证视觉效果的前提下，提供高品质的产品给消费者。目前移动端游戏还是手绘低模产流程产品，次世代主要是计算机与主机产品。如图 6-28 所示。

图6-27 手绘低模角色

图6-28 App手游英魂之刃

次世代是个舶来语，意为下一代游戏。高质量的贴图效果与实时光影的渲染是当今许多游戏大厂的制作流程选择。相比传统游戏的制作流程，贴图的大部分制作流程依靠智能软件的使用与计算机的运算，对计算机的要求较高。尺寸可以达到1 024×1 024~2 048×2 048甚至是4 096×4 096~8 192×8 192。随着游戏硬件和游戏引擎的提升，次世代也随之到来，次世代最明显的特征体现在游戏美术的法线贴图（Normal Map），使玩家在游戏中能感觉到不同的视觉效果所带来的震撼。如图6-29所示。

图 6 - 29　次世代角色

美术资源可以按照风格进行分类，比如欧美风，例如《看门狗》《使命召唤》，中式《虎豹骑》（图 6 - 30）、《征途》，日式《怪物猎人》《最终幻想》等，这些都是常见的一些游戏分类。其实风格分类可以往下细分出很多，如武侠、哥特、赛博朋克、废土、末世等。

图 6 - 30　中式游戏《虎豹骑》

图 6 - 31 所示是次世代的中式风格角色，如果把它归类为赛博朋克风格，显然是不会合群的。由图 6 - 31 可以看出，无论是角色还是场景道具，都充满了未来都市、霓虹灯光、科

幻机械等赛博朋克信息。所以美术资源的风格分类,可以让消费者很直观地分辨出这是什么类型、什么题材、什么内容的作品。

图 6 – 31　次世代游戏《赛博朋克 2077》

6.2.3　虚拟现实与增强现实美术开发制作认证标准

随着次世代技术的发展,美术表现形式越来越丰富,三维技术也进入了照片级别、影视级别时代。其中 3D 美术技术是次世代技术的基础技能,不论是影视动画还是游戏制造业,都是不可或缺的技术环节和美术资源。

在美术设计环节,会涉及大量的设计软件。除了手绘板和计算机外,运用到的智能软件多达十几种。美术开发流程中常用到的智能软件有 3ds Max、Maya、ZBrush、PS、BodyPainter、Unfold3D、Substance Painter、blender、Marmoset Toolbag 等,如图 6 – 32 所示。当然,其中主要核心软件为 4 ~ 5 种。所以掌握基本的软件知识,是前期进行美术开发的必要条件,也是能否进行美术开发制作的认证标准之一。

图 6 – 32　部分 3D 美术设计软件

美术设计者需要熟练掌握 3ds Max、Maya、Zbrush 等 3D 设计软件,熟练使用手绘板,对人体、建筑、道具的结构组成有一定的了解,拥有合理且丰富的想象力,能够理解参考图的内容,根据制作流程的不同把控模型面数的合理分布。

1. 模型造型

要求:使用 3D 设计软件进行模型的基础造型建模。模型包括角色、场景、道具等。模型造型合理,面数规范,布线合理。如图 6 – 33 和图 6 – 34 所示。

使用软件：3ds Max、Maya、ZBrush、blender 等。

图 6 – 33　次世代角色建模（1）

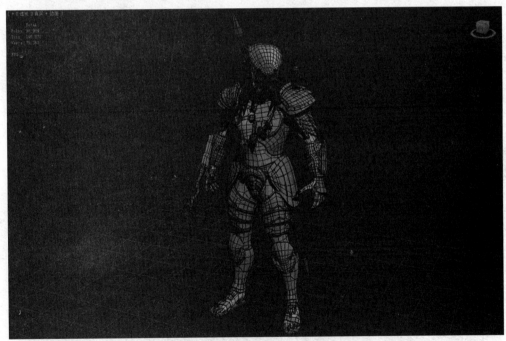

图 6 – 34　次世代角色建模（2）

2. 细节雕刻

要求：能独立使用具备雕刻功能的软件进行细节雕刻，丰富模型内容，塑造出高精度模型，结构合理。如图 6 – 35 所示。

使用软件：ZBrush、blender 等。

图6-35　ZBrush角色高模雕刻

3. 贴图绘制

要求：独立使用贴图绘制软件进行贴图材质的绘制。熟练掌握低模手绘、PBR材质的制作流程。如图6-36和图6-37所示。

使用软件：PS、Bodypainter、Substance Painter等。

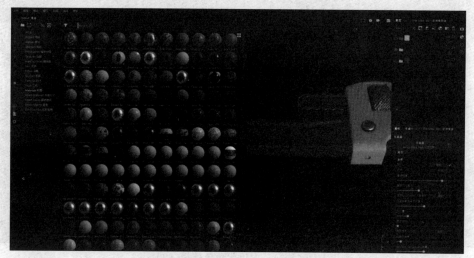

图6-36　Substance Painter界面

4. 模型拓扑

要求：独立使用拓扑软件进行模型拓扑，制作低模，用于法线等信息的烘焙。烘焙的作用是让高模的细节质感能在低模上进行呈现，在保证一定效果的情况下减少模型的面数。如图6-38所示。

使用软件：3ds Max、Top_gun、3D_Coat、ZBrush等。

图 6 – 37　次世代 PBR 贴图

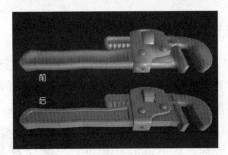

图 6 – 38　模型拓扑效果对比

5. 引擎渲染

要求：独立使用美术渲染软件进行渲染查看，观察效果细节，查找 BUG，进行修复。如图 6 – 39 所示。

使用软件：Marmoset Toolbag 等。

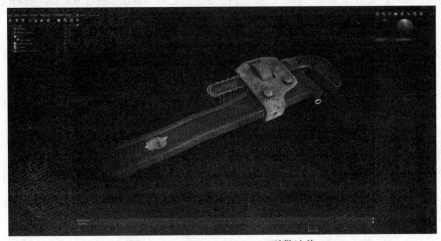

图 6 – 39　Marmoset Toolbag 引擎渲染

6.3 虚拟现实与增强现实引擎开发简介

随着 VR/AR 技术的发展，社会与市场对其需求大大增加，因此许多 3D 开发引擎或游戏开发引擎向 VR/AR 领域进军，在众多支持开发 VR/AR 项目的引擎中，最为人所熟知的是两大开发引擎——Unreal Engine 4 和 unity。在这两大开发引擎的帮助下，VR/AR 项目的开发更加便捷并且推动 VR/AR 产业的发展。如图 6–40 所示。

图 6–40　3D 开发引擎图标

6.3.1　虚拟现实与增强现实开发引擎 unity

unity 是由 Unity Technologies 公司开发的一个让玩家轻松创建诸如三维视频游戏、建筑可视化、实时三维动画等类型互动内容的多平台的综合型游戏开发工具，是一个全面整合的专业游戏引擎。如图 6–41 所示。

unity 是当前业界领先的 VR/AR 内容制作工具，全球 60% 以上的 VR/AR 内容都是基于 unity 引擎进行制作的，unity 为制作优质的 VR 内容提供了一系列先进的解决方案，无论是 VR、AR 还是 MR，都可以使用 unity 高度优化的渲染流水线及编辑器的快速迭代功能，使项目需求得到完美实现。基于跨

图 6–41　unity 引擎

平台的优势，unity 支持所有新型的主流平台，原生支持 oculus、STEAMVR/VIVE、PlayStation VR、Gear VR、Microsoft HoloLens 及 Google 的 Daydream 等。如图 6–42 所示。

图 6–42　uinty 支持的主流平台

1. Unity3D 开发的优秀作品

众多知名的作品都是用 Unity3D 打造的，如《炉石传说》《神庙逃亡》《王者荣耀》《仙剑奇侠传6》《纪念碑谷》《崩坏3》《暗影之枪》等。下面详细介绍几个 VR/AR 相关的优秀作品。

（1）TheLab

该款游戏可以说是真正意义上的 VR 示范游戏，其提供了数种不同的虚拟实境体验享受，第一次让人们明白了 VR 到底是什么样的。如图 6 - 43 所示。

图 6 - 43　TheLab 游戏

（2）TheBlue

TheBlue 是导演杰克·罗威尔（曾参与制作《使命召唤》《最终幻想》和《超人归来》）的作品，它为人们带来了真实深海视觉冲击和交互体验，一出场玩家身边就有许多的海底生物，玩家可以与这些生物进行一些互动，不同生物对于玩家们的互动会给予不同的反应。如图 6 - 44 所示。

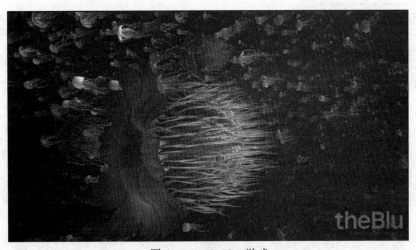

图 6 - 44　TheBlue 游戏

（3）Waltz of the Wizard

Waltz of the Wizard 为用户创造了一个神奇的魔法世界，在 Waltz of the Wizard 世界中，玩家将拥有神奇魔力，他们可以把收集的材料扔在一口沸腾的大锅内混合，用来制作新法

术，并去外面的世界测试下你的新技能。如图 6 – 45 所示。

图 6 – 45　Waltz of the Wizard 游戏

2. Unity3D 开发 VR/AR 项目优势与特点

（1）简单易学

Unity3D 的设计都是非常的人性化的，编辑器界面清爽简洁，操作简单。

所采用的编程语言是微软的 C#语言。C#语法简洁灵活、类库多，并且它的集成开发环境 Visual Studio 也是微软公司的产品，所以对 C#的支持特别友好，非常好用。如图 6 – 46 和图 6 – 47 所示。

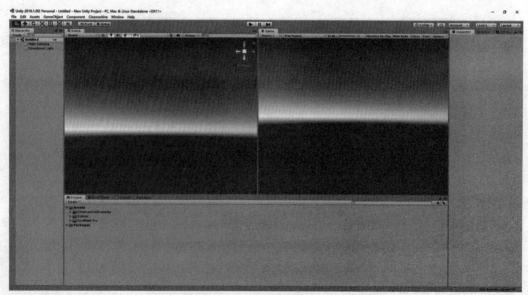

图 6 – 46　Vistual Studio 开发界面

图 6 – 47　Virtual Studio 工具

（2）优秀的跨平台特性

在最新版本引擎中，现已支持包括 Windows、Mac OS X、iOS、Android、PlayStation 3、PlayStation 4、PlayStation Vita、Xbox 360、Xbox ONE、Wii U、Windows Store、Windows Phone、Oculus Rift、STEAMVR、Gear VR、Web GL 和 Web Palyer 等在内的二十多个平台，用户只需进行一次开发，便可以发布至以上所提到的主流平台中。

（3）丰富的学习资料

Unity3D 官方提供了非常丰富的用户手册和参考文档，同时，Unity3D 还拥有一个资源分享与知识问答的交流平台，包括论坛、博客、在线视频等，以此帮助开发者更为便捷地了解 Unity3D 引擎。基本上 Unity3D 的问题在网上都能搜到相关的解决方案。

（4）周到的服务

除了为 VR/AR 开发者提供便利的开发工具外，Unity 还提供了许多周到的服务支持，如：

①Ads 服务。让广告与开发者的产品体验更好地结合起来，使开发者的收入最大化。

②Analytics 服务。帮助开发者了解用户并洞悉他们的行为。使用得当的话，可以提升用户的游戏体验，以促进用户留存和转化率。

③UPR 服务。帮助开发者做产品的性能检测分析，并提供 Unity 专业技术支持人员，为开发者提供最精准的原因分析及最合理的优化建议。

④Collaborate 服务。让 Unity3D 开发的团队协作变得更加容易。

⑤IAP 服务。让市面上流行的各大 App 商城的应用内购买变得更加容易。

⑥Cloud Build 服务。为 Unity 项目提供持续的集成服务。

⑦Multiplayer 服务。帮助开发者更容易地创建多人游戏，Unity 提供的服务器和配对服务确保玩家可以轻松地找到和对方进行游戏。

（5）良好的生态圈

Unity3D 引擎还提供了一个网上资源商店（Asset Store），用户可以在这个平台上购买和销售包括 3D 模型、材质贴图、脚本代码、音效和 UI 界面扩展插件等 Unity3D 相关资源。通过 Unity3D 引擎，开发者可以在短时间内制作出一款高质量的商业项目。也可以通过 Asset Store 销售自己制作的产品，获得利润。

VR/AR 的开发不可避免地会涉及相关的硬件，由于 Unity3D 的简单易学的特点，目前市面上常见的 VR/AR 相关的硬件厂商对 Unity3D 的支持都十分友好，都会提供相关的 Unity3D 插件和详细的文档供开发者使用，给 Unity3D 项目开发带来了很大便利。

（6）Unity3D 的未来

Unity3D 有着非常有激情的开发团队，Unity3D 在各个方面都不断地更新改进中，目前已经出到了 Unity 2019 版本，Unity3D 渲染能力得到了显著增强。编辑器中新增了许多对美术人员非常友好的编辑器，在程序上也新发布了 Job System、ECS 系统，增强了对多线程的支持，使在 Unity 中创建大型超多人场景成为可能。Unity3D 还涉及了人工智能领域，目前 Unity3D 已经成为人工智能算法的非常好的虚拟仿真实验平台。Unity3D 的未来一定会越来越好，学好 Unity3D 一定会让开发者在 VR/AR 领域的开发如虎添翼、事半功倍。

6.3.2 虚拟现实与增强现实开发引擎 UE4

增强现实、虚拟现实和混合现实技术正在快速发展，日益强大。虚幻引擎在团队组建、资源制作、搭建工作流程及相关工具等方面都可以帮助 AR/VR 从业者学习和开发 AR/VR 相关的项目。不论是现在还是将来，虚幻引擎都能实现构想世界与功能，满足用户对高质量的要求。为了创作出真实可信的沉浸式内容，AR、VR 和混合现实内容要求以极高的帧数渲染复杂场景。虚幻引擎性能强大，久经考验，全球领先的知名公司都坚持选择虚幻引擎来让自己的项目中的故事更加栩栩如生。

UE4 的全名是 Unreal Engine 4，中文译为"虚幻引擎 4"。UE4 是一款由 Epic Games 公司开发的开源、商业收费、学习免费的游戏引擎。基于 UE4 开发的大作无数，除了《虚幻竞技场 3》外，还包括《战争机器》《质量效应》《生化奇兵》等。风靡全球的吃鸡游戏《绝地求生》也是由 UE4 引擎开发的。

虚幻引擎 4 开发从企业应用和电影体验到高品质的 VR/AR 项目。虚幻引擎 4 能从启动项目到发行产品所需的一切，在同类产品中独树一帜。世界级的工具套件及简易的工作流程能够帮助开发者快速迭代并且能立即查看成品效果，且无须触碰代码。而完整公开的源代码则能让虚幻引擎 4 社区的所有成员都能够自由修改和扩展引擎功能。

UE4 能够创作令人信服的沉浸式体验，虚拟现实要求以极高的帧数渲染复杂场景。而虚幻引擎正是为高端应用（如 3A 级游戏、电影制作及逼真的可视化应用）而设计，它完全能够满足虚拟现实的一切需求，为制作面向所有 VR 平台的内容提供坚实的基础，包括个人电脑、主机及移动设备。如图 6-48 所示。

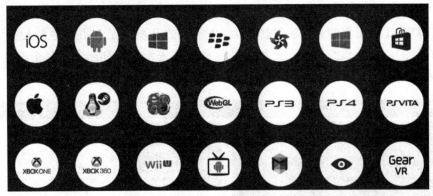

图 6 - 48　UE4 引擎支持的 VR 平台

UE4 开发 VR/AR 项目的优势与特点如下。

1. 完美品质，久经考验

虚幻引擎是一套完整的创新、设计工具，能够满足艺术家对 VR/AR 项目开发的野心和愿景，同时也具备足够的灵活性，可满足不同规模开发 VR/AR 团队的需求。作为一个成熟，业内领先的引擎，虚幻引擎功能强大，值得选择与信任。如图 6 - 49 所示。

图 6 - 49　UE4 引擎优势

2. 任一项目，任意规模

打破工具和工作流程的壁垒，掌握 VR/AR 项目的开发。无论团队是 5 人还是 500 人，虚幻引擎预设的模块化系统、自定义插件及源控制集成特性，都能满足每个项目的独特需要。如图 6 – 50 所示。

图 6 – 50　unity Asset Store

3. 一个社区，为品质而生

顶尖的职业用户长期选用虚幻引擎，将视觉体验推向极致。无论是新入门开发者还是经验丰富的开发大佬，选择虚幻引擎在同一社区内对 VR/AR 开发技术进行交流与讨论，可以共同成长与学习。如图 6 – 51 所示。

图 6 – 51　虚幻引擎
社区图标

4. 一切来自开发者，一切为了开发者

UE4 开发了众多 VR/AR 项目，并且由此开发出了强大的工具与高效的制作流程。在过去的多年间，虚幻引擎已经成为全球最值得信赖、最可靠的 VR/AR 开发引擎。如图 6 – 52 所示。

图 6 – 52　UE4 开发项目

5. 全面覆盖，制作与发行

虚幻引擎是完整的产品套件，无须额外的插件或者进行额外购买，就能直接用于开发 VR/AR 项目内容，并且能够打包封装输出体验 VR/AR 项目。如图 6-53 所示。

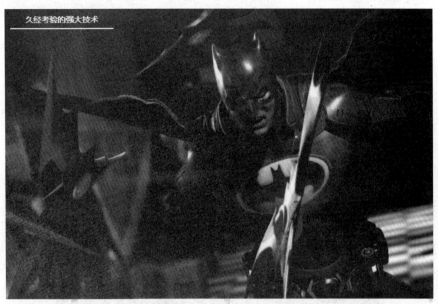

图 6-53　虚幻引擎产品套件

6. 蓝图创作，无须代码

有了可视化编程——蓝图，开发者可以借助蓝图功能来开发 VR/AR 项目，无须碰触代码，就能快速制作出项目 Demo 并实现交互功能。如图 6-54 所示。

图 6-54　可视化编程——蓝图

7. 包含完整 C++ 代码

虚幻引擎是一个纯 C++ 引擎，专为高性能而设计。它先进的 CPU/GPU 性能分析工具和灵活的渲染器能让开发人员高效地完成高品质的 VR/AR 体验，通过完整的 C++ 代码能够自定义并调试整个引擎，并毫无阻碍地发行 VR/AR 产品。如图 6-55 所示。

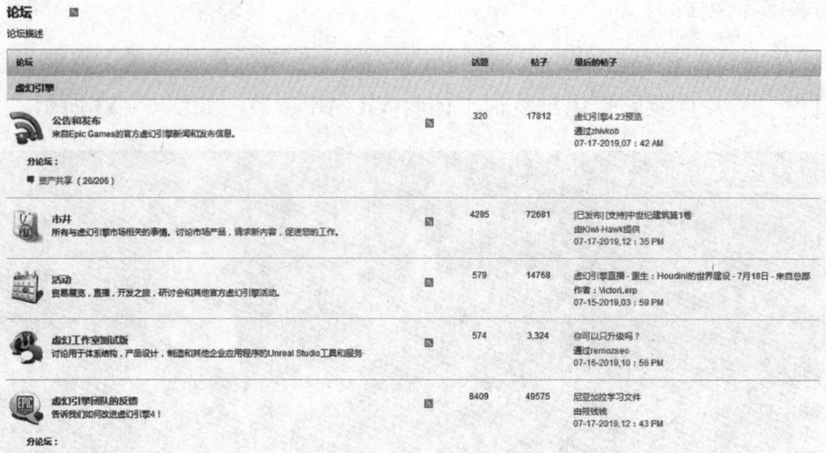

图 6-55　虚幻引擎论坛

8. 逼真渲染，实时呈现

虚幻引擎能够轻松获得好莱坞级别的视觉效果。基于物理的渲染、高级动态阴影选项、屏幕空间反射与光照通道等强大功能，将帮助开发者高效且灵活地制作出令人赞叹的 VR/AR 产品。如图 6-56 所示。

图 6-56　虚幻引擎效果

9. VR/AR 学习资源

通过免费的项目和丰富的学习素材，可以快速开发 VR/AR 项目。在引擎中即时获取各种不同视觉风格与类型的内容，探索全球 VR/AR 素材。如图 6-57 所示。

10. 资源商城

不断丰富的虚幻商城已经拥有众多高品质素材，全面覆盖 VR/AR 项目开发所需的蓝图、插件、特效、贴图、动画、网格体、音频及项目初始内容包等各大类别，能够加速 VR/AR 项目的制作。此外，也可以将自己开发的 VR/AR 资源放到资源商城进行出售。如图 6-58 所示。

图6-57 虚幻引擎学习素材

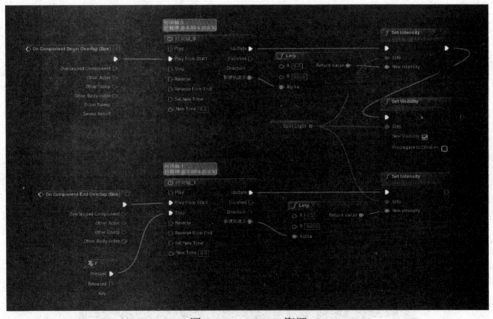

图6-58 VR/AR资源

11. 在VR中制作VR项目

在虚幻引擎的帮助下,可以伸出双手抓取并操作物体。整个虚幻引擎编辑器都可以在VR模式下运行,并具备先进的动作控制技术,能够在"所见即所得"的环境中进行创作。它是目前世界上最稳健、功能最完善、最强大的VR开发解决方案。如图6-59所示。

图 6 - 59　虚幻引擎编辑器

6.4　虚拟现实与增强现实开发实例

本小节中介绍周宁旅游公司开发的一款发布于 HTC VIVE 硬件平台的 VR 旅游教学应用项目。

周宁旅游 VR 项目是基于 Unity3D 引擎开发的 VR 应用，采用 Unity 2018.2.4f1 版本开发，发布于 HTC VIVE 硬件平台。本项目是虚拟现实教学应用项目，将会以项目的开发过程为案例，教授学生如何进行 VR 平台的应用开发。同时，也会将项目的成品发布，用于介绍和宣传周宁旅游景区。如图 6 - 60 所示。

图 6 - 60　周宁旅游 VR 项目开始 UI

项目分为美术、拍摄、程序三个部分开发，其中美术、拍摄部分可以同时进行，程序的功能原型开发部分可以先进行，具体内容开发需在美术、拍摄部分完成后才可以进行。

美术部分任务：旅游场景大厅的模型建模（图 6 - 61）、景区全息模型建模、景区沙盘建模、UI 绘制、展示视频制作。该部分会涉及的软件有 3ds Max、Photoshop、Zbrush、Substance Painter、World Machine、AE。

图 6-61　周宁旅游 VR 项目场景大厅

　　拍摄部分任务：拍摄景区的全景图、航拍全景图、标志景点的平面图。如图 6-62 所示。

图 6-62　周宁旅游 VR 项目拍摄部分任务

　　程序部分任务：场景搭建、全景场景搭建、VR 交互功能实现。如图 6-63 所示。

　　Unity 发布于 HTC VIVE 硬件平台的硬件对接部分，通常采用 SteamVR 的 SDK 来对接，VR 的交互功能开发部分通常采用 VRTK 的 SDK 来制作。使用 VRTK 开发 VR 交互功能，可以快速、高效地开发出基本的具有商业水准的交互功能，复杂的交互功能也可以基于该 SDK 的基本功能来深入开发。上述两款 SDK 都可以在 Unity 的官方资源商店免费获取。

　　在使用 HTC VIVE 设备体验该项目时，用户首先会观看一段开场动画，然后单击"开始探索"按钮进入展示大厅。如图 6-64 所示。

图 6 – 63　周宁旅游 VR 项目 Unity 程序部分功能列表

图 6 – 64　周宁旅游 VR 项目开场动画

　　进入展示大厅后，大厅的正中央有一个沙盘，沙盘上标注着周宁县的三个重点旅游景点，使用手柄发射的射线指向景点的 UI，即可展示该景点的全息模型，此时按下手柄的扳机键，该全息模型便会变大并移动至沙盘中央。如图 6 – 65 所示。

图 6 – 65　周宁旅游 VR 项目展示大厅

全息模型变大居中后，会展示该景区上的三个重要景点，选择景点即可跳转到对应景点的位置。选择全息模型，则会变小并隐藏全息模型，并重新显示三个重要景点的 UI。如图 6 – 66 所示。

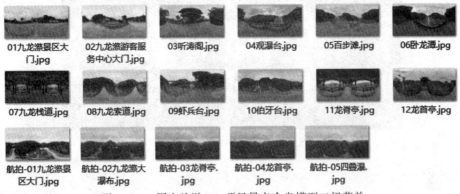

图 6 – 66　周宁旅游 VR 项目景点全息模型二级菜单

进入景区后，可以通过景区的导航按钮自由浏览景区进行体验。如图 6 – 67 和图 6 – 68 所示。

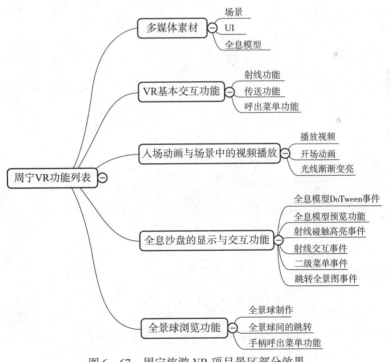

图 6 – 67　周宁旅游 VR 项目景区部分效果

图 6 – 68　周宁旅游 VR 项目景区航拍效果

第 7 章

信息安全

21世纪是信息的社会。信息是社会发展的重要战略资源，也是衡量国家综合国力的一个重要参数。信息作为继物质和能源之后的第三类资源，它的价值日益受到人们的重视。信息的地位与作用因信息技术的快速发展而急剧上升，信息安全的问题同样因此而日渐突出。信息的泄露、篡改、假冒和重传、黑客入侵、非法访问、计算机犯罪、计算机病毒传播等对信息网络已构成重大威胁，这些都是当前计算机安全必须面对和解决的实际问题。本章主要介绍信息安全基本概念、信息安全防范技术、网络安全技术、计算机病毒等内容。

7.1 计算机信息安全

迅猛发展的信息技术在不断提高获取、存储、处理和传输信息资源能力的同时，也使信息资源面临着更加严峻的安全问题。信息系统的网络化提供了资源的共享性和用户使用的方便性，但是信息在公共通信网络上存储、共享和传输的过程中，会出现非法窃听、截取、篡改或毁坏现象，从而导致了不可估量的损失。

7.1.1 信息安全和信息系统安全

1. 信息安全

信息安全是一门涉及计算机科学、网络技术、通信技术、密码技术、信息安全技术、应用数学、数论、信息论等多种学科相互交叉的综合性学科。

信息安全以网络安全为基础，然而信息安全与网络安全又是有区别的。首先，网络不可能绝对安全，在这种情况下，还需要保障信息安全。其次，即使网络绝对安全，也不能保障信息安全。从安全等级来说，信息安全从下至上有计算机密码安全、局域网安全、互联网安全和信息安全之分，信息安全涉及信息的完整性、保密性、可用性等方面。

完整性：是指信息在传输、交换、存储和处理过程中保持非修改、非破坏、非丢失的特性，即保持信息的原样性。数据信息的首要安全因素是其完整性。

保密性：是指信息不泄露给非授权的实体和个人，或供其使用的特性。军用信息的安全尤为注重保密性。相比较而言，商用信息则更注重信息的完整性。

可用性：指信息合法使用者能够访问为其提供的数据，并能正常使用或在非正常情况下，能迅速恢复并投入使用的特征。

2. 信息系统安全

信息系统的安全是指存储信息的计算机、数据库系统的安全和传输信息网络的安全。

计算机系统作为一种主要的信息处理系统，其安全性直接影响到整个信息系统的安全。计算机系统是由软件、硬件及数据资源等组成的。计算机系统安全就是指保护计算机软件、硬件和数据资源不被更改、破坏及泄露。

数据库系统是常用的信息存储系统。目前，数据库面临的安全威胁主要有数据库文件安全、未授权用户窃取、修改数据库内容、授权用户的误操作等。因此，为了维护数据库安全，除了提高硬件设备的安全性、定期进行数据备份、完善管理制度之外，还必须采用一些安全技术如访问控制技术、加密技术等，来保证数据的机密性、完整性及一致性。

目前，网络技术和通信技术的不断发展使得信息可以使用通信网络进行传输。在信息传输过程中保证信息能正确传输并防止信息泄露、篡改与冒用，成为信息传输系统的主要安全任务。

由此可见，信息安全依赖于信息系统的安全。信息安全是需要的结果，确保信息系统的安全是保证信息安全的手段。

7.1.2 信息系统的不安全因素

1. 信息存储

在以信息为基础的商业时代，保持关键数据和应用系统始终处于运行状态，已成为基本的要求。如果不采取可靠的措施，尤其是存储措施，一旦由于意外而丢失数据，将会造成巨大的损失。

存储设备故障的可能性是客观存在的。例如，掉电、电流突然波动、机械自然老化等。为此，需要通过可靠的数据备份技术，确保在存储设备出现故障的情况下数据信息仍然保持其完整性。

2. 信息通信传输

信息通信传输威胁是反映信息在计算机网络上通信过程中面临的一种严重的威胁，体现为数据流通过程中的一种外部威胁，主要来自人为因素。美国国家安全局在 2000 年公布的《信息保障技术框架 IATF》中定义，对信息系统的攻击分为被动攻击和主动攻击。

被动攻击：是指对数据的非法截取，主要是监视公共媒体。它只截获数据，不对数据进行篡改。例如，监视明文、解密通信数据、口令嗅探、通信量分析等。

主动攻击：指避开或打破安全防护，引入恶意代码（如计算机病毒），破坏数据和系统的完整性。主动攻击的主要破坏有 4 种：篡改数据、破坏数据或系统、拒绝服务及伪造身份连接。

7.1.3 信息安全的任务

信息安全的任务就是保证信息功能的安全实现，即信息在获取、存储、处理和传输过程中的安全。为保障信息系统的安全，需要做到下列几点：

①建立完整、可靠的数据存储冗余备份设备和行之有效的数据灾难恢复办法。

②建立严谨的访问控制机制，拒绝非法访问。

③利用数据加密手段，防范数据被攻击。

④系统及时升级、及时修补，封堵自身的安全漏洞。

⑤安装防火墙，在用户与网络之间、网络与网络之间建立起安全屏障。

信息安全是一门涉及计算机科学、网络技术、通信技术、密码技术、信息安全技术、应用数学、数论、信息论等多种学科相互交叉的综合性学科。

7.2 信息安全防范技术

7.2.1 访问控制技术

访问控制是实现既定安全策略的系统安全技术，它通过某种途径显式地管理对所有资源的访问请求。根据安全策略的要求，访问控制对每个资源请求做出许可或限制访问的判断，可以有效地防止非授权的访问。访问控制是最基本的安全防范措施。访问控制技术是通过用户注册和对用户授权进行审查的方式实施的。用户访问信息资源，需要首先通过用户名和密码的核对；然后，访问控制系统要监视该用户所有的访问操作，并拒绝越权访问。

1. 密码认证（Password Based）方式

密码认证方式普遍存在于各种操作系统中，例如登录系统或使用系统资源前，用户需先出示其用户名和密码，以通过系统的认证。

密码认证的工作机制是，用户将自己的用户名和密码提交给系统，系统核对无误后，承认用户身份，允许用户访问所需资源。

密码认证的使用方法不是一个可靠的访问控制机制。因为其密码在网络中是以明文传送的，没有受到任何保护，所以攻击者可以很轻松地截获口令，并伪装成授权用户进入安全系统。

2. 加密认证（Cryptographic）方式

加密认证方式可以弥补密码认证的不足，在这种认证方式中，双方使用请求与响应（Challenge & Response）的认证方式。

加密认证的工作机制是，用户和系统都持有同一密钥 K，系统生成随机数 R，发送给用户，用户接收到 R，用 K 加密，得到 X，然后传回给系统，系统接收 X，用 K 解密得到 K′，然后与 R 对比，如果相同，则允许用户访问所需资源。

7.2.2 数据加密技术

数据加密的基本思想就是伪装信息，使非法介入者无法理解信息的真正含义，借助加密手段，信息以密文的方式归档存储在计算机中，或通过网络进行传输，即使发生非法截获数据或数据泄露的事件，非授权者也不能理解数据的真正含义，从而达到信息保密的目的。同理，非授权者也不能通过伪造有效的密文数据来达到篡改信息的目的，进而确保了数据的真实性。

数据加密技术涉及的常用术语如下：

①明文：需要传输的原文。

②密文：对原文加密后的信息。

③加密算法：将明文加密为密文的变换方法。

④密钥：控制加密结果的数字或字符串。

因此，数据加密是防止非法使用数据的最后一道防线。如图7-1所示。

图7-1　数据加密示意图

现代数据加密技术中，加密算法是公开的。密文的可靠性在于公开的加密算法使用不同的密钥，其结果是不可破解的。系统的保密性不依赖于对加密体制或算法的保密，而依赖于密钥。密钥在加密和解密的过程中使用，与明文一起被输入给加密算法，产生密文。对截获信息的破译，事实上是对密钥的破译。密码学对各种加密算法的评估，是对其抵御密码被破解能力的评估。攻击者破译密文，不是对加密算法的破译，而是对密钥的破译。理论上，密文都是可以破解的，但是如果花费很长的时间和代价，其信息的保密价值也就丧失了，因此其加密也就是成功的。

目前，任何先进的破解技术都是建立在穷举方法之上的。也就是说，仍然离不开密钥试探。当加密算法不变时，破译需要消耗的时间长短取决于密钥的长短和破译者所使用的计算机的运算能力。因此，为了提高信息在网络传输过程中的安全性，所用的策略无非是使用优秀的加密算法和更长的密钥。

1. 对称加密技术

对称加密技术中，加密和解密使用相同的密钥，或是通过加密密钥可以很容易地推导出解密密钥。因此，在密钥的有效期内必须对密钥安全地保管，同时还要保证彼此的密钥交换是安全可靠的。对称加密采用的算法相对较简单，对系统性能的影响也较小，因此往往用于大量数据的加密工作。如图7-2所示。

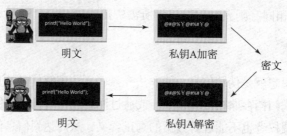

图7-2　对称加密技术示意图

（1）分组密码算法

分组密码算法中，先将信息分成若干个等长的分组，然后将每一个分组作为一个整体进行加密。典型的分组密码算法有 DES、IDEA、AES 等。

DES 是由美国国家标准局公布的第一个分组密码算法，随后 DES 的应用范围迅速扩大至全世界。DES 密码体制在加密时，先将明文信息的二进制代码分成等长的分组，然后分别对每一分组进行加密后组合生成密文。解密时，使用的密钥是加密密钥的逆序排列。DES 密码体制的加密模块和解密模块除了密钥顺序不一样之外，其他几乎一样，所以比较适合硬件实现。由于 DES 密钥很容易被专门的"破译机"攻击，从而使得三重 DES 算法被提出并被广泛采用。三重 DES 算法中使用三个不同的密钥对数据块进行三次加密，其加密强度大约和 112 位密钥的强度相当。到目前为止，还没有攻击三重 DES 的有效方法。

IDEA 算法是由瑞士联邦技术学院的中国学者来学嘉博士和著名的密码专家 James L. Massey 于 1990 年提出的，是在 DES 算法的基础上发展出来的，采用 128 位密钥对 64 位的数据进行加密。IDEA 算法设计了一系列加密轮次，每轮加密都使用一个由当前密钥生成的子密钥。同 DES 算法相比，IDEA 算法用硬件和软件实现都比较容易，并且同样快速。同时，由于 IDEA 是在瑞士提出并发展起来的，不用受到美国法律对加密技术的限制，这可以促进 IDEA 的自由发展和完善。但是 IDEA 算法出现的时间不长，受到的攻击也很有限，还没有受到长时间的考验。

1997 年开始，美国国家标准技术研究所（NIST）在全世界范围内征集 AES 的加密算法，其目的是确定一个全球免费使用的分组密码算法并替代 DES 算法。AES 的基本要求是：比三重 DES 快，至少和三重 DES 一样安全，分组长度 128 位，密钥长度是可变的，可以指定为 128 位、192 位或 256 位。2000 年，由两位比利时科学家提出的 Rijndael 密码算法最终入选作为 AES 算法。Rijndael 密码算法对内存的需求非常低，并且可以抵御强大的、实时的攻击。

（2）序列密码算法

序列密码对明文的每一位用密钥流进行加密。采用分组密码加密时，相同的明文加密后生成的密文相同；而采用序列密码时，即使相同的明文，也不会生成相同的密文，因此很难破解。同分组密码相比，序列密码具有易于硬件实现、加密速度快等优点。正是由于上述优点，使得序列密码被广泛应用于军事领域，并且大多数情况下序列密码算法都不公开。

2. 非对称加密技术

在非对称加密技术中，采用了一对密钥：公开密钥（公钥）和私有密钥（私钥）。其中私有密钥由密钥所有人保存，公开密钥是公开的。在发送信息时，采用接收方公钥加密，则密文只有接收方的私钥才能解密还原成明文，这就确保了接收方的身份；另外，发送的信息采用发送方私钥加密，则密文使用对应的公钥可以解密还原成明文，这就确定了发送方的身份。这种机制通常用来提供不可否认性和数据完整性的服务。非对称加密技术的优点是通信双方不需要交换密钥，缺点是加、解密的速度较慢。如图 7 - 3 所示。

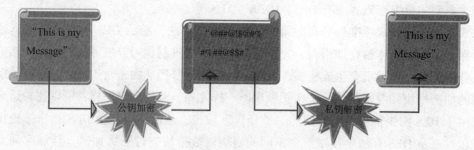

图 7 - 3 非对称加密示意图

非对称加密算法主要有 Diffie - Hellman、RSA、ECC 等。

Diffie - Hellman 算法是第一个正式公布的公开密钥算法，由美国斯坦福大学学者迪菲（Whitfield Diffie）和赫尔曼（Martin Hellman）提出。Diffie - Hellman 算法使得用户可以安全地交换密钥。

RSA 是由 Rivest、Shamir 和 Adleman 在美国麻省理工学院开发的，其理论基础是一种特殊的可逆模指数变换。RSA 算法中采用的素数越大，安全性就越高。目前 RSA 算法广泛应用于数字签名和保密通信中。

7.2.3 防火墙技术

防火墙是当前应用比较广泛的用于保护内部网络安全的技术，是提供信息安全服务、实现网络和信息安全的重要基础设施。防火墙是位于被保护网络和外部网络之间执行访问控制策略的一个或一组系统，包括硬件和软件，在被保护的内部网络和外部网络之间构成一道屏障，以防发生对保护的网络的不可预测的、潜在的破坏性侵扰。主要作用包括过滤网络请求服务、隔离内网与外网的直接通信、拒绝非法访问等。如图 7 - 4 所示。

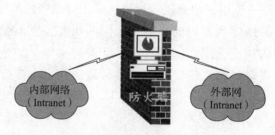

图 7 - 4 防火墙

1. 包过滤防火墙

包过滤（Packet Filter）技术是所有防火墙中的核心功能，是在网络层对数据包进行选择，选择的依据是系统设置的过滤机制，被称为访问控制列表（Access Control List，ACL）。通过检查数据流中每个数据包的源地址、目的地址、所用的端口号、协议状态等来确定是否允许该数据包。

包过滤防火墙的"访问控制列表"的配置文件，通常情况下由网络管理员在防火墙中设定。由网络管理员编写的"访问控制列表"的配置文件，放置在内网与外网交界的边界路由器中。安装了访问控制列表的边界路由器会根据访问控制列表的安全策略，审查每个数据包的 IP 报头，必要时甚至审查 TCP 报头来决定该数据包是被拦截还是被转发，这时这个边界路由器就具备了拦截非法访问报文包的包过滤防火墙功能。

安装包过滤防火墙的路由器对所接收的每个数据包做出允许或拒绝的决定。路由器审查每个数据包，以便确定其是否与某一条访问控制列表中的包过滤规则匹配。一个数据包进入路由器后，路由器会阅读该数据的报头。如果报头中的 IP 地址、端口地址与访问控制列表中的某条语句有匹配，并且语句规则声明允许该数据包，那么该数据包就会被转发。如果匹配规则拒绝该数据包，那么该数据包就会被丢弃。

包过滤防火墙是网络安全最基本的技术。在标准的路由器软件中已经免费提供了访问控制列表的功能，所以实施包过滤安全策略几乎不需要额外的费用。此外，包过滤防火墙不需要占用网络带宽来传输信息。如图 7 - 5 所示。

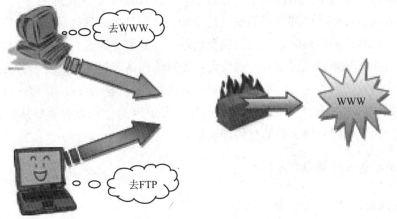

图 7 - 5 包过滤防火墙示意图

2. 代理服务器防火墙

代理（Proxy）技术是面向应用级防火墙的一种常用技术，提供代理服务器的主体对象必须是有能力访问 Internet 的主机，才能为那些无权访问 Internet 的主机做代理，使得那些无法访问 Internet 的主机通过代理也可以完成访问 Internet。

这种防火墙方案要求所有内网的主机使用代理服务器与外网的主机通信。代理服务器会像真墙一样挡在内部用户和外部主机之间，从外部只能看见代理服务器，而看不到内部主机。外界的渗透要从代理服务器开始，因此增加了攻击内网主机的难度。

对于这种防火墙机制，代理主机配置在内部网络上，而包过滤路由器则放置在内部网络和 Internet 之间。在包过滤路由器上进行规则配置，使得外部系统只能访问代理主机，去往内部系统上其他主机的信息全部被阻塞。由于内部主机与代理主机处于同一个网络，因此内部系统被要求使用堡垒主机上的代理服务来访问 Internet。对路由器的过滤规则进行配置，使得其只接收来自代理主机的内部数据包，强制内部用户使用代理服务。这样内部和外部用户的相互通信必须经过代理主机来完成。如图 7 - 6 所示。

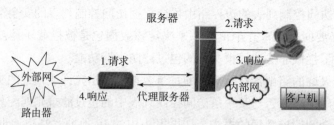

图7－6　代理服务器示意图

代理服务器在内外网之间转发数据包时，还要进行一种IP地址转换操作（NAT技术），用自己的IP地址替换内网中主机的IP地址。对于外部网络来说，整个内部网络只有代理主机是可见的，而其他主机都被隐藏起来。外部网络的计算机根本无从知道内部网络中有没有计算机，有哪些计算机，拥有什么IP地址，提供哪些服务，因此也就很难发动攻击。

这种防火墙体制实现了网络层安全（包过滤）和应用层安全（代理服务），提供的安全等级相当高。入侵者在破坏内部网络的安全性之前，必须首先渗透两种不同的安全系统。

当外网通过代理访问内网时，内网只接受代理提出的服务请求。内网本身禁止直接与外部网络的请求与应答联系。代理服务的过程为：先对访问请求对象进行身份验证，合法的用户请求将发给内网被访问的主机。在提供代理的整个服务过程中，应用代理一直监控用户的操作，并记录操作活动过程。发现用户非法操作，则予以禁止；若为非法用户，则拒绝访问。同理，内网用户访问外网也要通过代理实现。

7.2.4　Windows的安全防范

1. 操作系统的漏洞

计算机操作系统是一个庞大的软件程序集合，由于其设计开发过程复杂，操作系统开发人员必然存在认知局限，使得操作系统发布后仍然存在弱点和缺陷的情况无法避免，即操作系统存在安全漏洞，它是计算机不安全的根本原因。

操作系统安全隐患一般分为两部分：一部分是由设计缺陷造成的，包括协议方面、网络服务方面、共享方面等的缺陷；另一部分则是由于使用不当导致的，主要表现为系统资源或用户账户权限设置不当。

操作系统发布后，开发厂商会严密监视和搜集其软件的缺陷，并发布漏洞补丁程序来进行系统修复。例如，微软公司为Windows发布的漏洞补丁程序就有十余种，用于修补诸如RPC溢出、IE的URL错误地址分解、跨域安全模型、虚拟机安全检查不严密等漏洞。

2. Windows的安全机制

Windows操作系统提供了认证机制、安全审核、内存保护及访问控制等安全机制。

（1）认证机制

Windows中的认证机制有两种：产生一个本地会话的交互式认证和产生一个网络会话的非交互式认证。

进行交互式认证时，登录Winlogon调用GINA模块获取用户名、口令等信息，并提交给本地安全授权机构（LSA）处理。本地安全授权机构与安全数据库及身份验证软件包交互信息，并且处理用户的认证请求。

进行非交互式认证时，服务器和客户端的数据交换要使用通信协议。因此，将组件 SSPI（Security Support Provider Interface）置于通信协议和安全协议之间，使其在不同协议中抽象出相同接口，并屏蔽具体的实现细节。组件 SSP（Security Support Providers）以模块的形式嵌入 SSPI 中，实现具体的认证协议。

Windows 的账户策略中提供了密码策略、账户锁定策略和 Kerberos 策略的安全设置。密码策略提供了 5 种："密码必须符合复杂性要求""密码长度最小值""密码最长存留期""密码最短存留期"和"密码长度最小值"。账户锁定策略可以设置在指定的时间内用户账户允许的登录尝试次数，以及登录失败后该账户的锁定时间。

（2）安全审核机制

安全审核机制将某些类型的安全事件（如登录事件等）记录到计算机上的安全日志中，从而帮助发现和跟踪可疑事件。审核策略、用户权限指派和安全选项三项安全设置都包括在本地策略中。

（3）内存保护机制

内存保护机制监控已安装的程序，帮助确定这些程序是否正在安全地使用系统内存。这一机制是通过硬件和软件实施的 DEP（Data Execution Prevention，数据执行保护）技术实现的。

（4）访问控制机制

Windows 的访问控制功能可用于对特定用户、计算机或用户组的访问权限进行限制。在使用 NTFS（New Technology File System）的驱动器上，利用 Windows 中的访问控制列表，可以对访问系统的用户进行限制。

7.3 网络与信息安全

7.3.1 网络安全问题

计算机网络，特别是互联网，在给人们的生活和工作提供无限便利的同时，网络信息安全问题也日渐突出。由于互联网中采用的是互联能力强、支持多种协议的 TCP/IP，而在设计 TCP/IP 时，只考虑到如何实现各种网络功能，没有考虑到安全问题，因此在开放的互联网中存在许多安全隐患，例如信息泄露、窃取篡改信息、行为否认、授权侵犯等。

网络中协议的不安全性为网络攻击者提供了方便。黑客攻击往往就是利用系统的安全缺陷或安全漏洞进行的。网络黑客通过端口扫描、网络窃听、拒绝服务、TCP/IP 劫持等方法进行攻击。

7.3.2 网络安全技术

在网络中，由于操作系统、通信协议及应用软件等存在的漏洞以及一些人为因素，大量的共享数据及数据在存储和传输过程中都有可能被泄露、窃取和篡改，网络信息安全威胁无处不在，既包括自然威胁，也包括通信传输威胁、存储攻击威胁及由于计算机系统软、硬件缺陷而带来的威胁等。通信传输威胁、存储攻击威胁来自对信息的非法攻击，包括主动攻击与被动攻击。主动攻击是通过伪造、篡改或中断等方法改变原始消息进行攻击，对抗主动攻击的常用技术有认证、访问控制与入侵检测等。被动攻击是通过窃取的方法非法获得信息，通常不改变消息，因而很难检测到，因此往往采用加密技术来对抗被动攻击，保护信息安全。

1. 加密技术

加密技术是信息安全的核心技术，可以有效地提高数据存储、传输、处理过程中的安全性。信息加密是保证信息机密性的重要方法，被广泛用于信息加密传输、数字签名等方面。

数据加密的基本过程就是对文件或数据（明文）按某种变换函数进行处理，使其成为不可读的代码（密文）。如果要恢复原来的文件或数据（明文），必须使用相应的密钥进行解密才可以。加密/解密过程中采用的变换函数即为加密算法。密钥作为加密算法的输入参数而参与加密的过程。

2. 认证

认证是系统的用户在进入系统或访问不同保护级别的系统资源时，系统确认该用户是否真实、合法的唯一手段。认证技术是信息安全的重要组成部分，是对访问系统的用户进行访问控制的前提。目前，被应用到认证中的技术有用户名/口令技术、令牌、生物信息等。

用户名/口令技术是最早出现的认证技术之一，可分为静态口令认证技术和动态口令认证技术。静态口令认证技术中每个用户都有一个用户 ID 和口令。用户访问时，系统通过用户的 ID 和口令验证用户的合法性。静态口令认证技术比较简单，但安全性较低，存在很多隐患。动态口令认证技术中则采用了随机变化的口令进行认证。在这种技术中，客户端将口令变换后生成动态口令并发送到服务器端进行认证。这种认证方式相对安全，但是没有得到客户端的广泛支持。

认证令牌是一种加强的认证技术，可以提高认证的安全性。

生物信息在认证技术中的应用是指采用各种生物信息，如指纹、眼膜等作为认证信息，需要相关的生物信息采集设备来配合实现。

3. 访问控制

访问控制是通过对访问者的信息进行检查来限制或禁止访问者使用资源的技术，广泛应用于操作系统、数据库及 Web 等各个层面。这是一种对进入系统所采取的控制，其作用是对需要访问系统及数据的用户进行识别，并对系统中发生的操作根据一定的安全策略来进行限制。访问控制要判断用户是否有权限使用、修改某些资源，并要防止非授权用户非法使用未授权的资源。访问控制必须建立在认证的基础上，是信息系统安全的重要组成部分，是实现数据机密性和完整性机制的主要手段。

访问控制系统一般包括主体、客体及安全访问策略。主体通常指用户或用户的某一请求。客体是被主体请求的资源，如数据、程序等。安全访问策略是一套有效确定主体对客体访问权限的规则。

4. 入侵检测

任何企图危害系统及资源的活动称为入侵。由于认证、访问控制不能完全地杜绝入侵行为，在黑客成功地突破了前面几道安全屏障后，必须有一种技术能尽可能及时地发现入侵行为，这就是入侵检测。入侵检测是通过从计算机网络或计算机系统中的若干关键点收集信息并对其进行分析，从中发现是否有违反安全策略的行为和遭到袭击的迹象的一种安全技术。入侵检测作为保护系统安全的屏障，应该能尽早发现入侵行为并及时报告，以减少或避免对系统的危害。

5. 安全审计

信息系统安全审计主要是指对与安全有关的活动及相关信息进行识别、记录、存储和分析，审计的记录用于检查网络上发生了哪些与安全有关的活动，以及哪个用户对这个活动负责。

作为对防火墙系统和入侵检测系统的有效补充，安全审计是一种重要的事后监督机制。安全审计系统处在入侵检测系统之后，可以检测出某些入侵检测系统无法检测到的入侵行为并进行记录，以便帮助发现非法行为并保留证据。审计策略的制定对系统的安全性具有重要影响。安全审计系统是一个完整的安全体系结构中必不可少的环节，是保证系统安全的最后一道屏障。

此外，还可以使用安全审计系统来提取一些未知的或者未被发现的入侵行为模式。

6. 数字签名

签名的目的是标识签名人及其本人对文件内容的认可。在电子商务及电子政务等活动中普遍采用的电子签名技术是数字签名技术。因此，目前电子签名中提到的签名，一般指的就是数字签名。数字签名技术，简单地说，就是通过某种密码运算生成一系列符号及代码来代替书写或印章进行签名。通过数字签名可以验证传输的文档是否被篡改，能保证文档的完整性和真实性。

7. 数字证书

数字证书的作用类似于日常生活中的身份证，是用于证明网络中合法身份的。数字证书是证书授权（Certificate Authority）中心发行的，在网络中可以用对方的数字证书识别其身份。数字证书是一个经证书授权中心数字签名的、包含公开密钥拥有者信息及公开密钥的文件。最简单的数字证书包含一个公开密钥、名称及证书授权中心的数字签名。

7.3.3 网络黑客及防范

1. 什么是网络黑客

一般认为，黑客（Hacker）起源于20世纪50年代麻省理工学院的实验室中，他们精力充沛，热衷于解决难题。20世纪60—70年代，"黑客"一词极具褒义，用于指代那些智力超群、全身心投入对计算机的最大潜力的自由探索、为计算机技术的发展做出了巨大贡献的

人。正是这些黑客，倡导了一场个人计算机革命，倡导了现行的计算机开放式体系结构，打破了以往计算机技术只掌握在少数人手里的局面，开创了个人计算机的先河。从事黑客活动的经历，成为后来许多计算机业巨子简历上不可或缺的一部分。例如，苹果公司创始人之一乔布斯就是一个典型的例子。

到了20世纪80至90年代，计算机越来越重要，大型数据库也越来越多，同时信息越来越集中在少数人手里。而黑客认为，信息应共享而不应该被少数人垄断，于是将注意力转移到涉及各种机密的信息数据库上。现在认为，黑客是指采用各种手段获得进入计算机的口令、闯入系统后为所欲为的人，他们会频繁光顾各种计算机系统，截取数据、窃取情报、篡改文件，甚至扰乱和破坏系统。黑客程序是指一类专门用于通过网络对远程的计算机设备进行攻击，进而控制、盗取、破坏信息的软件程序，它不是病毒，但可以传播病毒。

2. 网络攻击的一般步骤

一般攻击过程可以分为以下3个步骤：

（1）信息收集

了解所要攻击目标的详细情况，通常利用相关的网络协议或专用程序来收集，例如，用SNMP协议可以查看路由器的路由表，了解目标主机内部拓扑结构的细节；用Trace Route程序可以获得到达目标主机所要经过的网络数和路由数；用Ping程序可以检测一个制定主机的位置并确定是否可以到达等。

（2）探测分析系统的安全弱点

在收集到目标的相关信息后，探测网络上的每一台主机，以寻找系统的安全漏洞或安全弱点。一般会使用TELNET、FTP等软件向目标申请服务，如果目标主机有应答，就说明开放了这些端口的服务。其次使用一些公开的软件，如Internet安全扫描程序ISS（Internet Security Scanner）、网络安全分析工具SATAN等对整个网络或子网进行扫描，寻找系统的安全漏洞，获取攻击目标的非法访问权。还有就是通过使用网络监听软件获取在网络上传输的信息。

（3）实施攻击

在获得了目标系统的非法访问权以后，实施以下攻击：试图毁坏入侵的痕迹，并在受到攻击的目标系统中建立新的安全漏洞或后门，以便在先前的攻击点被发现以后能继续访问系统；在目标系统安装探测器软件，如特洛伊木马程序，用来窥探目标系统的活动，收集感兴趣的一切信息，如账号与口令等敏感数据；进一步发现目标系统的信任等级，以展开对整个系统的攻击；如果在被攻击的目标系统上获得了特许访问权，那么就可以读取邮件，搜索和盗取私人文件，毁坏重要数据，甚至破坏整个网络系统，其后果不堪设想。

网络攻击的一般步骤如图7-7所示。

3. 黑客的攻击方法

（1）获取口令

获取口令有三种方法：一是通过网络监听非法得到用户口令，这类方法有一定的局限性，但监听者往往能够获得其所在网段的所有用户账号和口令，因此对局域网安全威胁巨

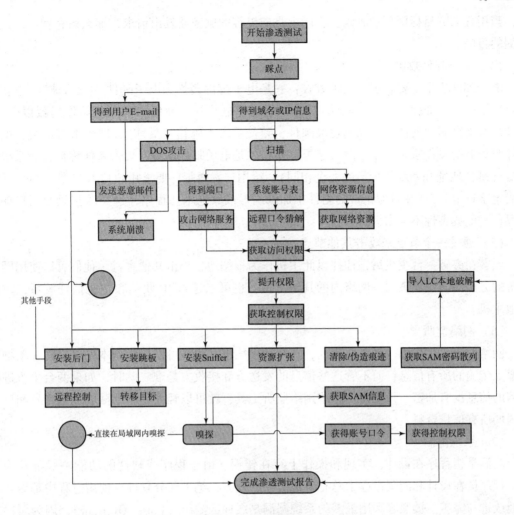

图7-7 网络攻击流程图

大；二是在知道用户的账号后，利用一些专门的软件强行破解用户的口令，这种方法需要黑客有足够的耐心和时间；三是获得一个服务器上的用户口令文件后，用暴力破解程序，破解用户口令，此方法在所有方法中危害最大，尤其对那些口令安全系数极低的用户，更是在短短的一两分钟内，甚至几十秒内就可以将其破解。

（2）放置特洛伊木马程序

特洛伊木马程序可以直接侵入用户的计算机并进行破坏，它常被伪装成工具程序或者游戏等诱使用户打开带有特洛伊木马程序的邮件附件或从网上直接下载，一旦用户打开了这些文件，它们就会留在自己的计算机系统中，并隐藏一个可以在系统启动时悄悄执行的程序。当用户连接到互联网上时，这个程序就会通知黑客，报告用户的 IP 地址及预先设定的端口，黑客利用这个潜伏的程序，就可以任意地修改用户的计算机的参数设定、复制文件、窥视用户整个硬盘中的内容等，从而达到控制用户计算机的目的。

（3）篡改网页

篡改用户正在访问的网页，例如黑客将用户要浏览网页的 URL 改写为指向自己的服务

器，当用户浏览目标网页的时候，实际上是向黑客的服务器发出请求，那么黑客就可以达到欺骗的目的。

（4）电子邮件攻击

电子邮件攻击主要表现为两种方式：一是电子邮件轰炸和电子邮件"滚雪球"，也就是通常所说的邮件炸弹，指的是用伪造的 IP 地址和电子邮件地址向同一信箱发送数以千计、万计甚至无穷多次的内容相同的垃圾邮件，致使受害人邮箱"爆炸"，严重者可能会给电子邮件服务器的操作系统带来危险，甚至瘫痪；二是电子邮件欺骗，攻击者佯称自己为系统管理员（邮件地址和系统管理员的完全相同），给用户发送邮件要求用户修改口令（口令可能为指定字符串），或在貌似正常的附件中加载病毒或其他木马程序，这类欺骗只要用户提高警惕，一般危害性不会太大。

（5）通过一个节点来攻击其他节点

黑客在突破一台主机后，往往以此主机作为根据地，攻击其他主机。他们可以使用网络监听的方法，尝试攻破同一网络内的其他主机；也可以通过 IP 欺骗和主机信任关系，攻击其他主机。

（6）网络监听

网络监听是主机的一种工作模式，在这种模式下，主机可以接收到本网段在同一条物理通道上传输的所有信息，而不管这些信息的发送方和接收方是谁。此时，如果两台主机进行通信的信息没有加密，只要使用某些网络监听工具，就可以轻而易举地截取包括账号和口令在内的所有信息资料。

（7）系统漏洞

漏洞是指程序在设计、实现和操作上存在错误。由于程序或软件的功能一般都较为复杂，程序员在设计和调试过程中总有考虑欠缺的地方，绝大部分软件在使用过程中都需要不断地改进与完善。被黑客利用最多的系统漏洞是缓冲区溢出（Buffer Overflow），因为缓冲区的大小有限，一旦往缓冲区中放入超过其大小的数据，就会产生溢出，多出来的数据就可能会覆盖其他变量的值，程序会因此出错而结束，但黑客却可以利用这样的溢出来改变程序的执行流程，转向执行事先编好的黑客程序。

（8）偷取特权

利用各种特洛伊木马程序和黑客自己编写的导致缓冲区溢出的程序进行攻击，前者可使黑客非法获得对用户机器的完全控制权；后者可使黑客获得超级用户的权限，从而拥有对整个网络的绝对控制权。这种攻击手段一旦奏效，危害性极大。

"特洛伊木马"简称"木马"，据说这个名称来源于希腊神话《木马屠城记》。古希腊有大军围攻特洛伊城，久久无法攻下。于是有人献计制造一只高二丈的大木马，假装是作战马神，让士兵藏匿于巨大的木马中，大部队假装撤退而将木马摈弃于特洛伊城下。城中得知解围的消息后，遂将"木马"作为奇异的战利品拖入城内，全城饮酒狂欢。到午夜时分，全城军民尽入梦乡，匿于木马中的将士开秘门游绳而下，开启城门并四处纵火，城外伏兵涌入，部队里应外合，焚屠特洛伊城。后世称这只大木马为"特洛伊木马"。如今黑客程序借用其名，有"一经潜入，后患无穷"之意。

完整的木马程序一般由两个部分组成：一个是服务器程序，一个是控制器程序。"中了木马"就是指安装了木马的服务器程序，若你的电脑被安装了服务器程序，则拥有控制器程序的人就可以通过网络控制你的电脑并为所欲为，这时你的电脑上的各种文件、程序，以及在你的电脑上使用的账号、密码就无安全可言了。

4. 黑客的防范

黑客的攻击往往就是利用系统的安全漏洞或是通信协议的安全漏洞来实施，因此，对黑客的防范要从这些方面着手。

（1）屏蔽可疑 IP 地址

这种方式见效最快，一旦网络管理员发现了可疑的 IP 地址申请，可以通过防火墙屏蔽该 IP 地址，这样黑客就无法连接到服务器上了。但是这种方法有很多缺点，例如很多黑客都使用的是动态 IP，一个地址被屏蔽，只要更换其他的 IP，仍然可以进攻服务器，并且高级黑客有可能会伪造 IP 地址，屏蔽的也许是正常用户的地址。

（2）过滤信息包

通过编写防火墙规则，可以让系统知道什么样的信息包可以进入、什么样的信息包应该放弃。这样当黑客发送有攻击性的信息包时，在经过防火墙时，信息就会被丢弃掉，从而防止了黑客的进攻。但是这种做法也有它不足的地方，例如黑客可以改变攻击性代码的形态，让防火墙分辨不出信息包的真假；或者黑客干脆无休止地、大量地发送信息包，直到主机不堪重负而造成系统崩溃。

（3）修改系统协议

对于漏洞扫描，系统管理员可以修改服务器的相应协议，例如漏洞扫描是根据对文件的申请返回值来判断文件的存在的，这个数值如果是 200，则表示文件存在于服务器上，如果是 404，则表明服务器上没有相应的文件。但是管理员如果修改了返回数值或者屏蔽了 404 数值，那么漏洞扫描器就毫无用处了。

（4）经常升级系统版本

任何一个版本的系统发布之后，在短时间内都不会受到攻击，一旦其中的问题暴露出来，黑客就会蜂拥而至。因此，管理员在维护系统时，可以经常浏览著名的安全站点，找到系统的新版本或者补丁程序进行安装，这样就可以保证系统中的漏洞在没有被黑客发现之前就已经修补上了，从而保证了计算机系统的安全。

（5）及时备份重要数据

如果数据备份及时，即便系统遭到黑客进攻，也可以在短时间内修复，最大可能地挽回损失。数据的备份最好放在其他电脑或者驱动器上，即使黑客进入系统，破坏的数据也只是一部分。很多商务网站都会在每天晚上对系统数据进行备份，在第二天清晨，无论系统是否受到攻击，都会重新恢复数据，保证每天系统中的数据库都不会出现损坏。

（6）使用加密机制传输数据

对于现在流行的各种数据加密机制，都已经出现了不同的破解方法，因此在加密的选择上应该寻找破解困难的加密方法。例如 DES 算法，这是一套没有逆向破解的加密算法，即

使黑客得到了这种加密处理后的文件，也只能采取暴力破解法。个人用户只要选择了一个优秀的密码，那么黑客的破解工作将会在无休止的尝试后终止。

从理论上讲，要完全防范黑客是不可能的。我们所能做到的是建立完善的安全体系结构，采用认证、访问控制、入侵检测及安全审计等多种安全技术尽可能地做到防范黑客的攻击。

7.4 计算机病毒

计算机病毒是一段可执行的程序代码，它们附着在各种类型的文件上，随着文件从一个用户复制给另一个用户，计算机病毒也就传播蔓延开来。计算机病毒具有可执行性、隐蔽性、传染性、潜伏性、破坏性等特点，对计算机信息具有非常大的危害。

7.4.1 计算机病毒的基本知识

1. 计算机病毒

我国于 1994 年 2 月 18 日颁布实施的《中华人民共和国计算机信息系统安全保护条例》第二十八条中对计算机病毒有明确的定义：计算机病毒，是指编制或者在计算机程序中插入的破坏计算机功能或者破坏数据，影响计算机使用，并且能够自我复制的一组计算机指令或程序代码。

也就是说：

①计算机病毒是一段程序。

②计算机病毒具有传染性，可以传染其他文件。

③计算机病毒的传染方式是修改其他文件，将自身的复制嵌入其他程序中。

④计算机病毒并不是自然界中发展起来的生命体，它们不过是某些人专门做出来的，具有一些特殊功能的程序或者程序代码片段。

病毒既然是计算机程序，它的运行就需要消耗计算机的资源。当然，病毒并不一定都具有破坏力，有些病毒可能只是恶作剧，例如计算机感染病毒后，只是显示一条有趣的消息或者一幅恶作剧的画面，但是多数病毒的目的都是设法毁坏数据。

2. 计算机病毒的产生

自从 1946 年第一台冯·诺依曼型计算机 ENIAC 诞生以来，计算机已被应用到人类社会的各个领域。计算机的先驱者冯·诺依曼在他的一篇论文里，已经勾勒出病毒程序的蓝图，不过当时绝大部分的电脑专家都无法想象会有这种能自我繁殖的程序。到 20 世纪 70 年代，一位作家在一部科幻小说中构想出了世界上第一个"计算机病毒"，一种能够自我复制，可以从一台计算机传染到另一台计算机，利用通信渠道进行传播的计算机程序。这实际上是计算机病毒的思想基础。1987 年 10 月，在美国，世界上第一例计算机病毒巴基斯智囊病毒（Brian）被发现，这是一种系统引导型病毒。它以强劲的执着蔓延开来！世界各地的计算机用户几乎同时发现了形形色色的计算机病毒，如大麻、IBM 圣诞树等。在国内，最初引起人们注意的病毒是 80 年代末出现的"黑色星期五""米氏病毒""小球病毒"等。因当时软件种类不多，用户之间的软件交流较为频繁且反病毒软件并不普及，造成了病毒的广泛流行。后来出现的 Word 宏病毒及 Windows 98 下的 CIH 病毒，使人们对病毒的认识更加深了一步。

今天，计算机病毒的发展已经经历了 DOS 引导阶段、DOS 可执行阶段、伴随和批次型阶段、幽灵和多形阶段、生成器和变体机阶段、网络和蠕虫阶段、视窗阶段、宏病毒阶段、互联网阶段、Java 和邮件炸弹阶段等。

计算机病毒是一种精巧严谨的代码，按照严格的秩序组织起来，与所在的系统网络环境相适应和配合。计算机病毒不会是偶然形成的，并且需要有一定的长度，这个长度从概率上来讲是不可能通过偶然的随机代码产生的。现在流行的病毒是由人故意编写的，多数病毒可以找到作者和产地信息，从大量的统计分析来看，病毒的制作者的主要的目的是：程序员为了表现和证明自己的能力；出于对社会环境、生活现状的不满；为了好奇，为了报复，为了祝贺或求爱；为了得到控制口令；由于拿不到制作软件报酬而预留的陷阱等；当然，也有因政治、军事、宗教、民族、专利等方面的需求而专门编写的，其中也包括一些病毒研究机构和黑客的测试病毒。

3. 计算机病毒的特征

作为一段程序，病毒与正常的程序一样可以执行，以实现一定的功能，达到一定的目的。但病毒一般不是一段完整的程序，而需要附着在其他正常的程序之上，并且要不失时机地传播和蔓延。所以，病毒又具有普通程序所没有的特性。计算机病毒一般具有以下特征：

（1）传染性

传染性是病毒的基本特征。病毒通过将自身嵌入一切符合其传染条件的未受感染的程序上，实现自我复制和自我繁殖，达到传染和扩散的目的。其中，被嵌入的程序叫作宿主程序。病毒的传染可以通过各种移动存储设备，如 U 盘、移动硬盘、可擦写光盘、手机等，也可以通过有线网络、无线网络、手机网络等渠道迅速波及全球，而是否具有传染性是判别一个程序是否为计算机病毒的最重要条件。

（2）潜伏性

病毒在进入系统之后通常不会马上发作，可长期隐蔽在系统中，除了传染以外不进行什么破坏，以提供足够的时间繁殖扩散。病毒在潜伏期不破坏系统，因而不易被用户发现。潜伏性越好，其在系统中的存在时间越久，病毒的传染范围就会越大。病毒只有在满足特定触发条件时才能启动。

（3）可触发性

病毒因某个事件或数值的出现，激发其进行传染，或者激活病毒的表现部分或破坏部分的特性称为可触发性。例如，CIH 病毒 26 日发作，"黑色星期五"病毒在逢 13 号的星期五发作等。病毒运行时，触发机制检查预定条件是否满足，满足条件时，病毒触发感染或破坏动作，否则继续潜伏。

（4）破坏性

病毒对计算机系统具有破坏性，根据破坏程度分为良性病毒和恶性病毒。良性病毒通常

并不破坏系统，主要是占用系统资源，造成计算机工作效率降低。恶性病毒主要是破坏数据、删除文件、加密磁盘、格式化磁盘，甚至导致系统崩溃，造成不可挽回的损失。CIH、红色代码等均属于这类恶性病毒。

（5）寄生性

病毒程序通常隐藏在正常程序之中，也有个别的以隐含文件形式出现，如果不经过代码分析，很难区别病毒程序和正常程序。大部分病毒程序具有很高的程序设计技巧，代码短小精悍，一般只有几百字节，非常隐蔽。

（6）衍生性

变种多是当前病毒呈现出的新特点。很多病毒使用高级语言编写，如"爱虫"是脚本语言病毒，"梅丽莎"是宏病毒，它们比以往用汇编语言编写的病毒更容易理解和修改，通过分析计算机病毒的结构可以了解设计者的设计思想和目的，从而衍生出各种不同于原版本的新的计算机病毒，称为病毒变种，这就是计算机病毒的衍生性。变种病毒造成的后果可能比原版病毒更为严重。"爱虫"病毒在10多天内出现30多种变种。"梅丽莎"病毒也有很多变种，并且此后很多宏病毒都使用了"梅丽莎"的传染机理。

随着计算机软件和网络技术的发展，网络时代的病毒又具有很多新的特点，如利用微软漏洞主动传播，主动通过网络和邮件系统传播，传播速度极快、变种多；病毒与黑客技术融合，更具攻击性。

4. 计算机病毒的类型

自从病毒第一次出现以来，在病毒编写者和反病毒软件作者之间就存在着一个连续的战争赛跑。当对已经存在的病毒类型研制了有效的对策时，新病毒类型又出现了。计算机病毒可以分为单机环境下的传统病毒和网络环境下的现代病毒两大类。

单机环境下的传统病毒可以分为：

①文件病毒。这是传统的并且仍是最常见的病毒形式。病毒寄生在可执行程序体内，只要程序被执行，病毒也就被激活，病毒程序会首先被执行，并将自身驻留在内存，然后设置触发条件，进行传染。如"CIH病毒"。

②引导区病毒。感染主引导记录或引导记录，而将正常的引导记录隐藏在磁盘的其他地方，这样系统一启动，病毒就获得了控制权，当系统从包含了病毒的磁盘启动时，则进行传播。如"大麻"病毒和"小球"病毒。

③宏病毒。寄生于文档或模板宏中的计算机病毒，一旦打开带有宏病毒的文档，病毒就会被激活，并驻留在Normal模板上，所有自动保存的文档都会感染上这种宏病毒。如"Taiwan NO. 1"宏病毒。

④混合型病毒。既感染可执行文件又感染磁盘引导记录的病毒。

目前，许多病毒还具有隐形的功能，即该病毒被设计成能够在反病毒软件检测时隐藏自己。还有一些病毒具有多形特性，即每次感染时会产生变异。

现代环境下的网络病毒可以分为：

①蠕虫病毒。以计算机为载体，以网络为攻击对象，利用网络的通信功能将自身不断地

从一个结点发送到另一个结点，并且能够自动启动的程序。这样不仅消耗了大量的本机资源，并且大量占用了网络的带宽，导致网络堵塞而使网络服务拒绝，最终造成整个网络系统的瘫痪。如"冲击波"病毒、"熊猫烧香"病毒等。

②木马病毒。是指在正常访问的程序、邮件附件或网页中包含了可以控制用户计算机的程序，这些隐藏的程序非法入侵并监控用户的计算机，窃取用户的账号和密码等机密信息。如"QQ木马"病毒。

③攻击型病毒。就是在感染后对计算机的软件甚至硬件进行攻击破坏。如"CIH"病毒。

5. 计算机病毒的破坏方式

不同的计算机病毒实施不同的破坏，主要的破坏方式有以下几种：

①破坏操作系统，使计算机瘫痪。有一类病毒用直接破坏操作系统的磁盘引导区、文件分区表、注册表的方法，强行使计算机无法启动。

②破坏数据和文件。病毒发起进攻后，会改写磁盘文件甚至删除文件，造成数据永久性的丢失。

③占用系统资源，使计算机运行异常缓慢，或使系统因资源耗尽而停止运行。例如，振荡波病毒，如果攻击成功，则会占用大量资源，使CPU占用率达到100%。

④破坏网络。如果网络内的计算机感染了蠕虫病毒，蠕虫病毒会使该计算机向网络中发送大量的广播包，从而占用大量的网络带宽，使网络拥塞。

⑤泄露计算机内的信息。有的木马病毒专门将所驻留计算机的信息泄露到网络中，比如"广外女生"、Netspy.698；有的木马病毒会向指定计算机传送屏幕显示情况或特定数据文件（如搜索到的口令）。

⑥扫描网络中的其他计算机，开启后门。感染"口令蠕虫"病毒的计算机会扫描网络中的其他计算机，进行共享会话，猜测别人计算机的管理员口令。如果猜测成功，就将蠕虫病毒传送到那台计算机上，开启VNC后门，对该计算机进行远程控制。被传染的计算机上的蠕虫病毒又会开启扫描程序，扫描、感染其他的计算机。

各种破坏方式的计算机病毒都通过自动复制、感染其他的计算机，扰乱计算机系统和网络系统的正常运行，对社会构成了极大危害。防治病毒是保障计算机系统安全的重要任务。

7.4.2 计算机病毒的防治

由于计算机病毒处理过程上存在对症下药的问题，即发现病毒后，才能找到相应的杀毒方法，因此具有很大的被动性；而防范计算机病毒，可以具有主动性。

1. 防范计算机病毒

由于计算机病毒的传播途径主要有两种：一是通过存储媒体载入计算机，比如U盘、移动硬盘、光盘等；另一种是在网络通信过程中，通过计算机与计算机之间的信息交换，造成病毒传播。因此，防范计算机病毒可以从这些方面注意。以下列举一些简单有效的病毒防范措施。

①备好启动盘，并设置写保护。在对计算机进行检查、修复和手工杀毒时，通常要使用无毒的启动盘，使设备在较为干净的环境下操作。

②尽量不用移动存储设备启动计算机，而用本地硬盘启动。同时，尽量避免在无防毒措施的计算机上使用移动存储设备。

③定期对重要的资料和系统文件进行备份，数据备份是保证数据安全的重要手段。可以通过比照文件大小、检查文件个数、核对文件名来及时发现病毒，也可以在文件损失后尽快恢复。

④重要的系统文件和磁盘可以通过赋予只读功能，避免病毒的寄生和入侵。也可以通过转移文件位置，修改相应的系统配置来保护重要的系统文件。

⑤不要随意借入和借出移动存储设备。在使用借入或返还的这些设备时，一定要通过杀毒软件的检查，避免感染病毒。对返还的设备，若有干净的备份，应重新格式化后再使用。

⑥重要部门的计算机，尽量专机专用，与外界隔绝。

⑦使用新软件时，先用杀毒程序检查，减少中毒机会。

⑧安装杀毒软件、防火墙等防病毒工具，并准备一套具有查毒、防毒、杀毒及修复系统的工具软件。同时，定期对软件进行升级，对系统进行查毒。

⑨经常升级安全补丁。80%的网络病毒是通过系统安全漏洞进行传播的，如红色代码、尼姆达等病毒，所以应定期到相关网站去下载最新的安全补丁。

⑩使用复杂的密码。有许多网络病毒就是通过猜测简单密码的方式攻击系统的，因此使用复杂的密码，将会大大提高计算机的安全系数。

此外，不要在网上随意下载软件，不要轻易打开来历不明的电子邮件的附件。

一旦发现病毒，应迅速隔离受感染的计算机，避免病毒继续扩散，并使用可靠的查杀毒工具软件处理病毒。若硬盘资料已遭破坏，应使用灾后重建的杀毒程序和恢复工具加以分析，重建受损状态，而不要急于格式化。所以，了解一些病毒知识，可以帮助用户及时发现新病毒并采取相应措施。

2. 计算机病毒发作症状

计算机病毒若只是存在于外部存储介质如硬盘、光盘、U盘中，是不具有传染力和破坏力的，只有当被加载到内存中处于活动状态时，才表现出其传染力和破坏力，受感染的计算机就会表现出一些异常的症状。

①计算机的响应比平常迟钝，程序载入时间比平时长。有些病毒会在系统刚开始启动或载入一个应用程序时执行它们的动作，因此会花更多时间来载入程序。

②硬盘的指示灯无缘无故地亮了。如果没有存取磁盘，但磁盘驱动器指示灯却亮了，那么计算机就可能已经感染病毒了。

③系统的存储容量忽然大量减少。有些病毒会消耗系统的存储容量，曾经执行过的程序再次执行时，突然告诉用户没有足够的空间，表示病毒可能存在于用户的计算机中了。

④磁盘可利用的空间突然减少。这个现象警告用户病毒可能开始复制了。

⑤可执行文件的长度增加。正常情况下，这些程序应该维持固定的大小，但有些病毒会

增加程序的长度。

⑥坏磁道增加。有些病毒会将某些磁盘区域标注为坏磁道，而将自己隐藏在其中，于是有时候杀毒软件也无法检查到病毒的存在。

⑦死机现象增多。

⑧文档奇怪地消失，或文档的内容被添加了一些奇怪的资料，文档的名称、扩展名、日期或属性被更改。

根据现有的病毒资料，可以把病毒的破坏目标和攻击部位归纳如下：攻击系统数据区、攻击文件、攻击内存、干扰系统运行、攻击磁盘、扰乱屏幕显示、干扰键盘、喇叭鸣叫、攻击 CMOS、干扰打印机等。

3．清除计算机病毒

由于计算机病毒不仅干扰受感染的计算机的正常工作，更严重的是继续传播病毒、泄密和干扰网络的正常运行。因此，当计算机感染了病毒后，需要立即采取措施予以清除。

（1）人工清除

借助工具软件打开被感染的文件，从中找到并摘除病毒代码，使文件复原。这种方法是专业防病毒研究人员在清除新病毒时采用的，不适合一般用户。

（2）自动清除

一般用户可以利用杀毒软件来清除病毒。目前的杀毒软件都具有病毒防范和拦截功能，能够以快于病毒传播的速度发现、分析并部署拦截，用户只需要按照杀毒软件的菜单或联机帮助操作即可轻松防毒、杀毒。因此，安装杀毒软件是最有效的防范病毒、清除病毒的方法。

除了向软件商购买杀毒软件外，随着网络的普及，许多杀病毒软件的发布、版本的更新均可通过网络进行，在网络上可以获得杀毒软件的免费试用版或演示版。

如今，计算机病毒在形式上越来越难辨别，造成的危害也日益严重，单纯依靠技术手段是不可能十分有效地杜绝和防止其蔓延的，只有把技术手段和管理机制紧密结合起来，提高人们的防范意识，才有可能从根本上保护信息系统的安全运行。目前病毒的防治技术基本处于被动防御的地位，但在管理上应该积极主动。应从硬件设备及软件系统的使用、维护、管理、服务等各个环节制定出严格的规章制度、对信息系统的管理员及用户加强法制教育和职业道德教育，规范工作程序和操作规程，严惩从事非法活动的集体和个人，尽可能采用行之有效的新技术、新手段，建立"防杀结合、以防为主、以杀为辅、软硬互补、标本兼治"的最佳的信息系统安全模式。

习　题

一、单项选择题

1．信息系统安全性问题的根源在于（　　　）。

A. 黑客攻击   B. 水灾、地震等自然灾害的威胁

C. 系统自身缺陷   D. 员工恶意破坏

2. 以下不是有效的信息安全措施的是（   ）。

A. 安全立法   B. 加强安全管理和教育

C. 主动攻击已知的黑客站点   D. 使用适当的安全技术

3. 基本的安全技术包括（   ）。

A. 选用新的软件和硬件产品、安装性能最强的路由器

B. 定时重装操作系统、远程备份数据

C. 在各个角落安装视频监控、增加安保人员和巡逻次数

D. 数据加密、身份认证和控制、数字签名、防火墙、查杀木马和病毒等

4. 下列不对信息系统构成威胁的是（   ）。

A. 水、火、盗   B. 密码被破译

C. 木马、病毒   D. 远程备份

5. 密码通信系统的核心是（   ）。

A. 明文、密文、密钥、加解密算法

B. 明文、发送者、接受者、破译者

C. 密文、信息传输信道、加解密算法

D. 密钥传输信道、密文、明文、破译者

6. 按密钥的不同，密码通信系统分为（   ）。

A. 单密钥密码体制和多密钥密码体制

B. 对称密钥密码体制和非对称密钥密码体制

C. 双密钥体制和传统密钥体制

D. 双向加密体制和单向加密体制

7. 对称密钥密码体制的特点是（   ）。

A. 密钥短且安全强度高、加解密速度慢，密钥易于传送和管理

B. 加解密速度快且安全强度高，但密钥难管理和传送，不适合在网络中单独使用

C. 密钥简短且破译极其困难，能检查信息的完整性；密钥易于传送和管理

D. 加密算法简便高效，有广泛的应用范围，适于在网络上单独使用

8. 非对称密钥密码体制的特点是（   ）。

A. 通信每一方都有一对密钥，公钥可以向任何人公开，私钥则须秘密保存

B. 公钥的传送和管理是一个难点，所以难以在网络上公开使用

C. 任何人可用公钥生成秘密信息，但无人能解密此信息

D. 此密码体制加解密速度快且还可用于数字签名

9. 数字签名是指（   ）。

A. 将自己的手写签名扫描成图片，附加在文档后面

B. 数字签名技术中必须使用对称加密技术和摘要算法

C. 数字签名技术必须对整个文件进行加密处理再发送到接收方

D. 经数字签名后的文件具有不可伪造、信息不可篡改、发送方不可抵赖等特性

10. 以下关于数字证书的叙述不正确的是（　　）。

A. 数字证书是由独立的第三方机构——认证中心 CA 颁发的，用于证明使用者身份

B. 数字证书与数字签名技术的功能是一样的，只是名称不同而已

C. 数字证书只有在有效期内、证书未被修改且未被 CA 吊销，才是有效证书

D. 数字证书技术包含了数字签名技术

11. 以下网络攻击应对策略使用不正确的是（　　）。

A. 尽可能使用复杂的密码，如字母与数字混合；尽可能使用长密码；经常更换密码

B. 打开或下载电子邮件附件时，先使用病毒和木马查杀软件检查

C. 及时下载和安装系统补丁程序，定时更新防毒组件

D. 将计算机完全从网络上断开，且不使用任何移动设备，杜绝一切外来数据的交换操作

12. 防火墙的作用是（　　）。

A. 对进、出网络的数据流进行审计和控制

B. 发现传输错误的信息并恢复

C. 查找并清除计算机病毒

D. 对数据流加密、解密

13. 计算机病毒是一种（　　）。

A. 生物病毒　　　　　　　　　B. 计算机部件

C. 游戏软件　　　　　　　　　D. 人为编制的特殊的计算机程序

14. 以下关于计算机病毒的叙述不正确的是（　　）。

A. 病毒具有隐蔽性和潜伏性，以在不为用户察觉情况下尽可能传播和扩散

B. 不同病毒对系统的破坏行为和破坏程度不同

C. 计算机病毒是偶然出现并自动传播的，不可能被控制

D. 病毒程序一般隐藏在可执行文件、引导扇区、压缩文件和电子邮件附件等处

15. 以下关于计算机木马程序的叙述不正确的是（　　）。

A. 一般由两部分组成：服务器端程序和控制器端程序

B. 木马服务器端程序是安装在受害者计算机上的

C. 木马程序的主要目的是破坏系统运行环境，对系统账号密码等没有威胁

D. 木马程序一般以诱骗的方式进入受害计算机

二、简答题

1. 常用的网络安全技术主要有哪些？各自的作用是什么？

2. 什么是计算机病毒？计算机病毒有哪些特征？

3. 如何防范计算机病毒？

4. 网络黑客有哪些攻击手段？如何防范？

5. 防火墙的主要功能是什么？

参 考 文 献

[1] 郝兴伟. 大学计算机——计算思维的视角 [M]. 北京：高等教育出版社，2014
[2] 王伟. 计算机科学前沿技术 [M]. 北京：清华大学出版社，2012
[3] 刁树民，郭吉平，李华. 大学计算机基础 [M]. 北京：清华大学出版社，2012
[4] 贾宗福. 新编大学计算机基础教程 [M]. 北京：中国铁道出版社，2008